CHOUSHUI XUNENG DIANZHAN TONGYONG ZAOJIA

抽水蓄能电站通用造价

上下水库分册

国网新源控股有限公司　组编

中国电力出版社
CHINA ELECTRIC POWER PRESS

为进一步提升抽水蓄能电站标准化建设水平，深入总结工程建设管理经验，提高工程建设质量和管理效益，国网新源控股有限公司组织有关研究机构、设计单位和专家，在充分调研、精心设计、反复论证的基础上，编制完成了《抽水蓄能电站通用造价》系列丛书，本丛书共5个分册。

本书为《上下水库分册》，主要内容有4篇21章，第一篇总论，包括概述、通用造价编制与应用总体原则、通用造价编制工作过程；第二篇上下水库工程典型方案通用造价，包括编制说明、典型方案说明、典型方案一、典型方案二、典型方案三、典型方案四、典型方案五、典型方案六、典型方案七、典型方案八、典型方案九、典型方案十；第三篇单位造价指标和工程单价区间，包括单位造价指标作用与说明、工程单价；第四篇通用造价使用调整方法及工程示例，包括典型方案造价汇总、使用方法、调整方法、工程示例等内容。附录为单价分析表。

本丛书适合抽水蓄能电站设计、建设、运维等有关技术人员阅读使用，其他相关人员可供参考。

图书在版编目（CIP）数据

抽水蓄能电站通用造价．上下水库分册／国网新源控股有限公司组编．—北京：中国电力出版社，2020.7（2023.6重印）

ISBN 978-7-5198-4264-2

Ⅰ．①抽…　Ⅱ．①国…　Ⅲ．①抽水蓄能水电站－水库工程－工程造价　Ⅳ．①TV743

中国版本图书馆CIP数据核字（2020）第025481号

出版发行：中国电力出版社
地　　址：北京市东城区北京站西街19号
邮政编码：100005
网　　址：http://www.cepp.sgcc.com.cn
责任编辑：孙建英（010-63412369）
责任校对：黄　蓓　闫秀英
装帧设计：赵姗姗
责任印制：吴　迪

印　　刷：三河市百盛印装有限公司
版　　次：2020年7月第一版
印　　次：2023年6月北京第二次印刷
开　　本：787毫米×1092毫米　横16开本
印　　张：11.25
字　　数：371千字
印　　数：1001—1600册
定　　价：92.00元

编 委 会

前　　言

　　抽水蓄能电站运行灵活、反应快速，是电力系统中具有调峰、填谷、调频、调相、备用和黑启动等多种功能的特殊电源，是目前最具经济性的大规模储能设施。随着我国经济社会的发展，电力系统规模不断扩大，用电负荷和峰谷差持续加大，电力用户对供电质量要求不断提高，随机性、间歇性新能源大规模开发，对抽水蓄能电站发展提出了更高要求。2014年国家发展改革委下发"关于促进抽水蓄能电站健康有序发展有关问题的意见"，确定"到2025年，全国抽水蓄能电站总装机容量达到约1亿kW，占全国电力总装机的比重达到4%左右"的发展目标。

　　抽水蓄能电站建设规模持续扩大，大力研究和推广抽水蓄能电站标准化设计，是适应抽水蓄能电站快速发展的客观需要。国网新源控股有限公司作为全球最大的调峰调频专业运营公司，承担着保障电网安全、稳定、经济、清洁运行的基本使命，经过多年的工程建设实践，积累了丰富的抽水蓄能电站建设管理经验。为进一步提升抽水蓄能电站标准化建设水平，深入总结工程建设管理经验，提高工程建设质量和管理效益，国网新源控股有限公司组织有关研究机构、设计单位和专家，在充分调研、精心设计、反复论证的基础上，编制完成了《抽水蓄能电站通用造价》系列丛书，包括地下厂房、上下水库、输水系统、机电设备安装、筹建期工程五个分册。

　　本通用造价坚持"安全可靠、技术先进、保护环境、投资合理、标准统一、运行高效"的设计原则，追求统一性与可靠性、先进性、经济性、适应性和灵活性的协调统一。该书凝聚了抽水蓄能行业诸多专家和广大工程技术人员的心血和智慧，是公司推行抽水蓄能电站标准化建设的又一重要成果。希望本书的出版和应用，能有力促进和提升我国抽水蓄能电站建设发展，为保障电力供应、服务经济社会发展做出积极的贡献。

　　由于编者水平有限，不妥之处在所难免，敬请读者批评指正。

编者

2019 年 12 月

目　　录

前言

第一篇　总　　论

第 1 章　概述 ·· 1
  1.1　通用造价目的和意义 ················· 1
  1.2　通用造价体系介绍 ····················· 1
第 2 章　通用造价编制与应用总体原则 ··· 3
  2.1　编制总体原则 ··························· 3

2.2　应用总体原则 ··························· 3
2.3　编制与应用特点 ······················· 4
第 3 章　通用造价编制工作过程 ············· 4
  3.1　工作方式 ································· 4
  3.2　编制过程 ································· 5

第二篇　上下水库工程典型方案通用造价

第 4 章　编制说明 ······························· 6
  4.1　编制依据 ································· 6
  4.2　条件设定说明 ··························· 6
  4.3　典型方案代表工程选择和工程量 ········· 7
  4.4　基础价格 ································· 9
  4.5　工程单价 ································· 9
第 5 章　典型方案说明 ························· 17
第 6 章　典型方案一 ··························· 17
  6.1　主要技术条件 ··························· 17
  6.2　项目组成处理 ··························· 18
  6.3　方案造价 ································· 18
第 7 章　典型方案二 ··························· 18
  7.1　主要技术条件 ··························· 18
  7.2　项目组成处理 ··························· 19

7.3　方案造价 ································· 19
第 8 章　典型方案三 ··························· 20
  8.1　主要技术条件 ··························· 20
  8.2　项目组成处理 ··························· 20
  8.3　方案造价 ································· 20
第 9 章　典型方案四 ··························· 21
  9.1　主要技术条件 ··························· 21
  9.2　项目组成处理 ··························· 22
  9.3　方案造价 ································· 22
第 10 章　典型方案五 ························· 23
  10.1　主要技术条件 ··························· 23
  10.2　项目组成处理 ··························· 23
  10.3　方案造价 ······························· 24
第 11 章　典型方案六 ························· 25

11.1 主要技术条件 …………………… 25

11.2 项目组成处理 …………………… 25

11.3 方案造价 ………………………… 25

第 12 章 典型方案七 ………………… 27

12.1 主要技术条件 …………………… 27

12.2 项目组成处理 …………………… 27

12.3 方案造价 ………………………… 27

第 13 章 典型方案八 ………………… 28

13.1 主要技术条件 …………………… 28

13.2 项目组成处理 …………………… 29

13.3 方案造价 ………………………… 29

第 14 章 典型方案九 ………………… 30

14.1 主要技术条件 …………………… 30

14.2 项目组成处理 …………………… 30

14.3 方案造价 ………………………… 30

第 15 章 典型方案十 ………………… 33

15.1 主要技术条件 …………………… 33

15.2 项目组成处理 …………………… 33

15.3 方案造价 ………………………… 34

第三篇　单位造价指标和工程单价区间

第 16 章 单位造价指标作用与说明 …… 36

16.1 单位造价指标作用 ……………… 36

16.2 单位造价指标汇总 ……………… 36

第 17 章 工程单价 …………………… 39

17.1 工程单价作用 …………………… 39

17.2 工程单价汇总 …………………… 39

第四篇　通用造价使用调整方法及工程示例

第 18 章 典型方案造价汇总 ………… 44

18.1 方案造价 ………………………… 44

18.2 单位造价指标 …………………… 44

18.3 主要工程单价 …………………… 47

第 19 章 使用方法 …………………… 58

19.1 单位造价指标 …………………… 58

19.2 工程单价 ………………………… 58

第 20 章 调整方法 …………………… 59

20.1 单位造价指标 …………………… 59

20.2 工程单价 ………………………… 61

第 21 章 工程示例 …………………… 64

21.1 单位造价指标 …………………… 64

21.2 工程单价 ………………………… 68

附录　单价分析表

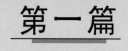

第一篇

总　论

第1章　概　述

1.1　通用造价目的和意义

为深入贯彻党的十九大精神，全面对接国家电网有限公司（简称国家电网公司）的"建设具有中国特色国际领先的能源互联网企业"的战略目标，国网新源控股有限公司（简称国网新源公司）坚持和丰富安全健康发展理念，以推进管理提升为主线，着力提升电网服务能力、核心竞争力和行业引导力，按照"集团化运作、集约化发展、精益化管理、标准化建设"的要求，不断强化抽水蓄能电站建设管理，国网新源公司在通用设计和典型工程的基础上，通过深入广泛地调查研究，根据现行水电行业造价相关规定标准，组织编制完成了《抽水蓄能电站通用造价》丛书。

国网新源公司作为专业的抽水蓄能电站建设和运行管理公司，处在高速发展期，目前管理60家单位，其中基建单位占比较大。无论前期方案投资决策、招标阶段控制价确定和投标报价合理性判断，还是实施阶段造价管控，都需要一套参考标准，为广大造价管理人员提供评判尺度。抽水蓄能电站工程造价涉及国网新源公司经济效益和长远发展，建立工程造价标准化体系，合理控制工程造价，提高投资效益，既是抽水蓄能发展方式转变的具体措施，也是抽水蓄能快速发展关键时期的基本保障。

《抽水蓄能电站通用造价》丛书是国网新源公司标准化建设成果的重要组成部分，为国网新源公司各部门提供科学的依据和客观的标准，既可规范工程建设市场行为，又有利于通用设计的推广与应用。

（1）编制通用造价是全面贯彻党的十九大精神、深刻认识发展抽水蓄能的重要意义、全面提高工作质量和水平、为我国能源转型做出积极贡献的具体行动。

（2）编制通用造价是抽水蓄能大发展关键时期对造价工作的具体要求，也是国网新源公司作为抽水蓄能电站建设领域引导者的责任和使命。

（3）编制通用造价是国网新源公司贯彻国家电网公司的战略目标，建设具有中国特色国际领先的能源互联网企业的具体体现。

（4）编制通用造价既是基建标准化管理体系的重要建设内容，也是实现造价标准统一、内容深度统一的基础支撑。

（5）编制通用造价为抽水蓄能电站规划选点、预可行性研究、可行性研究、集中规模招标和工程竣工结算等工作的开展创造有利条件。

（6）编制通用造价为造价审查提供尺度，为造价编制和比较分析提供参考，加快设计、评审的进度，方便工程招标，提高抽水蓄能电站建设效率。

1.2　通用造价体系介绍

1.2.1　体系构成

《抽水蓄能电站通用造价》丛书包括五个分册，分别是筹建期工程分册、上下水库分册、输水系统分册、地下厂房分册、机电设备安装分册。《抽水蓄能电站通用造价》丛书按滚动开发方式编制，目前编制的版本为2019年版，各分册主要项目组成见图1-1。

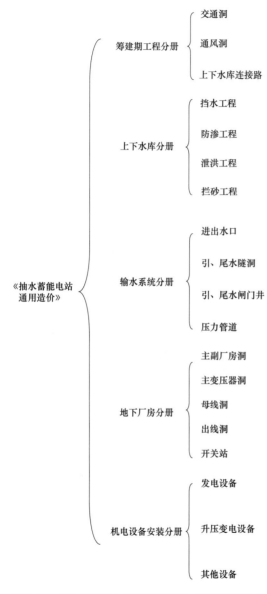

筹建期工程分册 —— 交通洞
　　　　　　　　—— 通风洞
　　　　　　　　—— 上下水库连接路

上下水库分册 —— 挡水工程
　　　　　　　 —— 防渗工程
　　　　　　　 —— 泄洪工程
　　　　　　　 —— 拦砂工程

《抽水蓄能电站通用造价》

输水系统分册 —— 进出水口
　　　　　　　 —— 引、尾水隧洞
　　　　　　　 —— 引、尾水闸门井
　　　　　　　 —— 压力管道

地下厂房分册 —— 主副厂房洞
　　　　　　　 —— 主变压器洞
　　　　　　　 —— 母线洞
　　　　　　　 —— 出线洞
　　　　　　　 —— 开关站

机电设备安装分册 —— 发电设备
　　　　　　　　　 —— 升压变电设备
　　　　　　　　　 —— 其他设备

图 1-1　《抽水蓄能电站通用造价》主要项目组成

1.2.2　应用层次

《抽水蓄能电站通用造价》通过典型方案、基本模块和工程单价三个层次实现对项目的造价管理应用，以典型方案造价、基本模块造价和工程单价为基础，调整组合出不同方案的工程造价。

第一层次，典型方案。《抽水蓄能电站通用造价》各分册包含若干典型方案，通过对各分册典型方案的选取、调整和组合，构成目标电站建筑安装工程造价。

第二层次，基本模块。《抽水蓄能电站通用造价》各分册中典型方案由二级项目组成，将各典型方案二级项目的单位造价指标作为基本模块参数，以典型方案为基础，结合实际方案二级项目特征、建筑物尺寸，对二级项目替换、组合和调整，构成目标方案工程造价。

第三层次，工程单价。《抽水蓄能电站通用造价》各分册中给出了不同影响因素的工程造价调整方法，以典型方案工程单价为基础，调整影响工程单价的因素，编制目标工程单价。

1.2.3　各分册主要内容

《抽水蓄能电站通用造价》各分册主要内容包括：统一通用造价的编制条件；选取有代表性的典型方案，说明典型方案的主要技术条件；编制典型方案的工程造价；介绍通用造价的单位造价指标和工程单价；说明通用造价使用方法、单位造价指标和工程单价的主要影响因素及调整办法；编制参考工程示例。

1.2.4　适用范围

《抽水蓄能电站通用造价》适用于抽水蓄能电站从前期到实施各个阶段的造价管控，具体适用范围如下：

（1）适用于抽水蓄能电站规划选点投资匡算、预可行性研究投资估算、可行性研究设计概算、招标控制价、投标报价和工程变更的评审。

（2）适用于抽水蓄能电站可行性研究设计概算、招标控制价、投标报价和工程变更的编制。

（3）适用于不同项目地区、海拔高程、价格水平、岩石级别、断面尺寸和运距等影响因素的造价调整。

（4）常规水电站可参照使用。

第2章　通用造价编制与应用总体原则

2.1　编制总体原则

通用造价编制过程中，认真贯彻落实国家电网公司"安全可靠、优质适用、性价合理"的工程建设的总体标准，严格执行现行的水电行业概估算编制规定、取费标准和定额。通用造价的总体编制原则为：方案典型，造价合理，全面清晰，编制科学，简捷灵活，应用广泛。

（1）方案典型，结合实际。抽水蓄能电站通用造价编制采用的典型方案是以国网新源公司抽水蓄能电站通用设计和典型电站为基础，通过对国网新源公司近年开工建设项目的统计、筛选、分析，结合影响工程造价的主要技术条件，科学合理地选择典型方案。

（2）标准统一，造价合理。统一抽水蓄能电站通用造价的编制原则、依据和编制深度，按照国家电网公司和国网新源公司总体建设标准，综合考虑各地区工程建设实际情况，体现近年抽水蓄能电站造价的真实水平。

（3）模块全面，边界清晰。抽水蓄能电站通用造价编制贯彻模块化设计思想，明确模块划分的边界条件，每个分册编制了典型方案造价、基本模块造价和工程单价，各个分册构成了抽水蓄能电站通用造价体系，最大限度地满足抽水蓄能电站设计方案需要，增强通用造价的适应性和灵活性。

（4）总结经验，科学编制。本次通用造价编制工作通过分析影响工程造价的主要技术条件，提出既能满足当前建设要求又有一定代表性的典型方案，依据现行规程规范、建设标准和现行的概算编制依据，符合现实条件，使通用造价更合理、更科学。

（5）使用灵活，简捷适用。抽水蓄能电站通用造价各分册包括典型方案、基本模块和调整方法。通过分册间和分册内部的灵活组合，计算出与各类实际工程相对应的工程造价，同时为分析其他工程的造价合理性提供依据。

（6）阶段全面，应用广泛。抽水蓄能电站通用造价编制以设计概算为桥梁，通过不同阶段的造价调整办法，将规划选点投资匡算、预可行性研究投资估算、可行性研究设计概算、招标阶段控制价和建议合同价格联系在一起，便于不同阶段的造价管理控制。

2.2　应用总体原则

抽水蓄能电站通用造价在推广应用中应与通用设计相协调，从工程实际出发，充分考虑抽水蓄能电站技术进步、国家政策和项目自身特点等影响工程造价的各类因素，有效控制工程造价。

（1）处理好与通用设计的关系。通用造价在通用设计的基础上，按照工程造价管理要求，合理调整完善了典型方案种类，进一步明确了方案的编制依据。抽水蓄能电站通用造价补充了部分基本模块。通用造价与通用设计的侧重点不同，但编制原则、技术条件一致，因此，在应用中可根据两者的特点，相互补充利用。

（2）因地制宜，加强对影响工程造价各类费用的控制。通用造价按照水电行业现行概估算编制规定计算了每个典型方案及基本模块的具体造价，对于计价依据明确的费用，在实际工程设计、评审、管理中须严格把关；对于与通用造价差异较大、计价依据未明确的费用，应进行合理的比较、分析、控制。对于基本模块的选用，要根据项目特点选择，并根据通用造价调整办法对与基本模块差异的部分进行分析调整。

（3）尊重客观实际，合理选择调整方式。对于招标文件或合同文件中明确规定了合同单价或变更单价调整办法的项目，宜根据工程实际条件，具体问题具体分析，编制相应工程单价，不宜简单机械地选用典型工程单价。

（4）加强通用造价的全面推广应用工作。国网新源公司系统内各项目单位在抽水蓄能电站规划选点、预可行性研究、可行性研究、招标、施工、评审和其他造价管理等工作中，要应用通用造价进行工程投资分析、比较，切实发挥通用造价在造价管理中的作用。

（5）滚动开发，与时俱进。根据国家有关工程造价文件修订、抽水蓄能电站工程技术进步、通用设计的修订及完善和典型电站的变化情况，建立通用造价滚动修订机制，不断更新、补充和完善，与时俱进，使通用造价及时体现工程技术进步和市场变化，不断满足工程建设实际工作需要。

2.3　编制与应用特点

《抽水蓄能电站通用造价》丛书在通用设计和典型工程的基础上进行编制，应用简捷灵活，主要特点如下：

（1）方案全面通用。《抽水蓄能电站通用造价》方案选择紧密结合通用设计和工程实际，对通用设计方案覆盖率达 100%，包括全部影响抽水蓄能电站造价的主要技术条件，样本齐全，方案典型，通用性强。

（2）模块形式多样，组合灵活。《抽水蓄能电站通用造价》各分册的典型方案造价、二级项目造价和工程单价构成了通用造价体系的基础模块，分册间典型方案造价可组合出整座电站的建筑安装工程造价，二级项目造价可组合出分册项目范围对应的各实际方案造价，工程单价的组合可适用多种实际条件变化。理论上，基础模块样本全面，可进行无限组合，覆盖所有实际情况。

（3）通用造价使用方法宏观和微观相结合，兼顾准确性和便捷性。通用造价使用方便，计算快速准确，提供了单位造价指标法和工程单价法两种使用方法。单位造价指标法属于宏观使用方法，侧重便捷性，适用于二级项目和方案调整；工程单价法属于微观使用方法，侧重准确性，适用于精度要求较高的造

价调整。

（4）引入相对概念，消除项目间差异。由于装机规模、地形地貌、坝型、枢纽布置条件和建筑物尺寸等差异影响，抽水蓄能电站间相似度不高，采用投资绝对数额，样本数量有限且不利推广应用；引入单位造价指标相对数量的概念，能有效避免项目间差异因素影响，方便灵活组合，克服样本数量不多的限制，有利于通用造价推广应用。

（5）包含造价主要影响因素，调整方法全面。通用造价调整因素包含项目构成差异、尺寸变化、岩石级别差异、价格水平调整、项目地区差异、海拔高程等影响造价的主要因素，并提供了相应的调整方法，调整方法全面，操作简便。

（6）工程阶段全面，适合全过程造价管理。通用造价通过不同阶段的调整方法，可以为抽水蓄能电站规划选点投资匡算、预可行性研究投资估算、可行性研究设计概算、招标控制价和施工变更结算等提供编制参考和评审尺度。

（7）适合各级人员使用。通用造价不但包括单位千瓦、单位体积和单位延米等宏观指标，还包括可具体操作的工程单价，可为管理决策人员提供决策参考和依据，也可为造价管理执行人员提供控制尺度。

第3章　通用造价编制工作过程

3.1　工作方式

《抽水蓄能电站通用造价》总体工作方式是：统一组织、分工明确、广泛调研、方案典型、定期协调、严格把关。通用造价以通用设计和典型工程方案为基础，以控制工程造价为核心，建立滚动修订机制，不断更新、补充和完善。

（1）统一组织。由国网新源公司统一组织编制通用造价，提出抽水蓄能电站通用造价指导性意见，统一协调进度安排，统一组织推广应用，统一组织滚动修订。

（2）分工明确。对通用造价编制工作进行明确分工，山东沂蒙抽水蓄能有限公司组织通用造价实施，中国电建集团北京勘测设计研究院有限公司负责通用造价具体编制及修改工作，国网新源公司系统造价专家对通用造价的质量进

行把关和评审。

（3）广泛调研。为了保证通用造价的代表性和典型性，在通用造价编制的过程中，开展深入和广泛的调研工作，在不同阶段充分征求各方的意见和建议，与实际工程建设紧密结合。

（4）方案典型。对典型方案的代表性、科学性、合理性、灵活性进行分析是通用造价编制的重点工作之一，重点确定影响抽水蓄能电站通用造价水平的技术条件，选择通用设计各方案的典型电站和典型施工方法。

（5）定期协调。为了保证通用造价的进度，定期召开协调会，检查工作进展，推进整个编制工作的顺利开展，确保通用造价编制工作在统一的技术原则下进行，按期完成。

（6）严格把关。为保证通用造价编制工作的质量与效率，对通用造价的技术条件、编制依据等关键环节进行严格把关，对每个关键环节组织专家研讨与

评审，通过对每一步工作质量的把关，确保通用造价最终成果的科学性、合理性。

3.2 编制过程

《抽水蓄能电站通用造价》编制工作于 2018 年 3 月启动，2019 年 12 月形成最终成果，期间召开 5 次协调评审会，明确各阶段工作任务，对技术方案进行把关，对编制依据、方法和内容进行评审，提高通用造价科学性、正确性和合理性。具体编制过程如下：

2018 年 3 月 15 日，在北京召开《抽水蓄能电站通用造价研究科技项目》启动会，会议明确了通用造价编制的总体思路、原则、工作方案、各单位分工和下阶段工作目标。

2018 年 5 月 11 日，在北京召开《抽水蓄能电站通用造价编制细则》审查会，会议对编制细则进行评审，确定通用造价各分册编制办法和各典型方案代表项目。

2018 年 8 月 7 日，在北京召开抽水蓄能电站造价科技项目推进会，会议对抽水蓄能电站通用造价科技项目进行了进度检查，并提出增加通用造价筹建期工程分册要求。

2018 年 9 月 26 日，在北京召开抽水蓄能电站通用造价地下厂房分册中间成果检查会，进一步明确工作内容和成果要求。

2018 年 10 月 16 日，在北京召开抽水蓄能电站通用造价地下厂房分册成果评审会。

2019 年 4 月 2 日，在北京召开抽水蓄能电站通用造价筹建期工程分册、上下水库分册、输水系统分册和机电设备安装分册中间成果检查会，进一步明确工作内容和成果要求。

2019 年 6 月 20 日，在北京召开抽水蓄能电站通用造价上下水库分册和输水系统分册初稿讨论会。

2019 年 7 月 18 日，在北京召开抽水蓄能电站通用造价上下水库分册和输水系统分册成果评审会。

2019 年 11 月 13 日，在北京召开抽水蓄能电站通用造价机电设备安装分册和筹建期工程分册成果评审会。

第二篇

上下水库工程典型方案通用造价

第4章 编 制 说 明

《抽水蓄能电站通用造价》编制严格执行国家有关法律法规，水电行业基本建设管理制度，水电造价相关编制规定、取费标准和配套定额，结合实际工程情况，确定通用造价编制依据，价格水平为2019年四季度，以典型电站可行性研究阶段设计工程量为基础。通用造价的编制深度、内容、项目划分和表格形式按现行《水电工程设计概算编制规定（2013年版）》（简称水电2013年版编规）要求编制。

4.1 编制依据

（1）《国网新源控股有限公司抽水蓄能电站工程通用设计丛书》。

（2）可再生定额〔2014〕54号文《水电工程设计概算编制规定（2013年版）》及《水电工程费用构成及概（估）算费用标准（2013年版）》。

（3）可再生定额〔2019〕14号文《关于调整水电工程、风电场工程及光伏发电工程计价依据中建筑安装工程增值税税率及相关系数的通知》。

（4）可再生定额〔2018〕16号文《关于调整水电工程计价依据中建筑安装工程增值税税率及相关系数的通知》。

（5）可再生定额〔2016〕25号文《关于发布〈关于建筑业营业税改征增值税后水电工程计价依据调整实施意见〉的通知》。

（6）可再生定额〔2008〕5号文《水电建筑工程概算定额（2007年版）》。

（7）原国家经济贸易委员会公告2003年第38号《水电设备安装工程概算定额（2003年版）》。

（8）水电规造价〔2004〕0028号文《水电工程施工机械台时费定额（2004年版）》。

（9）2019年四季度山东地区材料价格信息。

（10）通用设计各典型方案的代表工程的可研、招标、合同和结算资料。

（11）典型电站的可研、招标、合同和结算资料。

（12）典型的施工方案和施工方法。

（13）其他相关资料。

4.2 条件设定说明

国网新源公司项目所属区域范围较广，站址地质类别多样，地形条件复杂，水文和施工条件不同，且所属区域社会、经济发展不平衡，实际工程的费用选取存在较大差别。通用造价上下水库分册编制工作中通过广泛调研，明确了上下水库大坝技术条件，确定了编制依据、材料价格编制原则、取费假定条件等，从而使不同地区、不同站址条件的不同坝型的水库典型方案造价建立在相同的造价平台上，同时各典型方案造价也具备了横向可比性。通用造价上下水库分册编制过程中进行了必要的、适当的条件设定和取费标准设定。具体如下：

（1）根据正在实施的电站上下水库枢纽建筑物形式分析，选用实际工程作为通用造价上下水库分册的典型方案。

（2）各典型方案的工程量采用实际工程核准的可研报告设计概算中的工

程量。

（3）各典型方案相同项目采用同一施工组织设计。

（4）各典型方案的价格水平相同，统一按 2019 年四季度考虑。

（5）各典型方案采用相同的定额和取费标准。定额中缺项的工程单价，参考其他行业定额（水利建筑工程概算定额 2002 版）及类似实际工程单价计列。

（6）海拔高程按高程 2000m 以下的一般地区考虑。

（7）人工预算单价计算标准采用一般地区，冬雨季施工增加费费率采用中南、华东地区费率，夜间施工增加费费率取中值。

（8）土方工程按Ⅳ类土考虑，石方明挖岩石级别按Ⅸ～Ⅹ、石方洞挖岩石级别按Ⅺ～Ⅻ考虑。

（9）为了保持范围相同，单位造价指标计算时，对不同方案的二级项目进行了归类合并。

4.3 典型方案代表工程选择和工程量

4.3.1 典型方案代表工程选择

本分册通过广泛调研，筛选了国网新源控股有限公司所有正在实施的项目可研及招标资料，涉及华北、东北、华中、华东、西南、西北六大地区，不同坝型。通过对资料的深入研究和分析，重点考虑坝型、地区类别和影响工程造价的主要技术条件等因素，最终选出 10 个典型方案，其中沥青混凝土面板堆石坝方案 2 个，沥青混凝土心墙坝方案 2 个，混凝土重力坝方案 2 个，混凝土面板堆石坝方案 4 个。装机容量为 1200MW（6 个电站）、1400MW（2 个电站）和 1800MW（2 个电站）的抽水蓄能电站作为通用造价上下水库分册的典型方案代表工程。典型方案代表工程选取工程的主要技术条件见表 4-1。

表 4-1

典型方案主要技术条件表

编号	项目名称	单位	数量									
			方案一	方案二	方案三	方案四	方案五	方案六	方案七	方案八	方案九	方案十
一	设计标准											
	地震烈度		Ⅶ度	Ⅶ度	Ⅵ度	Ⅵ度	Ⅵ度	Ⅵ度	Ⅶ度	Ⅵ度	Ⅵ度	Ⅵ度
	设计防洪标准		200 年一遇	200 年一遇	200 年一遇	200 年一遇	500 年一遇	500 年一遇	200 年一遇	200 年一遇	200 年一遇	200 年一遇
二	水库特征											
	总库容	万 m³	873.94	874.70	849.20	867.30	3077.00	6316.00	1037.39	1110.00	1262.00	1577.75
	正常蓄水位	m	606.00	628.00	1391.00	717.00	733.00	181.00	220.00	961.00	340.00	1063.00
三	动能特性	MW/台	1200/4	1200/4	1400/4	1400/4	1200/4	1200/4	1200/4	1800/6	1800/6	1200/4
四	主要建筑物											
	主要坝型		沥青混凝土面板堆石坝	沥青混凝土面板堆石坝	沥青混凝土心墙堆石坝	沥青混凝土心墙堆石坝	混凝土重力坝	碾压混凝土重力坝	混凝土面板堆石坝	混凝土面板堆石坝	混凝土面板堆石坝	混凝土面板堆石坝
	防渗形式		全库防渗	全库沥青混凝土筒式面板防渗	防渗灌浆帷幕	防渗灌浆帷幕	垂直帷幕防渗	钢筋混凝土面板防渗	垂直浆帷幕防渗为主	钢筋混凝土面板与趾板防渗	钢筋混凝土面板水平防渗	垂直防渗（防渗帷幕）
	最大坝高	m	117.4	151.5	54	70	44	77.5	78.6	117.7	65.1	118.4
	坝轴线长度	m	580	747.6	948	410	107	181.25	547.5	336	437	412
	坝顶宽	m	10	10	8	8	7	7	10	10	7	8
	上、下游坡比		上游坡比 1:1.7，下游坡比 1:1.5	上游坡比 1:1.75，下游坡比 1:1.5	上游坡比 1:2，下游坡比 1:2.5	上游坡比 1:2，下游坡比 1:2	上游坡比 1:0.25，下游坡比 1:0.72	上游为铅直面，下游坡比 1:0.75	上游坡比 1:1.4，下游坡比 1:1.4	上游坡比 1:1.4，下游坡比 1:1.4	上游坡比 1:1.4，下游坡比 1:2.0	上游坡比 1:1.4，下游坡比 1:1.5
	泄洪型式		无	无	无	溢洪道＋泄洪放空洞	泄流表孔	溢洪道	泄洪放空洞	无	溢洪道＋泄洪放空洞	溢洪道

4.3.2 工程量

通用造价上下水库分册各典型方案按水电 2013 年版编规进行项目划分，各级项目划分和工程量与各典型方案代表工程核准的可行性研究设计概算保持一致。各典型方案详细工程量见第 6 章至第 15 章内容，各典型方案工程量汇总见表 4-2。

表 4-2

典型设计方案工程量汇总

编号	项目名称	单位	方案一	方案二	方案三	方案四	方案五	方案六	方案七	方案八	方案九	方案十
1	土方开挖	m³	1812545	1840462	1092200	485800	739300	579679	1048903	539984	1829210	972756
2	石方明挖	m³	7159376	13680027	3142400	1781300	178117	319463	2016452	3134228	891951	2810256
3	石方洞挖	m³	0	4701	0	14400	655	1499	13821	0	15677	5458
4	土石方填筑	m³	5977644	13007836	1984600	1656600	1080864	107146	1764724	2782713	2287140	3095094
5	浆砌石	m³	2111	0	3534	0	2119	55470	2086	12786	45693	1068
6	沥青混凝土	m³	0	0	18000	11400	0	0	0	0	0	0
7	沥青混凝土整平胶结层 库坡	m³	19794	18904	0	0	0	0	0	0	0	0
8	沥青混凝土整平胶结层 库底	m³	14607	18904	0	0	0	0	0	0	0	0
9	沥青混凝土防渗层 库坡	m³	22876	18904	0	0	0	0	0	0	0	0
10	沥青混凝土防渗层 库底	m³	14794	18904	0	0	0	0	0	0	0	0
11	沥青玛蹄脂封闭层	m²	344006	373851	0	0	0	0	0	0	0	0
12	加强网格	m²	65372	69591	0	0	0	0	0	0	0	0
13	混凝土	m³	23422	45837	13200	28515	67410	265694	30427	39418	74229	61597
14	钢筋及钢材	t	2296	2647	714	922	682	1411	3010	2608	5153	3384
15	止水	m	3591	5706	1800	2450	2718	1133	9882	4862	9593	7168
16	喷混凝土	m³	7550	10114	1827	848	4514	3099	11299	16550	4869	8264
17	锚杆	根	4194	25436	2411	2937	5550	10200	10432	29693	40075	25843
18	锚索	束	215	1327	0	0	18	253	101	928	0	250
19	帷幕灌浆钻孔	m	0	0	32900	17800	21309	5665	34521	27662	20897	57735
20	帷幕灌浆	t	0	0	1645	890	1205	283	1726	2180	1776	8660
21	固结灌浆钻孔	m	0	0	8000	2700	3675	6552	2140	15312	27515	8906
22	固结灌浆	t	0	0	400	135	182	328	86	1531	2271	619
23	回填灌浆	m²	0	0	0	1400	0	1752	3561	0	3637	1451
24	接触灌浆	m²	0	0	0	0	0	1280	0	0	493	0
25	排水孔	m	41944	56348	6089	2822	7336	14863	57328	72954	56429	36492

4.4 基础价格

4.4.1 人工预算单价

抽水蓄能电站通用造价人工预算单价根据《水电工程费用构成及概（估）算费用标准（2013年版）》计算，各典型方案人工预算单价计算标准统一采用一般地区标准，人工预算价格见表4-3。

表4-3 人 工 预 算 单 价

编号	项目名称	预算价格（元/工时）	备注
1	高级熟练工	10.26	
2	熟练工	7.61	
3	半熟练工	5.95	
4	普工	4.90	

4.4.2 材料预算价格

材料预算价格由材料原价、运杂费、运输保险费和采购及保管费等组成，以不含增值税进项税额的价格计算。主要材料预算价格超过"可再生定额〔2016〕25号文"所规定的最高限额价格时，按最高限额价格计算工程直接费、间接费和利润等，超出最高限额价格部分以补差形式计入相应工程单价，并计算税金。主要材料预算价格见表4-4。

其他材料预算价格参考同类工程资料分析确定。

表4-4 主 要 材 料 预 算 价 格

编号	名称及规格	单位	预算价格（元）	限额价（元）	备注
1	钢筋	t	4047	3400	
2	水泥42.5	t	503	440	
3	原木	m³	1540		
4	板枋材	m³	2099		
5	柴油	t	7076		
6	汽油	t	8427		
7	炸药	t	10751	6800	

4.4.3 电、水、风、砂石料价格

电、水、风、砂石料价格根据典型施工组织设计方案计算。施工用电以电网供电为主，柴油发电机发电为辅；施工用水按多级供水考虑，水价根据各级用水比例综合计算；施工供风采取分区布置，集中设置空压站与配备移动空压机相结合方式；砂石料加工系统料源为其他部位开挖料。电、水、风、砂石料价格见表4-5。

表4-5 电、水、风、砂石料价格

编号	名称及规格	单位	预算价格（元）	备注
1	施工用电	kWh	0.801	
2	施工用水	m³	2.840	
3	施工用风	m³	0.134	
4	碎石	m³	40.85	
5	砂	m³	69.99	

4.4.4 混凝土材料单价

混凝土材料价格根据类似工程混凝土配合比试验资料分析计算。

4.4.5 施工机械台时费

施工机械台时费按水电规造价〔2004〕0028号颁发的《水电工程施工机械台时费定额》以及"可再生能源定额站〔2016〕25号文""可再生定额〔2018〕16号文"和"可再生定额〔2019〕14号文"计算。

4.5 工程单价

建筑工程单价由直接费、间接费、利润、税金组成。根据典型施工组织设计、"可再生定额〔2016〕25号文"、"可再生定额〔2018〕16号文"、"可再生定额〔2019〕14号文"、《水电建筑工程概算定额（2007年版）》、《水电设备安装工程概算定额（2003年版）》、《水电施工机械台时费定额（2004年版）》定额和《水电工程费用构成及概（估）算费用标准（2013年版）》等计算，定额中缺项的工程单价，参考其他行业定额及类似实际工程单价计列。

4.5.1 施工组织设计

典型施工组织设计根据近年在抽水蓄能电站施工中广泛使用的施工方案和施工方法等确定。

（1）面板堆石坝方案。

坝基坝肩石方开挖40%基础开挖，60%一般开挖，采用潜孔钻钻孔，自

上而下梯段爆破，局部辅以手风钻钻孔，3m³挖掘机装20t自卸汽车出渣的方法。库盆及库岸石方开挖，60%采用控制爆破用作过渡料，40%一般石方开挖，采用自上而下分层开挖，深孔梯段爆破，梯段高度选用6～9m，采用潜孔钻钻孔，3m³挖掘机装20t自卸汽车运输的方法。坝体填筑采用开挖料，20～32t自卸汽车运输上坝的方法，坝体填筑料60%直接上坝，40%渣场回采，4m³挖掘机32t自卸车运输。过渡料填筑原石料来自水库库盆开挖料，从转存料场运输上坝，3m³装载机装15t自卸汽车运输，13.5t振动碾碾压，削坡整形后进行碾压。垫层料填筑由水库垫层料加工系统制备提供，3m³装载机装15t自卸汽车运输，采用132kW推土机平仓作业，13.5t振动碾碾压。混凝土浇筑采用无轨滑模，在坝顶设置卷扬机牵引滑模，混凝土由6m³混凝土搅拌车运至坝顶，经溜槽入仓的方法。

（2）沥青心墙堆石坝方案。

水库坝基坝肩石方开挖、填筑料施工方法同面板堆石坝方案。沥青混凝土面板全库盆防渗，沥青混凝土面板由整平胶结层和防渗层组成，厚度均为10cm，表面采用0.2cm厚的沥青玛蹄脂封闭。沥青混凝土采用机械摊铺为主、人工辅助的施工方法。沥青玛蹄脂由沥青混凝土拌和楼拌制，拌制后储存到储罐中，玛蹄脂搅拌运输车运至现场，玛蹄脂自流到吊罐中，8t汽车吊将吊罐中的玛蹄脂卸到玛蹄脂摊铺车中，库底封闭层由玛蹄脂摊铺车刮刷的方法施工，摊铺厚度为2mm。斜坡封闭层摊铺方法是：玛碲脂加热运输车运至主绞车架料斗处，卸料至料斗中，通过主绞车架的吊机吊至沥青玛碲脂摊铺机上方，卸料至沥青玛碲脂摊铺机中，后通过主绞车架的上下牵引，摊铺机进行条带摊铺成型。

（3）沥青混凝土心墙方案。

水库坝基坝肩石方开挖方案同面板堆石坝方案，坝体填筑采用开挖料，20～32t自卸汽车运输上坝的方法。坝基开挖完成后，可以开始浇筑心墙基础垫座混凝土，采用钢木组合模板施工，6m³混凝土搅拌运输车运送混凝土直接入仓，插入式振捣器振捣。沥青混凝土由沥青混凝土系统供应，采用改装的保温车运输至工作面，经保温料斗送入沥青混凝土摊铺机，同时以装载机给摊铺机供过渡料。

（4）碾压混凝土重力坝方案。

水库坝基坝肩石方开挖方案同面板堆石坝方案，碾压混凝土施工包括运输、卸料、平仓、碾压、缝面及层面处理等步骤。大坝碾压混凝土横缝在碾压完成后采用切缝机切出连续缝。变态混凝土随碾压混凝土同步上升，铺料厚度与碾压混凝土相同。混凝土摊铺作业完成后，采用插入式振捣器将碾压混凝土和浆液的混合物振捣密实。

各部位施工方法详见表4-6。

表4-6 各部位施工方法

编号	项目名称	施工方法
一	土方工程	
1	大坝土方开挖 1.5km	118kW推土机剥离集料，3m³装载机装土，15t自卸出渣，运距1.5km挖装、运输、卸除、空回
2	大坝土方开挖 1.69km（大坝库盆综合）	118kW推土机剥离集料，3m³装载机装土，15t自卸出渣，运距1.69km挖装、运输、卸除、空回
3	库盆/库区防护土方开挖 2km	118kW推土机剥离集料，4m³装载机装土，32t自卸出渣，运距2km挖装、运输、卸除、空回
4	溢洪道土方开挖 2km	118kW推土机剥离集料，3m³装载机装土，15t自卸出渣，运距2km挖装、运输、卸除、空回
5	库岸防护清理土方	4m³挖掘机装土，32t自卸出渣，运距2km挖装、运输、卸除、空回
6	粉煤灰铺盖	人工推胶轮车运输50m
7	黏土铺盖	推平、碾压、刨毛、补边夯、削坡及坝面各种辅助工作
8	粉土回填	推平、碾压、刨毛、补边夯、削坡及坝面各种辅助工作
二	石方工程	
9	石方明挖 大坝工程	40%基础石方开挖，60%一般石方开挖，YQ-150型潜孔钻机钻爆，推土机集渣，用3m³挖掘机装20t自卸汽车运输出渣，运距1.5km
10	石方明挖 大坝 库盆综合	1%大坝石方开挖，99%库盆石方开挖，采用YQ-150型潜孔钻机钻爆，推土机集渣，用3m³挖掘机装20t自卸汽车运输出渣，运距1.5km
11	石方明挖库盆	60%采用控制爆破用作过渡料，40%一般石方开挖，采用自上而下分层开挖，深孔梯段爆破，梯段高度选用6～9m，采用YQ-150型潜孔钻钻孔，3m³挖掘机装20t自卸汽车运输运距1.5km
12	全风化石方明挖 库盆	采用风钻钻爆，推土机集渣，用3m³挖掘机装20t自卸汽车运输出渣，运距1.5km

编号	项目名称	施工方法
13	石方明挖 库区防护工程	采用 YQ-150 型潜孔钻机钻爆，推土机集渣，用 3m³ 挖掘机装 20t 自卸汽车运输出渣，运距 1.5km
14	石方明挖 下游护岸河床覆盖层	采用风钻钻爆，推土机集渣，用 3m³ 挖掘机装 20t 自卸汽车运输出渣，运距 1.5km
15	石方明挖 溢洪道	采用 YQ-150 型潜孔钻机钻爆，推土机集渣，用 3m³ 挖掘机装 20t 自卸汽车运输出渣，运距 1.5km
16	石方槽挖 大坝工程	采用风钻钻爆，推土机集渣，用 3m³ 挖掘机装 20t 自卸汽车运输出渣，运距 1.5km
17	石方槽挖 溢洪道	采用风钻钻爆，推土机集渣，用 3m³ 挖掘机装 20t 自卸汽车运输出渣，运距 1.5km
18	石方槽挖 大坝工程排水沟	采用风钻钻爆，推土机集渣，用 3m³ 挖掘机装 20t 自卸汽车运输出渣，运距 1.5km
19	石方洞挖 灌浆平洞	采用风钻钻爆，扒渣机装小型机动翻斗车运渣，小断面洞内运 0.2km，3m³ 装载机装 20t 自卸汽车洞外运距 1.5km
20	石方井挖 溢洪道	反井钻机打导井，风钻扩挖至 3m 溜渣井，3m³ 装载机装 15t 自卸汽车，洞内运距 0.15km，洞外运距 1.5km
21	溢洪道石方洞挖	气腿钻钻爆，由 3m³ 装载机装 15t 自卸汽车出渣，洞内运距 0.15km，洞外运距 1.5km
22	泄洪放空/排沙洞石方开挖	采用 YQ-150 型潜孔钻机钻爆，推土机集渣，用 3m³ 挖掘机装 20t 自卸汽车运输出渣，运距 1.5km
23	石方洞挖 泄洪放空/排沙洞	采用风钻钻爆，扒渣机装小型机动翻斗车运渣，小断面洞内运 0.2km，3m³ 装载机装 20t 自卸汽车洞外运距 1.5km
24	石方井挖 泄洪放洞	反井钻机打导井，风钻扩挖至 3m 溜渣井，3m³ 装载机装 15t 自卸汽车，洞内运距 0.15km，洞外运距 1.5km
25	坝体堆石填筑	60%直接上坝，132kW 推土机摊铺，18t 振动碾压实，40%渣场回采，4m³ 挖掘机 32t 自卸车运 1.5km，132kW 推土机摊铺，17t 振动碾压实
26	碎石垫层料填筑	采用砂石料系统垫层料，4m³ 挖掘机装 32t 自卸汽车运输，运距 3km，132kW 推土机平仓作业，17t 振动碾碾压

编号	项目名称	施工方法
27	库底回填	库底开挖直接回填，132kW 推土机平仓作业，17t 振动碾碾压
28	过渡料填筑	填筑原石料来自水库库盆开挖料，从转存料场运输上坝，3m³ 装载机装 15t 自卸汽车运输，运距 1.5km，132kW 推土机平仓作业，17t 振动碾碾压
29	反滤料填筑	采用砂石料系统料，4m³ 挖掘机装 32t 自卸汽车运输，运距 3km，132kW 推土机平仓作业，17t 振动碾碾压
30	级配碎石	采用砂石料系统垫层料，3m³ 装载机装 15t 自卸汽车运输，运距 3km
31	石渣回填	渣场回采，3m³ 装载机装 15t 自卸汽车运输，运距 1.5km，132kW 推土机平仓作业，17t 振动碾碾压
32	排水棱体	采用砂石料系统碎石料，4m³ 挖掘机装 32t 自卸汽车运输，运距 3km，132kW 推土机平仓作业，17t 振动碾碾压
33	石渣铺重	开挖料直接回填，132kW 推土机平仓作业，17t 振动碾碾压
三	砌石工程	
34	浆砌石 护坡	人工从渣场拣石块，人工从渣场拣石块，装 8t 自卸汽车运输 1.0km，人工砌筑
35	浆砌石 挡墙	人工从渣场拣石块，人工从渣场拣石块，装 8t 自卸汽车运输 1.0km，人工砌筑
36	浆砌石 排水沟	人工从渣场拣石块，人工从渣场拣石块，装 8t 自卸汽车运输 1.0km，人工砌筑
37	大块抛石	人工从渣场拣石块，人工从渣场拣石块，装 8t 自卸汽车运输 1.0km，人工抛填
38	浆砌石 护底	人工从渣场拣石块，人工从渣场拣石块，装 8t 自卸汽车运输 1.0km，人工砌筑
39	浆砌石 网格梁	人工从渣场拣石块，人工从渣场拣石块，装 8t 自卸汽车运输 1.0km，人工砌筑
40	干砌块石护脚	人工从渣场拣石块，人工从渣场拣石块，装 8t 自卸汽车运输 1.0km，人工砌筑
41	干砌块石护坡	人工从渣场拣石块，人工从渣场拣石块，装 8t 自卸汽车运输 1.0km，人工砌筑

编号	项目名称	施工方法
四	混凝土工程	
42	沥青混凝土心墙	沥青混凝土拌和系统拌制、运输、铺筑及养护
43	沥青混凝土整平胶结层 库坡沥青面板堆石坝	沥青混凝土拌和系统拌制，15t自卸汽车配3m³保温罐运输，平均运距2.0km
44	沥青混凝土整平胶结层 库底沥青面板堆石坝	沥青混凝土拌和系统拌制，15t自卸汽车配3m³保温罐运输，平均运距2.0km
45	沥青混凝土防渗层 库坡沥青面板堆石坝	沥青混凝土拌和系统拌制，15t自卸汽车配3m³保温罐运输，平均运距2.0km
46	沥青混凝土防渗层 库底沥青面板堆石坝	沥青混凝土拌和系统拌制，15t自卸汽车配3m³保温罐运输，平均运距2.0km
47	沥青玛蹄脂封闭层 沥青面板堆石坝	沥青混凝土拌和系统拌制，15t自卸汽车配3m³保温罐运输，平均运距2.0km。采用5t摊铺机，进行涂刷
48	乳化沥青 沥青面板堆石坝	沥青混凝土拌和系统拌制，15t自卸汽车配3m³保温罐运输，平均运距2.0km
49	加强网格 沥青面板堆石坝	清扫表面杂物、浮土、人工配制、挑运、涂刷、接缝
50	面板混凝土 C25 二级配 混凝土面板堆石坝	混凝土拌和系统，采用6m³混凝土搅拌运输车运混凝土，运距1.2km，门机入仓，钢木组合模板施工，插入式振捣器振捣施工
51	面板混凝土 C25 二级配 W12 混凝土面板堆石坝	混凝土拌和系统，采用6m³混凝土搅拌运输车运混凝土，运距1.2km，门机入仓，钢木组合模板施工，插入式振捣器振捣施工
52	面板混凝土 C30 二级配 混凝土面板堆石坝	混凝土拌和系统，采用6m³混凝土搅拌运输车运混凝土，运距1.2km，门机入仓，钢木组合模板施工，插入式振捣器振捣施工
53	趾板混凝土 C25 F100 二级配 混凝土面板堆石坝	混凝土拌和系统，采用6m³混凝土搅拌运输车运混凝土，运距1.2km，门机入仓，钢木组合模板施工，插入式振捣器振捣施工
54	趾板混凝土 C25 W12 二级配 混凝土面板堆石坝	混凝土拌和系统，采用6m³混凝土搅拌运输车运混凝土，运距1.2km，门机入仓，钢木组合模板施工，插入式振捣器振捣施工
55	重力坝混凝土 C25 二级配	混凝土拌和系统，采用6m³混凝土搅拌运输车运混凝土，运距1.2km，门机入仓，钢木组合模板施工，插入式振捣器振捣施工

编号	项目名称	施工方法
56	碾压重力坝混凝土 C15 三级配	混凝土拌和系统，采用6m³混凝土搅拌运输车运混凝土，运距1.2km，门机入仓，钢木组合模板施工，插入式振捣器振捣施工
57	拦沙潜坝混凝土 C20 二级配	混凝土拌和系统，采用6m³混凝土搅拌运输车运混凝土，运距1.2km，门机入仓，钢木组合模板施工，插入式振捣器振捣施工
58	拦沙坝常态混凝土 C25 二级配	混凝土拌和系统，采用6m³混凝土搅拌运输车运混凝土，运距1.2km，门机入仓，钢木组合模板施工，插入式振捣器振捣施工
59	坝顶结构混凝土 C25 F100 二级配	混凝土拌和系统，采用6m³混凝土搅拌运输车运混凝土，运距1.2km，门机入仓，钢木组合模板施工，插入式振捣器振捣施工
60	周圈廊道混凝土 C25 二级配	混凝土拌和系统，采用6m³混凝土搅拌运输车运混凝土，运距1.2km，门机入仓，钢木组合模板施工，插入式振捣器振捣施工
61	路面混凝土 C30 二级配	混凝土拌和系统，采用6m³混凝土搅拌运输车运混凝土，运距1.2km，溜槽入仓，钢木组合模板施工，插入式振捣器振捣施工
62	路面混凝土 C25 二级配	混凝土拌和系统，采用6m³混凝土搅拌运输车运混凝土，运距1.2km，溜槽入仓，钢木组合模板施工，插入式振捣器振捣施工
63	路面混凝土 C20 二级配	混凝土拌和系统，采用6m³混凝土搅拌运输车运混凝土，运距1.2km，溜槽入仓，钢木组合模板施工，插入式振捣器振捣施工
64	路面混凝土 5.0	混凝土拌和系统，采用6m³混凝土搅拌运输车运混凝土，运距1.2km，溜槽入仓，钢木组合模板施工，插入式振捣器振捣施工
65	防浪墙混凝土 C20 二级配	混凝土拌和系统，采用6m³混凝土搅拌运输车运混凝土，运距1.2km，溜槽入仓，钢木组合模板施工，插入式振捣器振捣施工
66	防浪墙混凝土 C25 二级配	混凝土拌和系统，采用6m³混凝土搅拌运输车运混凝土，运距1.2km，溜槽入仓，钢木组合模板施工，插入式振捣器振捣施工

编号	项目名称	施工方法
67	混凝土挡墙 C25 二级配	混凝土拌和系统，采用 6m³ 混凝土搅拌运输车运混凝土，运距 1.2km，溜槽入仓，钢木组合模板施工，插入式振捣器振捣施工
68	混凝土挡墙 C20 二级配	混凝土拌和系统，采用 6m³ 混凝土搅拌运输车运混凝土，运距 1.2km，溜槽入仓，钢木组合模板施工，插入式振捣器振捣施工
69	混凝土挡墙 C15 二级配	混凝土拌和系统，采用 6m³ 混凝土搅拌运输车运混凝土，运距 1.2km，溜槽入仓，钢木组合模板施工，插入式振捣器振捣施工
70	混凝土 C20 二级配 基座	混凝土拌和系统，采用 6m³ 混凝土搅拌运输车运混凝土，运距 1.2km，溜槽入仓，钢木组合模板施工，插入式振捣器振捣施工
71	素混凝土垫层 C10 二级配	混凝土拌和系统，采用 6m³ 混凝土搅拌运输车运混凝土，运距 1.2km，溜槽入仓，钢木组合模板施工，插入式振捣器振捣施工
72	素混凝土垫层 C10 三级配	混凝土拌和系统，采用 6m³ 混凝土搅拌运输车运混凝土，运距 1.2km，溜槽入仓，钢木组合模板施工，插入式振捣器振捣施工
73	库盆无砂混凝土垫层 C20 二级配	混凝土拌和系统，采用 6m³ 混凝土搅拌运输车运混凝土，运距 1.2km，溜槽入仓，钢木组合模板施工，插入式振捣器振捣施工
74	面板砂浆垫层	抹面水泥砂浆：清洗、拌和、抹面。施工准备、人工摊铺、碾压
75	量水堰 C20 二级配	混凝土拌和系统，采用 6m³ 混凝土搅拌运输车运混凝土，运距 1.2km，溜槽入仓，钢木组合模板施工，插入式振捣器振捣施工
76	量水堰 C15 三级配	混凝土拌和系统，采用 6m³ 混凝土搅拌运输车运混凝土，运距 1.2km，溜槽入仓，钢木组合模板施工，插入式振捣器振捣施工
77	路肩混凝土 C25 二级配	混凝土拌和系统，采用 6m³ 混凝土搅拌运输车运混凝土，运距 1.2km，溜槽入仓，钢木组合模板施工，插入式振捣器振捣施工
78	路肩混凝土 C20 二级配	混凝土拌和系统，采用 6m³ 混凝土搅拌运输车运混凝土，运距 1.2km，溜槽入仓，钢木组合模板施工，插入式振捣器振捣施工

编号	项目名称	施工方法
79	断层处理 C20 二级配（回填）	混凝土拌和系统，采用 6m³ 混凝土搅拌运输车运混凝土，运距 1.2km，溜槽入仓，钢木组合模板施工，插入式振捣器振捣施工
80	基础混凝土 C15 三级配	混凝土拌和系统，采用 6m³ 混凝土搅拌运输车运混凝土，运距 1.2km，溜槽入仓，钢木组合模板施工，插入式振捣器振捣施工
81	基础混凝土 C20 三级配	混凝土拌和系统，采用 6m³ 混凝土搅拌运输车运混凝土，运距 1.2km，溜槽入仓，钢木组合模板施工，插入式振捣器振捣施工
82	上游防渗混凝土 C20 二级配	混凝土拌和系统，采用 6m³ 混凝土搅拌运输车运混凝土，运距 1.2km，门机入仓，钢木组合模板施工，插入式振捣器振捣施工
83	碾压砂浆垫层 C15	混凝土拌和系统，自卸车运输 1.2km。施工准备、人工摊铺、碾压
84	碾压砂浆 M5 C50	抹面水泥砂浆：清洗、拌和、抹面。施工准备、人工摊铺、碾压
85	基础处理混凝土 C15 二级配	混凝土拌和系统，采用 6m³ 混凝土搅拌运输车运混凝土，运距 1.2km，溜槽入仓，钢木组合模板施工，插入式振捣器振捣施工
86	闸墩混凝土 C25 二级配	混凝土拌和系统，采用 6m³ 混凝土搅拌运输车运混凝土，运距 1.2km，溜槽入仓，钢木组合模板施工，插入式振捣器振捣施工
87	工作桥混凝土 C30 二级配	混凝土拌和系统，采用 6m³ 混凝土搅拌运输车运混凝土，运距 1.2km，溜槽入仓，钢木组合模板施工，插入式振捣器振捣施工
88	灌浆衬砌混凝土 C20 二级配	混凝土拌和系统，采用 3m³ 混凝土搅拌运输车运混凝土，洞内运距 0.5km，洞外运距 1.2km，泵送入仓，钢木组合模板施工，插入式振捣器振捣施工
89	灌浆衬砌混凝土 C25 二级配	混凝土拌和系统，采用 3m³ 混凝土搅拌运输车运混凝土，洞内运距 0.5km，洞外运距 1.2km，泵送入仓，钢木组合模板施工，插入式振捣器振捣施工
90	边坡支护混凝土 C20 二级配	混凝土拌和系统，采用 6m³ 混凝土搅拌运输车运混凝土，运距 1.2km，溜槽入仓，钢木组合模板施工，插入式振捣器振捣施工

编号	项目名称	施工方法
91	电缆沟混凝土 C20 二级配	混凝土拌和系统，采用 6m³ 混凝土搅拌运输车运混凝土，运距 1.2km，溜槽入仓，钢木组合模板施工，插入式振捣器振捣施工
92	排水沟混凝土 C25 二级配	混凝土拌和系统，采用 6m³ 混凝土搅拌运输车运混凝土，运距 1.2km，溜槽入仓，钢木组合模板施工，插入式振捣器振捣施工
93	导流底孔封堵混凝土 C20 二级配	混凝土拌和系统，采用 6m³ 混凝土搅拌运输车运混凝土，运距 1.2km，溜槽入仓，钢木组合模板施工，插入式振捣器振捣施工
94	过流抗冲耐磨钢纤维混凝土 C40 二级配	混凝土拌和系统，采用 6m³ 混凝土搅拌运输车运混凝土，运距 1.2km，溜槽入仓，钢木组合模板施工，插入式振捣器振捣施工
95	廊道混凝土 C25 二级配	混凝土拌和系统，采用 6m³ 混凝土搅拌运输车运混凝土，运距 1.2km，溜槽入仓，钢木组合模板施工，插入式振捣器振捣施工
96	溢洪道边墙混凝土 C25 二级配	混凝土拌和系统，采用 6m³ 混凝土搅拌运输车运混凝土，运距 1.2km，溜槽入仓，钢木组合模板施工，插入式振捣器振捣施工
97	溢洪道底板混凝土 C25 二级配	混凝土拌和系统，采用 6m³ 混凝土搅拌运输车运混凝土，运距 1.2km，溜槽入仓，钢木组合模板施工，插入式振捣器振捣施工
98	泄槽表层混凝土 C25 二级配	混凝土拌和系统，采用 6m³ 混凝土搅拌运输车运混凝土，运距 1.2km，溜槽入仓，钢木组合模板施工，插入式振捣器振捣施工
99	溢流堰混凝土 C25 二级配	混凝土拌和系统，采用 6m³ 混凝土搅拌运输车运混凝土，运距 1.2km，溜槽入仓，钢木组合模板施工，插入式振捣器振捣施工
100	溢洪道挡墙/隔墙混凝土 C25 二级配	混凝土拌和系统，采用 6m³ 混凝土搅拌运输车运混凝土，运距 1.2km，溜槽入仓，钢木组合模板施工，插入式振捣器振捣施工
101	溢洪道通气管 C25 混凝土二级配	混凝土拌和系统，采用 6m³ 混凝土搅拌运输车运混凝土，洞外运距 1.2km，泵送入仓，组合刚模施工，插入式振捣器振捣施工
102	溢洪道竖井钢纤维硅粉混凝土 C40 二级配	混凝土拌和系统，采用 3m³ 混凝土搅拌运输车运混凝土，洞内 0.5 运距 km，洞外运距 1.5km，泵送入仓，滑模板施工，插入式振捣器振捣施工
103	溢洪道泄槽及消力池混凝土 C25 二级配	混凝土拌和系统，采用 6m³ 混凝土搅拌运输车运混凝土，运距 1.2km，溜槽入仓，钢木组合模板施工，插入式振捣器振捣施工
104	溢洪道护坦混凝土 C20 二级配	混凝土拌和系统，采用 6m³ 混凝土搅拌运输车运混凝土，运距 1.2km，溜槽入仓，钢木组合模板施工，插入式振捣器振捣施工
105	溢洪道基础处理混凝土 C20 二级配	混凝土拌和系统，采用 6m³ 混凝土搅拌运输车运混凝土，运距 1.2km，溜槽入仓，钢木组合模板施工，插入式振捣器振捣施工
106	溢洪道混凝土 C25 二级配	混凝土拌和系统，采用 6m³ 混凝土搅拌运输车运混凝土，运距 1.2km，溜槽入仓，钢木组合模板施工，插入式振捣器振捣施工
107	溢洪道混凝土 C30 二级配	混凝土拌和系统，采用 6m³ 混凝土搅拌运输车运混凝土，运距 1.2km，溜槽入仓，钢木组合模板施工，插入式振捣器振捣施工
108	溢洪道抗冲耐磨混凝土 C50 二级配	混凝土拌和系统，采用 6m³ 混凝土搅拌运输车运混凝土，运距 1.2km，溜槽入仓，钢木组合模板施工，插入式振捣器振捣施工
109	溢洪道竖井 C25 混凝土二级配	混凝土拌和系统，采用 3m³ 混凝土搅拌运输车运混凝土，洞内运距 0.5km，洞外运距 1.2km，泵送入仓，滑模板施工，插入式振捣器振捣施工
110	溢流堰混凝土 C25 二级配	混凝土拌和系统，采用 6m³ 混凝土搅拌运输车运混凝土，运距 1.2km，溜槽入仓，钢木组合模板施工，插入式振捣器振捣施工
111	溢洪道退水隧洞配钢纤维硅粉混凝土 C40 二级配	混凝土拌和系统，采用 3m³ 混凝土搅拌运输车运混凝土，洞内运距 0.5km，洞外运距 1.2km，泵送入仓，组合钢模板施工，插入式振捣器振捣施工
112	泄洪放空洞/排沙混凝土衬砌 C30 二级配	混凝土拌和系统，采用 3m³ 混凝土搅拌运输车运混凝土，洞内运距 0.5km，洞外运距 1.2km，溜槽入仓，钢木组合模板施工，插入式振捣器振捣施工
113	泄洪放空洞/排沙混凝土衬砌 C25 二级配	混凝土拌和系统，采用 3m³ 混凝土搅拌运输车运混凝土，洞内运距 0.5km，洞外运距 1.2km，溜槽入仓，钢木组合模板施工，插入式振捣器振捣施工
114	泄洪放空洞/排沙混凝土衬砌抗冲耐磨 C50 二级配	混凝土拌和系统，采用 3m³ 混凝土搅拌运输车运混凝土，洞内运距 0.5km，洞外运距 1.2km，溜槽入仓，钢木组合模板施工，插入式振捣器振捣施工

编号	项目名称	施工方法
115	泄洪放空洞/排沙二期混凝土 C30 二级配	混凝土拌和系统，采用 6m³ 混凝土搅拌运输车运混凝土，运距 1.2km，溜槽入仓，钢木组合模板施工，插入式振捣器振捣施工
116	泄洪放空洞泄槽混凝土 C25 二级配	混凝土拌和系统，采用 6m³ 混凝土搅拌运输车运混凝土，运距 1.2km，溜槽入仓，钢木组合模板施工，插入式振捣器振捣施工
117	泄洪放空洞消力池混凝土 C25 二级配	混凝土拌和系统，采用 6m³ 混凝土搅拌运输车运混凝土，运距 1.2km，溜槽入仓，钢木组合模板施工，插入式振捣器振捣施工
118	泄洪放空洞洞外钢纤维硅粉混凝土 C30 二级配	混凝土拌和系统，采用 6m³ 混凝土搅拌运输车运混凝土，运距 1.2km，溜槽入仓，钢木组合模板施工，插入式振捣器振捣施工
119	泄洪放空洞/排沙混凝土衬砌钢纤维硅粉 C30 二级配	混凝土拌和系统，采用 3m³ 混凝土搅拌运输车运混凝土，洞内运距 0.5km，洞外运距 1.2km，溜槽入仓，钢木组合模板施工，插入式振捣器振捣施工
120	泄洪放空洞挑坎混凝土 C25 二级配	混凝土拌和系统，采用 6m³ 混凝土搅拌运输车运混凝土，运距 1.2km，溜槽入仓，钢木组合模板施工，插入式振捣器振捣施工
121	泄洪放空洞启闭排架混凝土 C25 二级配	混凝土拌和系统，采用 6m³ 混凝土搅拌运输车运混凝土，运距 1.2km，溜槽入仓，钢木组合模板施工，插入式振捣器振捣施工
122	泄洪放空/排沙洞进口明渠混凝土 C25 二级配	混凝土拌和系统，采用 6m³ 混凝土搅拌运输车运混凝土，运距 1.2km，溜槽入仓，钢木组合模板施工，插入式振捣器振捣施工
123	泄洪放空洞回填混凝土 C20 二级配	混凝土拌和系统，采用 3m³ 混凝土搅拌运输车运混凝土，洞内 0.5 运距 km，洞外运距 1.5km，溜槽入仓
124	下游护岸埋石混凝土 C10 三级配	混凝土拌和系统，采用 6m³ 混凝土搅拌运输车运混凝土，运距 1.2km，溜槽入仓，钢木组合模板施工，插入式振捣器振捣施工
125	下游护岸混凝土堰 C20 二级配	混凝土拌和系统，采用 6m³ 混凝土搅拌运输车运混凝土，运距 1.2km，溜槽入仓，钢木组合模板施工，插入式振捣器振捣施工
126	探洞回填混凝土 C15 三级配	混凝土拌和系统，采用 6m³ 混凝土搅拌运输车运混凝土，运距 1.2km，溜槽入仓，钢木组合模板施工，插入式振捣器振捣施工

编号	项目名称	施工方法
127	下游护岸混凝土 C20 二级配	混凝土拌和系统，采用 6m³ 混凝土搅拌运输车运混凝土，运距 1.2km，溜槽入仓，钢木组合模板施工，插入式振捣器振捣施工
128	压脚、护坡混凝土 C15 三级配	混凝土拌和系统，采用 6m³ 混凝土搅拌运输车运混凝土，运距 1.2km，溜槽入仓，钢木组合模板施工，插入式振捣器振捣施工
129	防护工程混凝土 C20 二级配	混凝土拌和系统，采用 6m³ 混凝土搅拌运输车运混凝土，运距 1.2km，溜槽入仓，钢木组合模板施工，插入式振捣器振捣施工
130	无砂混凝土 C10 三级配	混凝土拌和系统，采用 6m³ 混凝土搅拌运输车运混凝土，运距 1.2km，溜槽入仓，钢木组合模板施工，插入式振捣器振捣施工
131	三道止水	
132	两道止水	
133	一道止水	
134	橡胶止水	清洗缝面、弯制、安装、熔涂沥青砂柱止水的烤砂、拌和、洗模、拆模、安装
135	铜止水	清洗缝面、弯制、安装、熔涂沥青砂柱止水的烤砂、拌和、洗模、拆模、安装
136	地面 钢筋制作安装	
137	地下 钢筋制作安装	
五	基础处理工程	
138	帷幕灌浆钻孔（洞内）	地质钻钻岩石孔，孔深 50～100m
139	帷幕灌浆	帷幕灌浆，自下而上，水泥单位注入量 50kg/m
140	露天固结灌浆钻孔（潜孔钻）	潜孔钻钻岩石孔，孔深 12m 以内
141	露天固结灌浆（40kg/m）	露天岩石固结灌浆，自下而上，水泥单位注入量 40kg/m
142	洞内固结灌浆钻孔（风钻）	气腿钻钻孔，孔深 5m 以内
143	隧洞固结灌浆（40kg/m）	隧洞固结灌浆，水泥单位注入量 40kg/m
144	隧洞回填灌浆	
145	露天 排水孔 5m 以内	手风钻钻孔，孔深 5m 以内
146	洞内 排水孔 5m 以内	气腿钻钻孔，孔深 5m 以内
147	接触灌浆	

编号	项目名称	施工方法
148	露天 排水孔 30m 以内	地质钻钻孔，孔深 50m
149	混凝土防渗墙	砾石层冲击钻成孔，钻凿法浇筑，墙厚 1m
150	基础振冲处理（回填碎石层）	中粗砂，孔深 8m 以内
151	露天 排水孔 10m 以内	潜孔钻钻孔，孔深 12m 以内
152	帷幕灌浆钻孔（露天）	地质钻钻岩石孔，孔深＜50m
六	喷锚支护工程	
153	露天 锚杆 φ28 L＝4.5m（风钻）	风钻钻孔
154	露天 锚杆 φ28 L＝9m（潜孔钻）	潜孔钻钻孔
155	露天 锚杆 φ25 L＝1.5m（风钻）	风钻钻孔
156	露天 锚杆 φ22 L＝3m（风钻）	风钻钻孔
157	露天 锚杆 φ22 L＝4m（风钻）	风钻钻孔
158	露天 锚杆 φ25 L＝4.5m（风钻）	风钻钻孔
159	露天 锚杆 φ25 L＝6m（风钻）	风钻钻孔
160	洞内 锚杆 φ25 L＝3m（风钻）	风钻钻孔
161	洞内 喷混凝土 10cm	机械湿喷，平洞支护，有钢筋网
162	露天 喷混凝土 10cm	机械湿喷，地面护坡，有钢筋网
163	露天 锚索 1000kN L＝40m（地质钻机）	地质钻钻孔
164	洞内 锚杆 φ25 L＝4（风钻）	风钻钻孔
165	露天锚杆 φ25 L＝8（潜孔钻）	潜孔钻钻孔
166	露天 锚杆 φ25 L＝5（风钻）	风钻钻孔
167	露天 锚束 3φ28 L＝15m	地质钻钻孔
168	露天 锚索 2000kN L＝40m（地质钻机）	无黏结式岩石预应力锚索，地质钻钻孔
169	露天 锚索 2000kN L＝20m（地质钻机）	无黏结式岩石预应力锚索，地质钻钻孔
170	露天 锚索 1000kN L＝25m（地质钻机）	无黏结式岩石预应力锚索，地质钻钻孔
171	露天 锚索 1500kN L＝30m（地质钻机）	无黏结式岩石预应力锚索，地质钻钻孔
172	露天 锚索 1000kN L＝30m（地质钻机）	无黏结式岩石预应力锚索，地质钻钻孔
173	露天 锚杆 φ22 L＝4.5m（风钻）	风钻钻孔
174	露天 锚杆 φ22 L＝2m（风钻）	风钻钻孔

编号	项目名称	施工方法
175	露天 锚杆 φ20 L＝2.5m（风钻）	风钻钻孔
176	露天 锚杆 φ25 L＝2.5m（风钻）	风钻钻孔
177	露天 锚杆 φ25 L＝10m（潜孔钻）	潜孔钻钻孔
178	洞内 锚杆 φ22 L＝3m（风钻）	风钻钻孔
179	露天 锚杆 φ28 L＝6m（风钻）	风钻钻孔
180	露天 中空注浆锚杆 φ22 L＝3.5m（风钻）	风钻钻孔
181	露天 锚杆 φ28 L＝5m（风钻）	风钻钻孔
182	洞内 锚杆 φ25 L＝4.5m（风钻）	风钻钻孔
183	露天 锚杆 φ28 L＝10m（潜孔钻）	潜孔钻钻孔
184	露天 锚杆 φ28 L＝8m（潜孔钻）	潜孔钻钻孔
185	露天 锚索 1500kN L＝40m（地质钻机）	无黏结式岩石预应力锚索，地质钻钻孔

4.5.2 取费费率

取费费率根据《水电工程费用构成及概（估）算费用标准（2013 年版）》、"可再生定额〔2016〕25 号文"、"可再生定额〔2018〕16 号文"和"可再生定额〔2019〕14 号文"计取。其中，其他直接费中的冬雨季施工增加费费率采用中南、华东地区费率，夜间施工增加费费率取中值。建筑工程取费费率详见表 4-7。

表 4-7　　　　　　　建 筑 工 程 取 费 费 率

编号	工程或费用名称	计算基础	费率（％）
一	其他直接费	基本直接费	6.75
二	间接费费率		
	土方工程	直接费	13.30
	石方工程	直接费	22.40
	混凝土工程	直接费	16.90
	钢筋制作安装工程	直接费	8.41
	喷锚支护工程	直接费	21.46
	基础处理工程	直接费	19.04
	其他工程	直接费	18.29
三	利润	直接费＋间接费	7.00
四	税金	直接费＋间接费＋利润	9.00

第5章 典型方案说明

通用造价上下水库分册中典型方案，按不同坝型分类，以突出影响抽水蓄能电站造价的技术条件为原则，通过广泛调研、筛选从国网新源公司正在实施的工程中选择10个典型方案，作为通用造价上下水库分册的典型方案代表工程。上下水库工程通用造价典型方案主要技术条件汇总表见表5-1。

表5-1   典型方案主要技术条件

编号	水库坝型	方案名称	地震烈度	装机容量	水库总库容	设计防洪标准	泄水建筑物型式
1	沥青混凝土面板堆石坝	方案一	Ⅶ度	1200MW	873.94 万 m³	200 年一遇	无
2		方案二	Ⅶ度	1200MW	890.50 万 m³	200 年一遇	无
3	沥青混凝土心墙堆石坝	方案三	Ⅵ度	1400MW	849.20 万 m³	200 年一遇	无
4		方案四	Ⅵ度	1400MW	867.30 万 m³	200 年一遇	溢洪道＋泄洪放空洞
5	混凝土重力坝	方案五	Ⅵ度	1200MW	3077.00 万 m³	500 年一遇	泄流表孔
6		方案六	Ⅵ度	1200MW	6316.00 万 m³	500 年一遇	溢洪道
7	混凝土面板堆石坝	方案七	Ⅶ度	1200MW	1037.39 万 m³	200 年一遇	泄洪放空洞
8		方案八	Ⅵ度	1800MW	1110.00 万 m³	200 年一遇	无
9		方案九	Ⅵ度	1800MW	1262.00 万 m³	200 年一遇	溢洪道＋泄洪放空洞
10		方案十	Ⅵ度	1200MW	1578.00 万 m³	200 年一遇	溢洪道

第6章 典型方案一

6.1 主要技术条件

本典型方案装机规模为 4×300MW，正常蓄水位为 606m，总库容 873.94 万 m³。水库采用沥青混凝土面板堆石坝，坝顶高程 609.40m，最大坝高 117.40m，坝轴线长 580.00m，采用全库防渗。

典型方案一主要技术条件见表6-1。

表6-1   典型方案一主要技术条件

编号	项目名称	单位	数量
一	设计标准		
	地震烈度		Ⅶ度
	设计防洪标准		200 年一遇

续表

编号	项目名称	单位	数量
二	水库特征		
	总库容	万 m³	873.94
	正常蓄水位	m	606.00
三	动能特性	MW/台	1200/4
四	主要建筑物		
	主要坝型		沥青混凝土面板堆石坝
	防渗形式		全库防渗
	最大坝高	m	117.40
	坝轴线长度	m	580.00
	坝顶宽	m	10.00
	上、下游坡比		上游坡比 1∶1.7，下游坡比 1∶1.5

6.2 项目组成处理

根据上下水库设计项目划分，本典型方案项目组成包括水库大坝工程、水库库盆工程。

6.3 方案造价

根据上下水库通用设计典型方案一代表工程的可研阶段设计工程量和第4章中拟定条件计算的工程单价编制上下水库典型方案一通用造价。典型方案一通用造价见表6-2。

表 6-2　　　　　　　典型方案一通用造价

编号	工程或费用名称	单位	数量	单价（元）	合计（万元）
一	水库工程				62506.67
1	大坝工程				16798.03
	土方明挖	m³	565757	14.57	824.31
	石方明挖	m³	62862	43.23	271.75
	坝体堆石填筑	m³	5068121	9.96	5047.85
	库底回填	m³	464797	2.66	123.64
	垫层料填筑	m³	293191	64.26	1884.05
	过渡料填筑	m³	151535	14.24	215.79
	干砌石护坡	m³	33008	133.98	442.24
	乳化沥青	m²	363852	8.52	310
	沥青混凝土整平胶结层　库坡	m³	5760	1968.36	1133.78
	沥青混凝土防渗层　库坡	m³	6850	2383.67	1632.81
	沥青玛蹄脂封闭层	m²	57600	40.43	232.88
	加强网格	m²	65372	92.66	605.74

续表

编号	工程或费用名称	单位	数量	单价（元）	合计（万元）
	周圈廊道混凝土 C25 F50　二级配	m³	15629	655.62	1024.67
	防浪墙混凝土 C25 F200　二级配	m³	5246	873.14	458.05
	路面混凝土 C25 F200　二级配	m³	2547	564.22	143.71
	钢筋	t	2148	6289.22	1350.92
	浆砌石 护坡	m³	1075	279.18	30.01
	排水管	m	11237	30	33.71
	橡胶止水	m	3591	166.29	59.71
	细部结构（堆石）	m³	6039834	1.61	972.41
2	库盆工程				45708.64
	土方明挖	m³	1246788	20.52	2558.41
	石方明挖	m³	7065134	39.74	28076.84
	石方槽挖	m³	31380	74.28	233.09
	沥青混凝土整平胶结层　库坡	m³	14034.09	1968.36	2762.41
	沥青混凝土整平胶结层　库底	m³	14606.91	1632.13	2384.04
	沥青混凝土防渗层　库坡	m³	16026.4	2383.67	3820.16
	沥青混凝土防渗层　库底	m³	14793.6	2160.89	3196.73
	沥青玛蹄脂封闭层	m²	286406	40.43	1157.94
	喷混凝土 厚10cm	m³	7550	909.32	686.54
	挂网钢筋	t	148	6289.22	93.08
	锚杆 $\phi22$ $L=3m$	根	4194	114.04	47.83
	预应力锚索 1000kN $L=30m$	束	105	26689.31	280.24
	预应力锚索 2000kN $L=20m$	束	110	26210.53	288.32
	浆砌石 护坡	m³	1036	279.18	28.92
	排水孔 $L=5m$	m	41944	19.86	83.30
	细部结构	m³	67011	1.61	10.79

第7章　典型方案二

7.1 主要技术条件

本典型方案装机规模为 4×300MW，上水库正常蓄水位 628.00m，总库容 874.70 万 m³。水库采用沥青混凝土面板堆石坝，坝顶高程 630.60m，最大坝高 151.50m，坝轴线长 747.60m，采用全库沥青混凝土简式面板防渗。

典型方案二主要技术条件见表7-1。

表 7-1　　　典型方案二主要技术条件　　　　　　　　　　　　　　　　　　　　　　　　　　　续表

编号	项目名称	单位	数量
一	设计标准		
	地震烈度		Ⅷ度
	设计防洪标准		200 年一遇
二	水库特征		
	总库容	万 m³	874.70
	正常蓄水位	m	628.00
三	动能特性	MW/台	1200/4
四	主要建筑物		
	主要坝型		沥青混凝土面板堆石坝
	防渗形式		全库沥青混凝土简式面板防渗
	最大坝高	m	151.50
	坝轴线长度	m	747.60
	坝顶宽	m	10.00
	上、下游坡比		上游坡比 1∶1.75，下游坡比 1∶1.5

7.2　项目组成处理

根据上下水库设计项目划分，本典型方案项目组成包括水库大坝工程、库盆工程、坝后压坡等。为了和其他典型方案保持一致，本方案中将坝后压坡项目删除。

整理后，本典型方案项目组成包括水库大坝工程、库盆工程。

7.3　方案造价

根据上下水库通用设计典型方案二代表工程的可研阶段设计工程量和第 4 章中拟定条件计算的工程单价编制上下水库典型方案二通用造价。典型方案二通用造价见表 7-2。

表 7-2　　　　　　　典型方案二通用造价

编号	工程或费用名称	单位	数量	单价（元）	合计（万元）
一	水库工程				107819.17
1	大坝工程				18036.81

编号	工程或费用名称	单位	数量	单价（元）	合计（万元）
	土方明挖	m³	654080	14.57	952.99
	堆石料填筑	m³	9777823	9.96	9738.71
	垫层料填筑	m³	71970	64.26	462.48
	过渡料填筑	m³	64558	14.24	91.93
	库底回填	m³	666904	2.66	177.40
	干砌石护坡	m³	92476	133.98	1238.99
	沥青混凝土防渗层 库底	m³	3152.5	2160.89	681.22
	沥青混凝土防渗层 库坡	m³	3152.5	2383.67	751.45
	沥青混凝土整平胶结层 库底	m³	3152.5	1632.13	514.53
	沥青混凝土整平胶结层 库坡	m³	3152.5	1968.36	620.53
	沥青玛蹄脂封闭层	m²	58995	40.43	238.52
	乳化沥青	m²	58995	8.52	50.26
	沥青玛蹄脂填缝	m³	55	3800	20.90
	加强网格	m²	19179	92.66	177.71
	混凝土挡墙 C25 二级配	m³	4057	601.78	244.14
	混凝土路面 C25 二级配	m³	1287	564.22	72.62
	混凝土排水沟 C25 二级配	m³	2420	590.07	142.80
	钢筋	t	183	6289.22	115.09
	钢材	t	4	7500	3.00
	橡胶止水	m	1184	166.29	19.69
	闭孔泡沫板	m²	260	60	1.56
	排水管	m	608	30	1.82
	细部结构	m³	10673731	1.61	1718.47
2	库盆工程				89782.36
	土方明挖	m³	1186382	14.57	1728.56
	石方明挖	m³	13643399	43.23	58980.41
	石方槽挖 库底排水廊道	m³	32965.2	74.28	244.87
	石方槽挖 库区边坡排水沟	m³	3662.8	125.61	46.01
	石方洞挖	m³	4701	209.4	98.44
	垫层料填筑	m³	274917	64.26	1766.62
	过渡料填筑	m³	95095	14.24	135.42
	库底回填	m³	2056569	2.66	547.05
	沥青混凝土防渗层 库底	m³	15751	2160.89	3403.62
	沥青混凝土防渗层 库坡	m³	15751	2383.67	3754.52

编号	工程或费用名称	单位	数量	单价（元）	合计（万元）
	沥青混凝土整平胶结层 库底	m³	15751	1632.13	2570.77
	沥青混凝土整平胶结层 库坡	m³	15751	1968.36	3100.36
	沥青玛蹄脂封闭层	m²	314856	40.43	1272.96
	乳化沥青	m²	336425	8.52	286.63
	沥青玛蹄脂填缝	m³	112	3800	42.56
	加强网格	m²	50412	92.66	467.12
	喷混凝土	m³	10114	909.32	919.69
	混凝土挡墙 C25 二级配	m³	3637	601.78	218.87
	混凝土路面 C25 二级配	m³	2613	564.22	147.43
	混凝土排水廊道 C25 二级配	m³	24885	655.62	1631.51
	无砂混凝土 C10 三级配	m³	2103	390.33	82.09
	混凝土排水沟 C25 二级配	m³	4835	590.07	285.30

编号	工程或费用名称	单位	数量	单价（元）	合计（万元）
	挂网钢筋	t	297	6289.22	186.79
	锚杆 $\phi25$ $L=1.5\text{m}$	根	1567	57.37	8.99
	锚杆 $\phi25$ $L=4.5\text{m}$	根	16708	198.98	332.46
	锚杆 $\phi25$ $L=6\text{m}$	根	7161	272.34	195.02
	预应力锚索 1500kN $L=40\text{m}$	束	1327	39787.58	5279.81
	钢筋	t	2115	6289.22	1330.17
	钢材	t	47	7500	35.25
	橡胶止水	m	4522	166.29	75.20
	闭孔泡沫板	m²	1082	60	6.49
	排水孔	m	56348	19.86	111.91
	排水管	m	32928	30	98.78
	细部结构	m³	2426581	1.61	390.68

第8章 典型方案三

8.1 主要技术条件

本典型方案装机规模为 4×350MW，水库正常蓄水位 1391.00m，总库容 849.20 万 m³。水库采用沥青混凝土心墙堆石坝，坝顶高程 1395.00m，最大坝高 54.00m，坝轴线长 948.00m，全库采用灌浆帷幕防渗。

典型方案三主要技术条件见表 8-1。

表 8-1　　　　典型方案三主要技术条件

编号	项目名称	单位	数量
一	设计标准		
	地震烈度		Ⅵ度
	设计防洪标准		200 年一遇
二	水库特征		
	总库容	万 m³	849.20
	正常蓄水位	m	1391.00
三	动能特性	MW/台	1400/4

编号	项目名称	单位	数量
四	主要建筑物		
	主要坝型		沥青混凝土心墙堆石坝
	防渗形式		防渗灌浆帷幕
	最大坝高	m	54.00
	坝轴线长度	m	948.00
	坝顶宽	m	8.00
	上、下游坡比		上游坡比 1：2，下游坡比 1：2.5

8.2 项目组成处理

根据上下水库设计项目划分，本典型方案项目组成包括水库大坝工程、水库库盆工程、环库路工程。

8.3 方案造价

根据上下水库设计典型方案三代表工程的可研阶段设计工程量和第 4 章中

拟定条件计算的工程单价编制上下水库典型方案三通用造价。典型方案三通用造价见表8-2。

表8-2　　　　　　　　典型方案三通用造价

编号	工程或费用名称	单位	数量	单价（元）	合计（万元）
一	水库工程				26037.69
1	大坝工程				14012.91
	土方明挖	m³	443500	14.57	646.18
	石方明挖	m³	481300	43.23	2080.66
	坝体堆石填筑	m³	1774100	9.96	1767.00
	垫层料填筑	m³	35100	64.26	225.55
	过渡料填筑	m³	175400	14.24	249.77
	干砌石护坡	m³	90600	133.98	1213.86
	排水棱体	m³	73800	76.51	564.64
	沥青混凝土心墙	m³	18000	2084.16	3751.49
	混凝土 C20 二级配 基座	m³	3800	542.26	206.06
	路面混凝土 C25 F200 二级配	m³	7200	564.22	406.24
	钢筋	t	604.96	6289.22	380.47
	锚杆 $\phi25$ $L=5m$	根	1017	223.43	22.72
	固结灌浆钻孔	m	8000	50.96	40.77
	固结灌浆	t	400	4533.64	181.35
	帷幕灌浆钻孔	m	32900	236.84	779.20

续表

编号	工程或费用名称	单位	数量	单价（元）	合计（万元）
	帷幕灌浆	t	1645	6058.75	996.66
	铜止水	m	1800	589.08	106.03
	混凝土冬季温控费	m³	21800	20.00	43.60
	细部结构（堆石）	m³	2178000	1.61	350.66
2	库盆工程				11615.27
	土方明挖	m³	648700	20.52	1331.13
	全风化石方开挖	m³	1221900	32.59	3982.17
	石方明挖	m³	1401200	43.23	6057.39
	干砌石护坡	m³	1735.41	133.98	23.25
	锚筋 $\phi25$ $L=5m$	根	1394	223.43	31.15
	喷混凝土 厚10cm	m³	1827.28	909.32	166.16
	挂网钢筋	t	13.98	6289.22	8.79
	排水孔	m	6088.95	19.86	12.09
	细部结构	m³	1827.28	17.17	3.14
3	环库路				409.51
	全风化石方明挖	m³	38000	32.59	123.84
	混凝土 C25 二级配	m³	2200	564.22	124.13
	钢筋制作安装	t	95.31	6289.22	59.94
	浆砌石 挡墙	m³	3533.95	276.79	97.82
	细部结构	m³	2200	17.17	3.78

第9章　典型方案四

9.1　主要技术条件

本典型方案装机规模为 4×350 MW，水库正常蓄水位 717.00m，总库容 867.30 万 m³。水库采用沥青混凝土心墙堆石坝，坝顶高程 720.00m，最大坝高 70.00m，坝轴线长 410.00m，全库采用灌浆帷幕防渗。

典型方案四主要技术条件见表9-1。

表9-1　　　　　　　　典型方案四主要技术条件

编号	项目名称	单位	数量
一	设计标准		
	地震烈度		Ⅵ度
	设计防洪标准		200 年一遇
二	水库特征		

编号	项目名称	单位	数量
	总库容	万 m³	867.30
	正常蓄水位	m	717.00
三	动能特性	MW/台	1400/4
四	主要建筑物		
	主要坝型		沥青混凝土心墙堆石坝
	防渗形式		防渗灌浆帷幕
	最大坝高	m	70.00
	坝轴线长度	m	410.00
	坝顶宽	m	8.00
	上、下游坡比		上游坡比 1：2，下游坡比 1：2

9.2 项目组成处理

根据上下水库设计项目划分，本典型方案项目组成包括水库大坝工程、水库库盆工程、溢洪道工程、泄洪放空洞工程等。

9.3 方案造价

根据上下水库设计典型方案四代表工程的可研阶段设计工程量和第 4 章中拟定条件计算的工程单价编制上下水库典型方案四通用造价。典型方案四通用造价见表 9-2。

表 9-2　　　　典型方案四通用造价

编号	工程或费用名称	单位	数量	单价（元）	合计（万元）
一	水库工程				17511.63
1	大坝工程				7903.00
	土方开挖	m³	233000	14.57	339.48
	石方开挖	m³	179200	43.23	774.68
	堆石填筑	m³	1550700	9.96	1544.50
	垫层料填筑	m³	18000	64.26	115.67
	过渡料填筑	m³	87900	14.24	125.17
	干砌石护坡	m³	56600	133.98	758.33
	沥青混凝土心墙	m³	11400	2084.16	2375.94
	混凝土 C20 二级配 基座	m³	2100	542.26	113.87
	路面混凝土 R5.0	m³	3100	662.38	205.34
	钢筋	t	275.92	6289.22	173.53
	锚杆 ϕ25 L＝5.0m	根	296	223.43	6.61
	固结灌浆钻孔	m	2400	50.96	12.23
	固结灌浆	t	120	4533.64	54.40
	帷幕灌浆钻孔	m	17800	236.84	421.58
	帷幕灌浆	t	890	6058.75	539.23
	橡胶止水	m	50	166.29	0.83
	铜止水	m	600	589.08	35.34
	钢结构	t	1.03	7500.00	0.77
	混凝土冬季温控费	m³	13500	20.00	27.00
	细部结构（堆石）	m³	1729800	1.61	278.50
2	库盆工程				6230.38
	土方明挖	m³	211900	14.57	308.74
	石方明挖	m³	1431900	39.74	5690.37
	混凝土防渗墙 C20	m²	1115.4	1596.84	178.11
	喷混凝土 厚10cm	m³	424.48	909.32	38.60
	挂网钢筋	t	3	6289.22	1.89
	锚杆 ϕ25 L＝5m	根	323	223.43	7.22
	排水孔	m	1414	19.86	2.81
	细部结构	m³	1539.88	17.17	2.64
3	溢洪道工程				980.87
	土方开挖	m³	6400	15.60	9.98
	石方明挖	m³	94400	37.85	357.30
	混凝土 C25 二级配	m³	100	543.82	5.44
	混凝土 C30 二级配	m³	6800	564.80	384.06
	喷混凝土	m³	56.25	909.32	5.11
	钢筋	t	180.67	6289.22	113.63
	钢结构	t	1.03	7500.00	0.77
	锚杆 ϕ25 L＝5m（地面）	根	1250	223.43	27.93
	挂网钢筋	t	0.44	6289.22	0.28
	固结灌浆钻孔	m	200	50.96	1.02

编号	工程或费用名称	单位	数量	单价（元）	合计（万元）
	固结灌浆	t	10	4533.64	4.53
	排水孔	m	186	19.86	0.37
	铜片止水	m	500	589.08	29.45
	橡胶止水	m	600	166.29	9.98
	混凝土冬季温控费	m³	6900	20.00	13.80
	细部结构工程	m³	6956.25	24.76	17.22
4	泄洪放空洞工程				2397.38
	土方开挖	m³	34500	20.52	70.79
	石方开挖	m³	75800	37.85	286.90
	石方洞挖	m³	14400	209.40	301.54
	混凝土 C30 二级配	m³	15300	784.55	1200.36
	钢筋	t	455.61	6429.15	292.92

编号	工程或费用名称	单位	数量	单价（元）	合计（万元）
	洞内排水孔	m	1222	26.81	3.28
	洞内喷混凝土 厚 10cm	m³	367.16	971.50	35.67
	挂网钢筋	t	2.86	6429.15	1.84
	锚筋 φ25 L=5.0m 地面	根	1068	223.43	23.86
	钢格栅	t	1.03	7500.00	0.77
	固结灌浆钻孔	m	100	50.96	0.51
	固结灌浆	t	5	4533.64	2.27
	回填灌浆	m²	1400	106.37	14.89
	铜止水	m	700	589.08	41.24
	干砌石	m³	543	133.98	7.28
	混凝土冬季温控费	m³	15300	20.00	30.60
	细部结构	m³	15667.16	52.76	82.66

第 10 章　典型方案五

10.1　主要技术条件

本典型方案装机规模为 4×300MW，水库正常蓄水位 733.00m，总库容 3077.00 万 m³。水库采用混凝土重力坝，坝顶高程 737.50m，最大坝高 44.00m，坝轴线长 107.00m，全库采用垂直帷幕防渗。

典型方案五主要技术条件见表 10-1。

表 10-1　　　　典型方案五主要技术条件

编号	项目名称	单位	数量
一	设计标准		
	地震烈度		Ⅵ度
	设计防洪标准		500 年一遇
二	水库特征		
	总库容	万 m³	3077.00
	正常蓄水位	m	733.00
三	动能特性	MW/台	1200/4

编号	项目名称	单位	数量
四	主要建筑物		
	主要坝型		混凝土重力坝
	防渗形式		垂直帷幕防渗
	最大坝高	m	44.00
	坝轴线长度	m	107.00
	坝顶宽	m	7.00
	上、下游坡比		上游坡比 1∶0.25，下游坡比 1∶0.72

10.2　项目组成处理

根据上下水库设计项目划分，本典型方案项目组成包括水库大坝工程、西副坝和西南副坝工程、水库库岸防护工程、库盆防渗及环库公路工程等。因副坝为其他坝型，影响数据的准确性，本方案中西副坝和西南副坝工程、启闭机工程删除。

整理后，本典型方案项目组成包括水库大坝工程、水库库岸防护工程、库盆防渗及环库公路工程。

10.3 方案造价

根据上下水库设计典型方案五代表工程的可研阶段设计工程量和第 4 章中拟定条件计算的工程单价编制上下水库典型方案五通用造价。典型方案五通用造价见表 10-2。

表 10-2　　　　　典型方案五通用造价

编号	工程或费用名称	单位	数量	单价（元）	合计（万元）
一	水库工程				14144.57
1	大坝工程				2077.75
	土方明挖	m³	2654	14.57	3.87
	石方明挖	m³	44924	43.23	194.21
	石方槽挖	m³	104	74.28	0.77
	石方洞挖	m³	655	209.40	13.72
	坝体混凝土 C15（掺粉煤灰 30%）三级配	m³	36972	260.13	961.75
	上游防渗混凝土 C20 二级配	m³	6449	293.43	189.23
	闸墩混凝土 C25 二级配	m³	154	562.85	8.67
	溢流堰混凝土 C25 二级配	m³	2804	489.33	137.21
	工作桥混凝土 C30 二级配	m³	68	799.53	5.44
	基础混凝土 C15 三级配	m³	105	306.24	3.22
	衬砌混凝土 C20 二级配	m³	286	784.52	22.44
	边坡支护混凝土 C20 二级配	m³	942	582.38	54.86
	喷混凝土	m³	607	909.32	55.20
	钢筋	t	220	6289.22	138.36
	锚杆 $\phi25$ $L=5m$	根	582	223.43	13.00
	锚杆 $\phi28$ $L=8m$	根	93	850.65	7.91
	锚杆 $\phi28$ $L=10m$	根	93	1115.85	10.38
	预应力锚索 1000kN $L=25m$	束	8	22629.63	18.10
	固结灌浆钻孔	m	1107	50.96	5.64
	固结灌浆	t	55	4533.64	24.94
	帷幕灌浆钻孔	m	1809	236.84	42.84

续表

编号	工程或费用名称	单位	数量	单价（元）	合计（万元）
	帷幕灌浆	t	90	6058.75	54.53
	铜止水	m	263	589.08	15.49
	PVC 止水片	m	356	166.29	5.92
	边坡排水孔 $L=14m$	m	710	48.52	3.44
	边坡排水孔 $L=5m$	m	3116	19.86	6.19
	细部结构（混凝土）	m³	46838	17.17	80.42
2	水库库岸防护工程				2521.82
	土方开挖	m³	697018	20.52	1430.28
	石方开挖	m³	2100	37.85	7.95
	石方槽挖	m³	499	74.28	3.71
	库盆清理土方	m³	370000	13.51	499.87
	浆砌石网格梁	m³	2119	279.31	59.19
	基础处理混凝土 C15 二级配	m³	499	401.36	20.03
	喷混凝土	m³	2708	909.32	246.24
	钢筋	t	51	6289.22	32.08
	锚杆 $\phi25$ $L=5m$	根	1075	223.43	24.02
	锚杆 $\phi25$ $L=8m$	根	530	799.53	42.38
	锚杆 $\phi25$ $L=10m$	根	530	1052.06	55.76
	预应力锚索 1000kN $L=25m$	束	10	22629.63	22.63
	固结灌浆钻孔	m	880	50.96	4.48
	固结灌浆	t	44	4533.64	19.95
	边坡排水孔	m	366	19.86	0.73
	其他工程	万元	525200	1.00	52.52
3	库盆防渗及环库公路				9545.00
	土方开挖	m³	39628	20.52	81.32
	石方开挖	m³	129685	39.74	515.37
	石方槽挖	m³	805	74.28	5.98
	垫层填筑	m³	833	64.26	5.35
	过渡料填筑	m³	1644	14.24	2.34
	黏土铺盖	m³	780000	58.01	4524.78
	反滤料填筑	m³	30000	114.46	343.38
	石渣回填	m³	268387	18.32	491.68
	路面碎石	m³	1331	91.30	12.15

编号	工程或费用名称	单位	数量	单价（元）	合计（万元）
	无砂混凝土垫层 C20 二级配	m³	9592	725.95	696.33
	碾压砂浆垫层	m³	214	337.09	7.21
	面板混凝土 C25 二级配	m³	5020	587.39	294.87
	趾板混凝土 C25 二级配	m³	562	579.40	32.56
	路面混凝土 C25 二级配	m³	887	564.22	50.05
	防浪墙混凝土 C20 二级配	m³	812	855.43	69.46
	基础处理混凝土 C15 二级配	m³	1608	401.36	64.54
	挡墙混凝土 C15 二级配	m³	650	568.11	36.93
	边坡喷混凝土	m³	1199	909.32	109.03
	钢筋	t	411	6289.22	258.49
	锚杆 $\phi20$ $L=2.5m$	根	982	86.73	8.52
	锚杆 $\phi25$ $L=4.5m$	根	705	198.98	14.03

编号	工程或费用名称	单位	数量	单价（元）	合计（万元）
	锚杆 $\phi25$ $L=5m$	根	754	223.43	16.85
	锚杆 $\phi25$ $L=8m$	根	103	799.53	8.24
	锚杆 $\phi28$ $L=10m$	根	103	1115.85	11.49
	固结灌浆钻孔	m	1688	50.96	8.60
	固结灌浆	t	83	4533.64	37.63
	帷幕灌浆钻孔	m	19500	236.84	461.84
	帷幕灌浆	t	1115	6058.75	675.55
	铜片止水	m	2051	589.08	120.82
	SR 止水	m³	48	21000.00	100.80
	边坡排水孔	m	3144	19.86	6.24
	土工布	m²	130102	20.83	271.00
	其他工程	万元	2015700	1.00	201.57

第 11 章　典型方案六

11.1　主要技术条件

本典型方案装机规模为 4×300MW，水库正常蓄水位 181.00m，总库容 6316.00 万 m³。水库采用混凝土重力坝，坝顶高程 185.50m，最大坝高 77.50m，坝轴线长 181.25m，全库采用钢筋混凝土面板防渗。

典型方案六主要技术条件见表 11-1。

表 11-1　　　　典型方案六主要技术条件

编号	项目名称	单位	数量
一	设计标准		
	地震烈度		Ⅵ度
	设计防洪标准		500 年一遇
二	水库特征		
	总库容	万 m³	6316.00
	正常蓄水位	m	181.00
三	动能特性	MW/台	1200/4

编号	项目名称	单位	数量
四	主要建筑物		
	主要坝型		碾压混凝土重力坝
	防渗形式		钢筋混凝土面板防渗
	最大坝高	m	77.50
	坝轴线长度	m	181.25
	坝顶宽	m	7.00
	上、下游坡比		上游为铅直面，下游坡比 1：0.75

11.2　项目组成处理

根据上下水库设计项目划分，本典型方案项目组成包括水库大坝工程、库岸处理工程等，其中启闭机工程删除。

11.3　方案造价

根据上下水库设计典型方案六代表工程的可研阶段设计工程量和第 4 章中

拟定条件计算的工程单价编制上下水库典型方案六通用造价。典型方案六通用造价见表 11-2。

表 11-2 典型方案六通用造价

编号	工程或费用名称	单位	数量	单价（元）	合计（万元）
一	水库工程				16791.00
1	大坝工程				12777.57
	土方开挖	m³	21617	14.57	31.50
	石方开挖	m³	310083	43.23	1340.49
	石方洞挖	m³	1499	209.40	31.39
	石方槽挖	m³	2100	74.28	15.60
	坝体碾压混凝土 C15 三级配	m³	170190	260.13	4427.15
	下游面混凝土 C15 三级配	m³	5233	306.24	160.26
	廊道混凝土 C15 三级配	m³	2308	306.24	70.68
	基础混凝土 C15 三级配	m³	3216	306.24	98.49
	基础混凝土 C20 三级配	m³	6345	436.85	277.18
	坝顶混凝土 C20 三级配	m³	10623	436.85	464.07
	导流底孔混凝土 C20 三级配	m³	8378	436.85	365.99
	导流底孔封堵混凝土 C20	m³	5950	492.56	293.07
	上游防渗碾压混凝土 C20 二级配	m³	18519	293.43	543.40
	闸墩混凝土 C25 二级配	m³	11605	562.85	653.19
	溢流堰混凝土 C25 二级配	m³	10073	489.33	492.90
	过流抗冲耐磨钢纤维混凝土 C40 二级配	m³	1774	1037.30	184.02
	工作桥、闸墩牛腿混凝土 C30 二级配	m³	379	799.53	30.30
	基础处理混凝土 C15 三级配	m³	2200	306.24	67.37
	探洞回填混凝土 C15 三级配	m³	546	366.94	20.03
	衬砌混凝土 C20 二级配	m³	488	784.52	38.28
	边坡支护混凝土 C20 二级配	m³	3766	582.38	219.32
	钢筋	t	1346	6289.22	846.53
	喷混凝土 厚10cm	m³	912	909.32	82.93
	锚杆 φ25 L=5.0m	根	1376	223.43	30.74
	锚杆 φ25 L=8m	根	366	799.53	29.26
	锚杆 φ28 L=10m	根	54	1115.85	6.03
	预应力锚索 1000kN L=25m	束	30	22629.63	67.89
	预应力锚索 1500kN L=30m	束	33	31074.65	102.55
	预应力锚索 2000kN L=40m	束	100	46940.67	469.41
	排水孔	m	8943	19.86	17.76
	排水孔 L=15m	m	2420	48.52	11.74
	固结灌浆钻孔	m	6552	50.96	33.39
	固结灌浆	t	328	4533.64	148.70
	帷幕灌浆钻孔	m	5665	236.84	134.17
	帷幕灌浆	t	283	6058.75	171.46
	回填灌浆	m²	1752	106.37	18.64
	接触灌浆	m²	1280	110.88	14.19
	橡胶止水	m	174	166.29	2.89
	铜止水	m	959	589.08	56.49
	PVC排水管	m	1811	30.00	5.43
	混凝土冬季温控费	m³	130000	20.00	260.00
	细部结构	m³	257827	17.17	442.69
2	库岸处理				4013.43
	土方开挖	m³	558062	14.57	813.10
	石方开挖	m³	7280	39.74	28.93
	垫层填筑	m³	70050	64.26	450.14
	过渡料填筑	m³	37096	14.24	52.82
	浆砌石护坡	m³	55470	279.18	1548.61
	干砌石护坡	m³	6210	133.98	83.20
	混凝土基脚 C15 三级配	m³	4101	306.24	125.59
	钢筋	t	65	6289.22	40.88
	喷混凝土	m³	2187	909.32	198.87
	锚杆 φ20 L=2.5m	根	884	86.73	7.67
	锚杆 φ25 L=5m	根	6330	223.43	141.43
	锚杆 φ25 L=8m	根	710	799.53	56.77
	锚杆 φ25 L=10m	根	480	1052.06	50.50
	预应力锚索 1000kN L=25m	束	45	22629.63	101.83
	预应力锚索 1500kN L=30m	束	45	31074.65	139.84
	PVC排水管	m	6672	30.00	20.02
	排水孔	m	3500	19.86	6.95
	土工布	m²	23580	20.83	49.12
	其他工程	万元	971600	1.00	97.16

第 12 章 典型方案七

12.1 主要技术条件

本典型方案装机规模为 4×300MW，水库正常蓄水位 220.00m，总库容 1037.39 万 m³。水库采用混凝土面板堆石坝，坝顶高程 223.60m，最大坝高 78.60m，坝轴线长 547.50m，全库以垂直灌浆防渗为主。

典型方案七主要技术条件见表 12-1。

表 12-1　　　　　　　　典型方案七主要技术条件

编号	项目名称	单位	数量
一	设计标准		
	地震烈度		Ⅶ度
	设计防洪标准		200 年一遇
二	水库特征		
	总库容	万 m³	1037.39
	正常蓄水位	m	220.00
三	动能特性	MW/台	1200/4
四	主要建筑物		
	主要坝型		混凝土面板堆石坝
	防渗形式		垂直灌浆防渗为主
	最大坝高	m	78.60
	坝轴线长度	m	547.50
	坝顶宽	m	10.00
	上、下游坡比		上游坡比 1:1.4，下游坡比 1:1.5

12.2 项目组成处理

根据上下水库设计项目划分，本典型方案项目组成包括水库大坝工程、灌浆洞工程、库盆工程、泄洪放空洞工程、水库补水工程等。为了和其他典型方案保持一致，本方案中水库补水工程删除。

整理后，本典型方案项目组成包括水库大坝工程、灌浆洞工程、库盆工

程、泄洪放空洞工程等。

12.3 方案造价

根据上下水库设计典型方案七代表工程的可研阶段设计工程量和第 4 章中拟定条件计算的工程单价编制上下水库典型方案七通用造价。典型方案七通用造价见表 12-2。

表 12-2　　　　　　　　典型方案七通用造价

编号	工程或费用名称	单位	数量	单价（元）	合计（万元）
一	水库工程				22934.43
1	大坝工程				7227.22
	土方开挖	m³	223594.00	14.57	325.78
	石方开挖	m³	55899.00	43.23	241.65
	堆石填筑	m³	1498824.00	9.96	1492.83
	垫层料填筑	m³	70352.00	64.26	452.08
	过渡料填筑	m³	65553.00	14.24	93.35
	干砌石护坡	m³	6092.00	133.98	81.62
	石渣铺重	m³	78541.00	2.66	20.89
	面板水泥砂浆 垫层	m³	4246.50	503.64	213.87
	面板混凝土 C25 F100 二级配	m³	15365.00	587.39	902.52
	趾板混凝土 C25 F100 二级配	m³	3586.00	557.34	199.86
	坝顶结构混凝土 C25 F100 二级配	m³	2847.00	879.15	250.29
	钢筋	t	2145.00	6289.22	1349.04
	喷混凝土 厚10cm	m³	2353.00	909.32	213.96
	挂网钢筋	t	46.00	6289.22	28.93
	锚杆 φ22 L=3m	根	2942.00	114.04	33.55
	锚杆 φ25 L=5.0m	根	377.00	223.43	8.42
	排水孔	m	7845.00	19.86	15.58
	固结灌浆钻孔	m	2013.00	50.96	10.26

编号	工程或费用名称	单位	数量	单价（元）	合计（万元）
	固结灌浆	t	80.52	4533.64	36.50
	橡胶止水	m	151.00	166.29	2.51
	铜止水	m	4592.00	589.08	270.51
	表层止水	m	4592.00	1540.99	707.62
	浆砌石排水沟	m³	256.00	294.44	7.54
	细部结构（堆石）	m³	1664972.00	1.61	268.06
2	库盆工程				11583.79
	土方明挖	m³	819017	20.52	1680.62
	石方明挖	m³	1911040	39.74	7594.47
	垫层料	m³	51454	64.26	330.64
	干砌块石	m³	42878	133.98	574.48
	喷混凝土 厚10cm	m³	7272	909.32	661.26
	挂网钢筋	t	201	6289.22	126.41
	锚杆 $\phi22$ $L=3$m	根	5698	114.04	64.98
	锚索 1000kN $L=30$m	根	101	26689.31	269.56
	浆砌石	m³	340	294.44	10.01
	反滤土工布	m³	85756	20.83	178.63
	排水孔	m	40401	19.86	80.24
	细部结构	m³	7272	17.17	12.49
3	灌浆洞工程				2284.44
	石方洞挖	m³	1434	209.40	30.03
	衬砌混凝土 C25 F50 二级配	m³	400	838.91	33.56
	钢筋	t	32	6429.15	20.57
	喷混凝土 厚10cm	m³	98	971.50	9.52
	挂网钢筋	t	3	6429.15	1.93
	锚杆 $\phi22$ $L=3$m	根	120	144.56	1.73
	排水孔	m	327	26.81	0.88

编号	工程或费用名称	单位	数量	单价（元）	合计（万元）
	回填灌浆	m²	495	106.37	5.27
	帷幕灌浆钻孔	m	34521	328.59	1134.33
	帷幕灌浆	t	1726.05	6058.75	1045.77
	细部结构	m³	498	17.00	0.85
4	泄洪放空洞工程				1838.98
	土方开挖	m³	6292	20.52	12.91
	石方开挖	m³	49513	37.85	187.41
	石方洞挖	m³	12387	209.40	259.38
	洞内衬砌混凝土 C25 F50 二级配	m³	4026	758.39	305.33
	闸门井混凝土 C25 F50 二级配	m³	2686	758.39	203.70
	泄槽混凝土 C25 F50 二级配	m³	419	633.11	26.53
	消力池混凝土 C25 F50 二级配	m³	1498	633.11	94.84
	钢筋	t	587	6289.22	369.18
	洞内排水孔	m	8755	26.81	23.47
	洞内喷混凝土 厚10cm	m³	659	971.50	64.02
	洞内挂网钢筋	t	13	6429.15	8.36
	洞外喷混凝土 厚10cm	m³	917	909.32	83.38
	挂网钢筋	t	29	6289.22	18.24
	洞内锚杆 $\phi22$ $L=3$m	根	366	144.56	5.29
	锚杆 $\phi22$ $L=3$m 地面	根	815	114.04	9.29
	锚筋 $\phi25$ $L=5.0$m 地面	根	114	223.43	2.55
	固结灌浆钻孔	m	127	28.07	0.36
	固结灌浆	t	5.08	4338.42	2.20
	回填灌浆	m²	3066	106.37	32.61
	铜止水	m	547	589.08	32.22
	浆砌石	m³	1490	294.44	43.87
	细部结构	m³	10205	52.76	53.84

第13章 典型方案八

13.1 主要技术条件

本典型方案装机规模为 6×300MW，水库正常蓄水位 961.00m，总库容 1110.00 万 m³。水库采用混凝土面板堆石坝，坝顶高程 966.20m，最大坝高 117.70m，坝轴线长 336.00m，采用钢筋混凝土面板与趾板防渗。

典型方案八主要技术条件见表 13-1。

表 13-1　　　　典型方案八主要技术条件　　　　　　　　　　　　　　　　　　　　　　续表

编号	项目名称	单位	数量
一	水库工程		
	地震烈度		Ⅵ度
	设计防洪标准		200 年一遇
二	水库特征		
	总库容	万 m³	1110.00
	正常蓄水位	m	961.00
三	动能特性	MW/台	1800/6
四	主要建筑物		
	主要坝型		混凝土面板堆石坝
	防渗形式		钢筋混凝土面板与趾板防渗
	最大坝高	m	117.70
	坝轴线长度	m	336.00
	坝顶宽	m	10.00
	上、下游坡比		上游坡比 1:1.4，下游坡比 1:1.4

13.2　项目组成处理

根据上下水库设计项目划分，本典型方案项目组成包括水库大坝工程、水库库盆工程。

13.3　方案造价

根据上下水库设计典型方案八代表工程的可研阶段设计工程量和第 4 章中拟定条件计算的工程单价编制上下水库典型方案八通用造价。典型方案八通用造价见表 13-2。

表 13-2　　　　典型方案八通用造价

编号	工程或费用名称	单位	数量	单价（元）	合计（万元）
一	水库工程				31841.58
1	大坝工程				13976.67
	土方明挖	m³	195827	14.57	285.32
	石方明挖	m³	372993	43.23	1612.45
	石方槽挖	m³	2080	74.28	15.45
	坝体堆石填筑	m³	2458280	9.96	2448.45
	碎石垫层	m³	1461	64.26	9.39
	垫层料填筑	m³	82526	64.26	530.31
	过渡料填筑	m³	133167	14.24	189.63
	粉煤灰铺盖	m³	4804	308.19	148.05
	石渣回填	m³	94150	18.32	172.48
	面板 C25　二级配	m³	18287	587.39	1074.16
	趾板混凝土 C25 F100 二级配	m³	2910	557.34	162.19
	防浪墙混凝土 C20 F100 二级配	m³	1739	855.43	148.76
	路面混凝土 C30 二级配	m³	1056	589.37	62.24
	素混凝土垫层 C10 二级配	m³	39	377.41	1.47
	量水堰 C15 三级配	m³	1575	710.27	111.87
	断层处理 C20 二级配（回填）	m³	2100	414.25	86.99
	钢筋	t	2206.47	6289.22	1387.70
	喷混凝土	m³	2133	909.32	193.96
	锚杆 $\phi25$ $L=4.5$m	根	1258	198.98	25.03
	锚杆 $\phi25$ $L=6$m	根	1447	272.34	39.41
	锚筋 $\phi28$ $L=4.5$m	根	2832	228.05	64.58
	锚杆 $\phi28$ $L=9$m	根	351	985.23	34.58
	锚筋桩 $3\phi28$ $L=15$m	根	174	5259.80	91.52
	预应力锚索 1000kN $L=25$m	束	328	22629.63	742.25
	M5.0 碾压砂浆	m³	1988	470.61	93.56
	浆砌石 排水沟	m³	10645	294.44	313.43
	固结灌浆钻孔	m	15312	50.96	78.03
	固结灌浆	t	1531.2	4533.64	694.19
	帷幕灌浆钻孔	m	26012	236.84	616.07
	帷幕灌浆	t	2080.96	6058.75	1260.80
	三道止水	m	4699	1709.27	803.19
	两道止水	m	163	1540.99	25.12
	土工布	m²	687	20.83	1.43
	细部结构（堆石）	m³	2811272	1.61	452.61
2	库盆工程				17864.91

编号	工程或费用名称	单位	数量	单价（元）	合计（万元）
	土方明挖	m³	344157	20.52	706.21
	石方明挖	m³	2758105	39.74	10960.71
	石方槽挖	m³	1050	74.28	7.80
	石渣回填	m³	13129	18.32	24.05
	级配碎石基层	m³	6041	91.05	55.00
	级配碎石	m³	1259	91.30	11.49
	干砌石护坡	m³	734	133.98	9.83
	断层处理 C20 二级配	m³	1050	414.25	43.50
	挡墙混凝土 C20 二级配	m³	5627	582.38	327.71
	路面混凝土 C30 二级配	m³	4038	589.37	237.99
	路肩混凝土 C25 二级配	m³	997	753.77	75.15
	钢筋	t	401.95	6289.22	252.80

编号	工程或费用名称	单位	数量	单价（元）	合计（万元）
	锚筋 $\phi25$ $L=4.5$m	根	6832	198.98	135.94
	锚杆 $\phi25$ $L=6$m	根	6637	272.34	180.75
	锚杆 $\phi28$ $L=9$m	根	8837	985.23	870.65
	锚筋桩 $3\phi28$ $L=15$m	束	1325	5259.80	696.92
	喷混凝土 厚 10cm	m³	14417	909.32	1310.97
	预应力锚索 1000kN $L=30$m	束	600	26689.31	1601.36
	浆砌石 排水沟	m³	2141	294.44	63.04
	排水孔	m	72954	19.86	144.89
	PVC 排水管	m	14591	30.00	43.77
	土工布	m²	2553	20.83	5.32
	帷幕灌浆钻孔	m	1650	236.84	39.08
	帷幕灌浆	t	99	6058.75	59.98

第 14 章　典型方案九

14.1　主要技术条件

本典型方案装机规模为 6×300MW，水库正常蓄水位 340.00m，总库容 1262.00 万 m³。水库采用混凝土面板堆石坝，坝顶高程 345.10m，最大坝高 65.10m，坝轴线长 437.00m，采用钢筋混凝土面板水平防渗。

典型方案九主要技术条件见表 14-1。

表 14-1　　　　典型方案九主要技术条件

编号	项目名称	单位	数量
一	水库工程		
	地震烈度		Ⅵ度
	设计防洪标准		200 年一遇
二	水库特征		
	总库容	万 m³	1262.00
	正常蓄水位	m	340.00
三	动能特性	MW/台	1800/6
四	主要建筑物		

编号	项目名称	单位	数量
	主要坝型		混凝土面板堆石坝
	防渗形式		钢筋混凝土面板水平防渗
	最大坝高	m	65.10
	坝轴线长度	m	437.00
	坝顶宽	m	7.00
	上、下游坡比		上游坡比 1:1.4，下游坡比 1:2.0

14.2　项目组成处理

根据上下水库设计项目划分，本典型方案项目组成包括水库大坝工程、水库库盆工程、竖井溢洪道工程、泄洪放空洞工程、下游护岸工程，其中泄洪放空洞工程中启闭机房删除。

14.3　方案造价

根据上下水库设计典型方案九代表工程的可研阶段设计工程量和第 4 章中

拟定条件计算的工程单价编制上下水库典型方案九通用造价。典型方案九通用造价见表 14-2。

表 14-2　　　　　　　典型方案九通用造价

编号	工程或费用名称	单位	数量	单价（元）	合计（万元）
一	水库工程				28177.55
1	大坝工程				13092.13
	土方开挖	m³	692788	14.57	1009.39
	石方开挖	m³	410469	43.23	1774.46
	石方槽挖	m³	832	74.28	6.18
	堆石填筑	m³	1708332	9.96	1701.50
	垫层料填筑	m³	67269	64.26	432.27
	过渡料填筑	m³	268298	14.24	382.06
	粉煤灰铺盖	m³	5242	308.19	161.55
	坝顶水泥稳定碎石垫层	m³	1089	64.26	7.00
	单级配碎石	m³	986	91.30	9.00
	碾压沙浆	m³	2347	470.61	110.45
	干砌石护坡	m³	2573	133.98	34.47
	石渣铺重	m³	139859	2.66	37.20
	面板混凝土 C25 F100 二级配	m³	18955	587.39	1113.40
	趾板混凝土 C25 F100 二级配	m³	2645	557.34	147.42
	路面混凝土 R5.0	m³	870	662.38	57.63
	硬路肩混凝土 C25 二级配	m³	130	855.43	11.12
	防浪墙混凝土 C20 二级配	m³	2515	855.43	215.14
	电缆沟混凝土 C20 二级配	m³	333	761.18	25.35
	素混凝土垫层 C10 三级配	m³	52	347.82	1.81
	断层回填混凝土 C20 二级配	m³	840	414.25	34.80
	量水堰 C20 二级配	m³	2268	730.16	165.60
	钢筋	t	2498.46	6289.22	1571.34
	喷混凝土 厚10cm	m³	1825	909.32	165.95
	趾板锚筋 φ28 L=6m	根	3982	310.90	123.80
	锚杆 φ25 L=4.5m	根	1110	198.98	22.09
	锚杆 φ25 L=6m	根	1669	272.34	45.45
	锚杆 φ28 L=9m	根	1113	985.23	109.66
	排水孔	m	6180	19.86	12.27
	固结灌浆钻孔	m	7480	50.96	38.12
	固结灌浆	t	748	4533.64	339.12
	帷幕灌浆钻孔	m	12652	236.84	299.65
	帷幕灌浆	t	1075.44	6058.75	651.58
	表层止水	m	668	1540.99	102.94
	浆砌石排水沟	m³	25474	294.44	750.06
	浆砌块石网格梁	m³	5493	279.31	153.42
	PVC 排水管	m³	4183	30.00	12.55
	土工布	m²	666	20.83	1.39
	三道止水	m	4968	1709.27	849.17
	草皮护坡	m²	30015	16.00	48.02
	细部结构（堆石）	m³	2222029	1.61	357.75
2	库盆工程				9413.96
	土方明挖	m³	1071971	14.57	1561.86
	石方明挖	m³	389755	39.74	1548.89
	石方槽挖	m³	1497	74.28	11.12
	石方洞挖	m³	1453	209.40	30.43
	反滤料	m³	2636	114.46	30.17
	垫层料	m³	23039	64.26	148.05
	过渡料	m³	77477	14.24	110.33
	石方填筑	m³	139589	9.96	139.03
	干砌块石	m³	44696	133.98	598.84
	水泥稳定碎石	m³	3847	64.26	24.72
	单级配碎石	m³	3249	91.30	29.66
	浆砌石排水沟	m³	807	294.44	23.76
	M7.5 路缘石	m³	610	279.31	17.04
	碾压砂浆	m³	877	470.61	41.27
	路面混凝土 R5.0	m³	3192	662.38	211.43
	硬路肩混凝土 C20 二级配	m³	459	735.89	33.78
	面板混凝土 C25 二级配	m³	7085	587.39	416.17
	趾板混凝土 C25 二级配	m³	1123	557.34	62.59
	防浪墙混凝土 C20 二级配	m³	1715	855.43	146.71
	电缆沟混凝土 C20 二级配	m³	1171	761.18	89.13

编号	工程或费用名称	单位	数量	单价（元）	合计（万元）
	素混凝土垫层 C10 三级配	m³	184	347.82	6.40
	断层回填混凝土 C20 二级配	m³	420	414.25	17.40
	衬砌混凝土 C25 二级配	m³	681	838.91	57.13
	廊道混凝土 C25 二级配	m³	1089	648.80	70.65
	钢筋	t	1197.42	6289.22	753.08
	喷混凝土 厚10cm	m³	9443	909.32	858.67
	固结灌浆钻孔	m	4717	50.96	24.04
	固结灌浆	t	471.68	4533.64	213.84
	帷幕灌浆钻孔	m	8245	236.84	195.27
	帷幕灌浆	t	701	6058.75	424.72
	锚杆 $\phi25$ $L=4.5$m	根	8564	198.98	170.41
	锚杆 $\phi25$ $L=6$m	根	8247	272.34	224.60
	锚杆 $\phi28$ $L=6$m	根	2346	310.90	72.94
	锚杆 $\phi28$ $L=9$m	根	4528	985.23	446.11
	PVC 排水管	m	8226	30.00	24.68
	三道止水	m	2176	1709.27	371.94
	两道止水	m	775	1540.99	119.43
	排水孔	m	44146	19.86	87.67
3	竖井溢洪道				2364.28
	土方开挖	m³	57072	15.60	89.03
	石方开挖	m³	58685	37.85	222.12
	石方槽挖	m³	100	74.28	0.74
	石方井挖	m³	1395	324.51	45.27
	石方洞挖	m³	2828	170.65	48.26
	石渣回填	m³	500	17.28	0.86
	面板 C25 混凝土 二级配	m³	127	496.18	6.30
	挡墙 C25 混凝土 二级配	m³	2754	601.78	165.73
	溢流堰混凝土 C25 二级配	m³	996	489.33	48.74
	堰顶隔墙混凝土 C25 二级配	m³	100	601.78	6.02
	竖井 C25 混凝土 二级配	m³	140	822.51	11.52
	通气管混凝土 C25 二级配	m³	100	938.88	9.39
	竖井钢纤维硅粉混凝土 C40 二级配	m³	605	1513.46	91.56

编号	工程或费用名称	单位	数量	单价（元）	合计（万元）
	退水隧洞钢纤维硅粉混凝土 C40 二级配	m³	1665	1501.31	249.97
	泄槽及消力池混凝土 C25 二级配	m³	3395	633.11	214.94
	护坦 C20 混凝土 二级配	m³	183	476.43	8.72
	基础处理 C20 混凝土	m³	420	414.25	17.40
	钢筋	t	651.46	6289.22	409.72
	喷混凝土	m³	2067	909.32	187.96
	锚筋 $\phi22$ $L=3$m	根	792	114.04	9.03
	固结灌浆钻孔	m	3313	50.96	16.88
	固结灌浆	t	331.32	4533.64	150.21
	回填灌浆	m²	1288	106.37	13.70
	锚杆 $\phi25$ $L=4.5$m	根	2332	198.98	46.40
	锚杆 $\phi25$ $L=6$m	根	1102	272.34	30.01
	锚杆 $\phi28$ $L=9$m	根	735	985.23	72.41
	中空注浆锚杆 $\phi22$ $L=3.5$m	根	866	266.67	23.09
	管棚 $\phi108\times8$mm	m	398	360.00	14.33
	钢拱架	t	55.14	7500.00	41.36
	排水孔	m	5745	19.86	11.41
	PVC 排水管	m	6514	30.00	19.54
	土工布	m²	1303	20.83	2.71
	三道止水	m	235	1709.27	40.17
	PVC 止水	m	771	166.29	12.82
	细部结构	m³	10485	24.76	25.96
4	泄洪放空洞工程				2502.25
	土方开挖	m³	7379	20.52	15.14
	石方开挖	m³	11233	37.85	42.52
	石方洞挖	m³	10001	209.40	209.42
	回填混凝土 C20 二级配	m³	2536	403.84	102.41
	洞内衬砌混凝土 C25 F50 二级配	m³	4803	758.39	364.25
	洞内钢纤维硅粉混凝土 C30 二级配	m³	2282	1329.60	303.41

编号	工程或费用名称	单位	数量	单价（元）	合计（万元）
	二期混凝土 C30 二级配	m³	99	612.67	6.07
	消力池混凝土 C25 F50 二级配	m³	1250	633.11	79.14
	洞外钢纤维硅粉混凝土 C30 二级配	m³	727	1198.66	87.14
	钢筋	t	477.6	6289.22	300.37
	洞内排水孔	m	358	26.81	0.96
	洞内喷混凝土 厚10cm	m³	913	971.50	88.70
	洞外喷混凝土 厚10cm	m³	64	909.32	5.82
	锚杆 φ22 L=3m 地面	根	1540	114.04	17.56
	锚杆 φ25 L=4.5m 地面	根	329	198.98	6.55
	钢格栅	t	189.8	7500.00	142.35
	固结灌浆钻孔	m	12005	28.07	33.70
	固结灌浆	t	720.3	4338.42	312.50
	回填灌浆	m²	2349	106.37	24.99
	接触灌浆	m²	493	110.88	5.47
	浆砌石	m³	1319	294.44	38.84

编号	工程或费用名称	单位	数量	单价（元）	合计（万元）
	抛石	m³	150	85.61	1.28
	小导管	m	15527	150.00	232.90
	管棚 φ108×8mm	m	386	360.00	13.90
	细部结构	m³	12673	52.76	66.86
5	下游护岸工程				804.93
	河床覆盖层开挖	m³	19380	32.59	63.16
	混凝土堰 C20 二级配	m³	760	471.80	35.86
	碎石垫层	m³	580	64.26	3.73
	浆砌块石	m³	12600	279.18	351.77
	埋石混凝土 C10 三级配	m³	4300	478.31	205.67
	混凝土 C20 二级配	m³	1260	545.45	68.73
	钢筋	t	83	6289.22	52.20
	锚筋 φ22 L=2m	根	820	76.50	6.27
	排水管	m	5500	30.00	16.50
	土工布	m²	500	20.83	1.04

第 15 章　典型方案十

15.1　主要技术条件

本典型方案装机规模为 4×300MW，水库正常蓄水位 1063.00m，总库容 1577.75 万 m³。水库采用混凝土面板堆石坝，坝顶高程 1068.40m，最大坝高 118.40m，坝轴线长 412.00m。

典型方案十主要技术条件见表 15-1。

表 15-1　　　　　典型方案十主要技术条件

编号	项目名称	单位	数量
一	设计标准		
	地震烈度		Ⅵ度
	设计防洪标准		200 年一遇
二	水库特征		
	总库容	万 m³	1577.75
	正常蓄水位	m	1063.00

编号	项目名称	单位	数量
三	动能特性	MW/台	1200/4
四	主要建筑物		
	主要坝型		混凝土面板堆石坝
	防渗形式		垂直防渗（防渗帷幕）
	最大坝高	m	118.40
	坝轴线长度	m	412.00
	坝顶宽	m	8.00
	上、下游坡比		上游坡比 1:1.4，下游坡比 1:1.5

15.2　项目组成处理

根据上下水库设计项目划分，本典型方案项目组成包括水库大坝工程、灌浆洞工程、溢洪道工程、防护工程。

15.3 方案造价

根据上下水库设计典型方案十代表工程的可研阶段设计工程量和第 4 章中拟定条件计算的工程单价编制上下水库典型方案十通用造价。典型方案十通用造价见表 15-2。

表 15-2 典型方案十通用造价

编号	工程或费用名称	单位	数量	单价（元）	合计（万元）
一	水库工程				34250.66
1	大坝工程				19041.43
	土方明挖	m³	418231	14.96	625.67
	石方明挖	m³	575159	39.78	2287.98
	石方槽挖	m³	20390	74.28	151.46
	坝体堆石填筑	m³	2742463	9.96	2731.49
	碎石垫层	m³	29056	64.26	186.71
	垫层料填筑	m³	95935	64.26	616.48
	过渡料填筑	m³	157719	14.24	224.59
	粉煤灰铺盖	m³	14520	308.19	447.49
	石渣回填	m³	69921	18.32	128.10
	干砌石护坡	m³	27324	133.98	366.09
	面板混凝土 C30 二级配	m³	21011	668.80	1405.22
	趾板混凝土 C25 F100 二级配	m³	4953	579.40	286.98
	防浪墙混凝土 C25 F200 二级配	m³	4096	873.14	357.64
	路面混凝土 C30 二级配	m³	1160	589.37	68.37
	断层处理 C20 二级配（回填）	m³	7175	414.25	297.22
	钢筋	t	2097.3	6289.22	1319.04
	挂网钢筋	t	11.69	6289.22	7.35
	喷混凝土	m³	2087	909.32	189.78
	锚杆 φ25 L＝5m	根	5488	223.43	122.62
	固结灌浆钻孔	m	5747	50.96	29.29
	固结灌浆	t	409.29	4533.64	185.56
	帷幕灌浆钻孔	m	49598	236.84	1174.68
	帷幕灌浆	t	7439.7	6058.75	4507.53

编号	工程或费用名称	单位	数量	单价（元）	合计（万元）
	垂直缝（两道止水）	m	4019	1540.99	619.32
	周边缝（两道止水）	m	1181	1540.99	181.99
	防浪墙分缝（一道止水）	m	137	873.90	11.97
	露天排水孔	m	3097	19.86	6.15
	细部结构（堆石）	m³	3134557	1.61	504.66
2	灌浆洞工程				1542.44
	灌浆洞石方洞挖	m³	5458	209.40	114.29
	灌浆洞混凝土 C25 二级配	m³	2381	838.91	199.74
	钢筋制作安装	t	166.7	6429.15	107.17
	锚杆 φ25 L＝3m（地下）	根	1678	156.04	26.18
	隧洞固结灌浆钻孔	m	1980	28.07	5.56
	隧洞固结灌浆	t	138.6	4338.42	60.13
	回填灌浆	m²	1451	106.37	15.43
	帷幕灌浆钻孔	m	8137	328.59	267.37
	帷幕灌浆（灌浆）	t	1220.55	6058.75	739.50
	洞内排水孔	m	1128	26.81	3.02
	细部结构工程	m³	2381	17.00	4.05
3	溢洪道工程				4550.86
	土方开挖	m³	115398	15.60	180.02
	石方明挖	m³	462417	37.85	1750.25
	边墙混凝土 C25 二级配	m³	3294	601.78	198.23
	闸墩混凝土 C25 二级配	m³	1857	562.85	104.52
	公路桥混凝土 C30 二级配	m³	99	799.53	7.92
	溢流堰混凝土 C25 二级配	m³	2682	489.33	131.24
	底板混凝土 C25 二级配	m³	7645	496.18	379.33
	泄槽表层混凝土 C25 二级配	m³	5077	564.22	286.45
	消力池消力坎混凝土 C25	m³	421	633.11	26.65
	断层处理混凝土 C20	m³	420	414.25	17.40
	喷混凝土	m³	2339	909.32	212.69
	钢筋制作安装	t	1018	6289.22	640.24
	挂网钢筋	t	15.44	6289.22	9.71
	锚杆 φ25 L＝4.5m（地面）	根	9336	198.98	185.77
	锚杆 φ28 L＝5m（地面）	根	883	255.67	22.58

编号	工程或费用名称	单位	数量	单价（元）	合计（万元）
	锚索 100t L=40m	束	50	33943.57	169.72
	固结灌浆钻孔	m	1179	50.96	6.01
	固结灌浆（灌浆）	t	70.74	4533.64	32.07
	大块抛石	m³	276	85.61	2.36
	碎石垫层	m³	118	64.26	0.76
	排水孔	m	10624	19.86	21.10
	铜片止水	m	1831	589.08	107.86
	细部结构工程	m³	23415	24.76	57.98
4	防护工程				9115.93
4.1	库区防护工程				9036.62
	土方开挖	m³	438072.4	20.52	898.92
	石方明挖	m³	1752289.6	37.85	6632.42
	马道路面混凝土 C20 二级配	m³	1894	542.26	102.70

编号	工程或费用名称	单位	数量	单价（元）	合计（万元）
	喷混凝土	m³	3838	909.32	349.00
	钢筋制作安装	t	60	6289.22	37.74
	锚杆 ϕ28 L=6m（地面）	根	8458	310.90	262.96
	锚索 100t L=40m	束	200	33943.57	678.87
	挂网钢筋	t	15.12	6289.22	9.51
	排水孔（L=5m）	m	14137	19.86	28.08
	排水孔（L=10m）	m	7506	48.52	36.42
4.2	拦石堰工程				79.31
	土方开挖	m³	1054.6	15.60	1.65
	浆砌石 护底	m³	1068	275.32	29.40
	堆石护坡	m³	1365	133.98	18.29
	格宾石笼拦石坎	m³	2407.5	124.50	29.97

第三篇

单位造价指标和工程单价区间

通用造价上下水库工程分册中各典型方案造价由三级项目构成，理论上每一级项目都可以作为造价组合的模块。但由于水文地质、地形地貌、枢纽布置、坝型和建筑物尺寸等差异影响，抽水蓄能电站之间相似度不高；并且不同于工民建和输变电工程，抽水蓄能电站样本数量有限。因此，直接以一级项目（各典型方案）和二级项目（大坝、库盆、溢洪道等）的投资绝对数值作为造价组合模块，其代表性和通用性差，不利于推广应用。

为了保证模块的通用性，需要对各方案间一二级项目寻找共性，并能进行差异化调整。由于一级项目是由二级项目组成的，只要二级项目满足具有通用属性，则一级项目通过二级项目的组合，自然就具备了通用的模块属性。

分析各典型方案二级项目的造价构成和影响因素，对导致造价差异的影响因素进行降维消元处理，造价模块由投资绝对数值调整为单位造价指标相对数值，从若干种单位造价指标中选取代表性好、相关性高、规律明显、离散小的造价指标作为通用造价典型方案造价指标；对不能量化降维消元部分，定性给出调整办法。

第 16 章　单位造价指标作用与说明

16.1　单位造价指标作用

抽水蓄能电站一方面样本数量有限，另一方面各建筑物特点鲜明、电站之间相似度不高、代表性弱，一二级项目见采用投资绝对数值通用性差。

单位造价指标作为综合数值，有效地消除装机、尺寸等差异影响，增强抽水蓄能电站通用造价使用的灵活性、组合性和扩展性，可快速地组合出不同方案的造价。作为相对关系的单位造价指标，为不同方案及二级项目之间架起桥梁，具有了横向可比性，使个性鲜明的方案和二级建筑物具备了样本的代表属性，变相的丰富了样本数量，有利于通用造价推广应用。

16.2　单位造价指标汇总

影响上下水库造价的主要技术因素包括挡水工程的坝型、库盆的防渗形式、泄洪方式和是否设置拦沙坝等有关，对项目特征参数与造价进行相关性分析，提炼相关性和代表性较好的方案和二级项目单位造价指标，并以二级项目单位造价指标作为基本模块参数，结合实际方案二级项目建筑物尺寸，计算出相应二级项目造价，实现方案组合。

按原有的上下水库项目划分，进行二级项目单位造价指标计算，单位造价指标比较离散；为了保证单位造价指标有较好的相关性和规律性，对上下水库项目进行重新归类划分。将水库中土石方开挖、喷锚及支护、库盆土石方开挖、喷锚及支护，坝体、溢洪道土石方开挖、喷锚及支护归入水库开挖工程中，按水库开挖指标出项；把水库大坝中土石填筑、大坝混凝土浇筑、大坝基础处理归入大坝填筑（浇筑）工程中，按填筑（浇筑）指标出项。

上下水库通用造价各典型方案及二级项目单位造价指标按沥青混凝土面板堆石坝、沥青混凝土心墙坝、混凝土重力坝、面板堆石坝四种不同坝型分别列项，详见表 16-1～表 16-4。其中，方案为单位千瓦指标、水库开挖工程指标、大坝填筑（浇筑）工程指标，排水廊道长度，环库公路长度，溢洪道为单位溢洪道长度指标，泄洪排沙洞长度指标计算。

表 16-1　　　　单位造价指标汇总（沥青混凝土面板堆石坝）　　　　单位：元

编号	项目名称	单位	沥青混凝土面板堆石坝			
			方案一		方案二	
			单位造价指标	工程特性	单位造价指标	工程特性
一	典型方案	kW	520.89	1200	898.49	1200
二	挡水工程			沥青混凝土面板堆石坝，面板厚 0.3～0.6m，最大坝高 117.4m，坝轴线长 580m，坝顶宽 10m，上游坡比 1:1.7，下游坡比 1:1.5，地震烈度 Ⅶ 度，设计防洪标准 200 年一遇		沥青混凝土面板堆石坝，最大坝高 151.5m，坝轴线长 747.6m，坝顶宽 10m，上水库堆石坝坝体上游坡比 1:1.75，下游坡比 1:1.5，地震烈度 Ⅶ 度，设计防洪标准 200 年一遇
	水库开挖工程（按开挖指标计算）	m³	37.49		45.22	地质条件差，支护量大
	大坝填筑（浇筑）工程（按填筑指标计算）	m³	48.22		33.36	
三	环库公路工程					
	环库公路工程（按公路长度指标计算）	m	836.35	公路宽 10.0m，混凝土路面级配 C25 厚 11cm，碎石垫层厚 30cm	1140.16	公路路面宽 7.4m，环库公路混凝土路面级配 C25 厚 24cm，碎石垫层厚 30cm
四	排水廊道工程					
	排水廊道工程（按排水廊道长度指标计算）	m	5147.28		9268.50	
	排水廊道工程（按排水廊道混凝土方量指标计算）	m³	1001.53	城门洞形断面 1.5×2m	1001.53	城门洞形断面 1.5×2m

说明：1. 参照工程特性选择相近的方案工程造价指标。
　　　2. 地质条件差、支护量大的项目，单位造价指标取大值，反之取小值。
　　　3. 坝高低的项目，单位造价指标取大值，反之取小值；坝体坡比大的项目，单位造价指标取大值，反之取小值。

表 16-2　　　　单位造价指标汇总（沥青混凝心墙坝）　　　　单位：元

编号	项目名称	单位	沥青混凝土心墙坝			
			方案三		方案四	
			单位造价指标	工程特性	单位造价指标	工程特性
一	典型方案	kW	185.98	1400	125.08	1400
二	挡水工程			沥青混凝土心墙坝石坝，心墙厚度为 0.7～1.5m，最大坝高 54m，坝轴线长 948m，坝顶宽 8m，上游坡比 1:2，下游坡比 1:2.5，地震烈度 Ⅵ 度，设计防洪标准 200 年一遇		沥青混凝土心墙坝，心墙厚 0.8～1.6m，最大坝高 70m，坝轴线长 410m，坝顶宽 8m，上游坡比 1:2，下游坡比 1:2，地震烈度 Ⅵ 度，设计防洪标准 200 年一遇
	水库开挖工程（按开挖指标计算）	m³	35.82		34.95	
	大坝填筑（浇筑）工程（按填筑指标计算）	m³	49.98		40.33	
三	环库公路工程					
	环库公路工程（按公路长度指标计算）	m	518.07	公路宽 4.0m，环库公路混凝土路面级配 C25 厚 20cm，碎石垫层厚 30cm		
四	泄洪工程					
	溢洪道工程（按溢洪道长度计算）	m			19174.69	
	溢洪道工程（按溢洪道混凝土方量指标计算）	m³			889.26	有闸门自由溢流式，WES 实用堰长度 320m，4m 宽，挑流消能
	泄洪（排沙）放空洞（按泄洪排沙洞长度指标计算）	m			47851.90	断面 3.5×5m，Ⅲ类围岩

说明：1. 参照工程特性选择相近的方案工程造价指标。
　　　2. 地质条件差、支护量大的项目，单位造价指标取大值，反之取小值。
　　　3. 坝高低的项目，单位造价指标取大值，反之取小值；坝体坡比大的项目，单位造价指标取大值，反之取小值。

表 16-3　　**单位造价指标汇总（混凝土重力坝）**　　单位：元

编号	项目名称	单位	混凝土重力坝 方案五 单位造价指标	工程特性	方案六 单位造价指标	工程特性
一	典型方案	kW	117.87	1200	139.93	1200
二	挡水工程			混凝土重力坝，最大坝高44m，坝轴线长107m，坝顶宽7m，上游坡比（701m高程以下坝坡）1：0.25，下游坡比1：0.72，地震烈度Ⅵ度，设计防洪标准500年一遇		混凝土重力坝，最大坝高77.5m，坝轴线长181.25m，坝顶宽7m，上游为铅直面，下游坡比1：0.75，地震烈度Ⅵ度，设计防洪标准500年一遇
	水库开挖工程（按开挖指标计算）	m³	96.09	库盆黏土防渗，地质条件差，支护量大	69.08	

续表

编号	项目名称	单位	混凝土重力坝 方案五 单位造价指标	工程特性	方案六 单位造价指标	工程特性
	大坝填筑（浇筑）工程（按填筑指标计算）	m³	357.00		404.05	
三	环库公路工程					
	环库公路工程（按公路长度指标计算）	m	838.27	公路宽7m，混凝土路面级配C25厚17cm，碎石垫层厚26cm		

说明：1. 参照工程特性选择相近的方案工程造价指标。
　　　2. 地质条件差、支护量大的项目，单位造价指标取大值，反之取小值。
　　　3. 坝高低的项目，单位造价指标取大值，反之取小值；坝体坡比大的项目，单位造价指标取大值，反之取小值。
　　　4. 方案五中库盆含填筑防渗，地质条件差，支护量大，含有开挖断面为2.5×3.5灌浆平洞65m长。

表 16-4　　**单位造价指标汇总（面板堆石坝）**　　单位：元

编号	项目名称	单位	面板堆石坝 方案七 单位造价指标	工程特性	方案八 单位造价指标	工程特性	方案九 单位造价指标	工程特性	方案十 单位造价指标	工程特性
一	典型方案	kW	191.12	1200	176.90	1800	156.54	1800	285.42	1200
二	挡水工程			面板堆石坝，最大坝高78，坝轴线长485m，坝顶宽10m，上游坡比1：1.4，下游坡比1：1.5，地震烈度Ⅶ度，设计防洪标准200年一遇		面板堆石坝，面板厚0.3～0.62m，最大坝高117.7m，坝轴线长336.0m，坝顶宽10m，上游坡比1：1.4，下游坡比1：1.4，地震烈度Ⅵ度，设计防洪标准200年一遇		面板堆石坝，最大坝高65.1m，坝轴线长437.0m，坝顶宽7m，上游坡比1：1.4，下游坡比1：2.0，地震烈度Ⅵ度，设计防洪标准200年一遇		面板堆石坝，面板顶部厚0.3m，底部最大厚度0.644m，最大坝高118.4m，坝轴线长411.93m，坝顶宽10m，上游坡比1：1.4，下游综合坡比1：1.5，地震烈度Ⅵ度，设计防洪标准200年一遇
	水库开挖工程（按开挖指标计算）	m³	37.44		57.35	地质条件差，支护量大	44.60		38.95	
	大坝填筑（浇筑）工程（按填筑指标计算）	m³	42.83		37.14		45.66		49.67	

编号	项目名称	单位	面板堆石坝							
			方案七		方案八		方案九		方案十	
			单位造价指标	工程特性	单位造价指标	工程特性	单位造价指标	工程特性	单位造价指标	工程特性
三	环库公路工程									
	环库公路工程（按公路长度指标计算）	m			916.11	上水库进/出水口段路面宽度宽7m，其余路面宽3.5m。混凝土路面级配 C25 厚 30cm，下设水泥稳定碎石垫层，厚度 30cm	2147.38	公路路面宽 7.0m，混凝土 R5.0 厚 49cm，下设水泥稳定碎石垫层，厚度 41cm	1371.57	公路宽 10.0m，混凝土路面级配 C25 厚 20cm，碎石垫层厚 30cm
四	泄洪工程									
	溢洪道工程（按溢洪道长度计算）	m					54262.05	自由溢流竖井式，长度 361m，宽度 13.8m，消能井消能，Ⅳ类围岩	68781.89	岸边开敞式溢洪道，台阶式消能，24m 宽，长 381m
	溢洪道工程（按溢洪道混凝土方量指标计算）	m³					1868.25		1219.16	
	泄洪（排沙）放空洞（按泄洪排沙洞长度指标计算）	m	64525.61	2.70×3.60（城门洞型），Ⅲ类围岩			69314.40	断面 3.5×4.0m，Ⅳ类围岩		

说明：1. 参照工程特性选择相近的方案工程造价指标。
　　　2. 地质条件差、支护量大的项目，单位造价指标取大值，反之取小值。
　　　3. 坝高低的项目，单位造价指标取大值，反之取小值；坝体坡比大的项目，单位造价指标取大值，反之取小值。

第 17 章　工　程　单　价

17.1　工程单价作用

工程单价属于造价管理控制的基本层次和单位，与详细的工程量配合使用，为解决工程造价具体问题创造条件，其灵活性和组合性不受限制，应用广泛，能够因地制宜、具体问题具体分析，提高造价预测和控制的准确性和精度，是工程造价测算和单位造价指标提炼的基础。

工程单价是微观造价管理工具，为编制、比较分析造价提供参考，为造价评审提供尺度，是控制造价精度的重要方法，在抽水蓄能电站各阶段的造价编制、评审和投资决策中都有广泛应用。

17.2　工程单价汇总

为了满足多个阶段的造价管理需要，编制了不同水平的工程单价，构成单价区间。工程单价包括概算水平、预算水平和投标报价水平三阶段。

概算水平工程单价为通用造价典型方案工程单价。

便于同招投标工程单价对比，预算水平工程单价分为预算水平一和预算水平二。预算水平一取费标准同通用造价工程单价取费标准；考虑招标时一般项目出项情况，预算水平二取费标准中不包含安全文明施工措施费，小型临时设施摊销费费率降低 0.5%，利润率降为 6%。

投标报价与招标条件、报价策略、技术水平和竞争激烈程度等因素有关，根据对水电市场投标报价水平的统计分析，将投标报价水平分为投标报价一和投标报价二。投标报价一为报价高限，投标报价二为报价低限。

各阶段工程单价采用相同的施工方法和基础价格，编制依据、施工方法和基础价格等边界条件见第 4 章。工程单价区间见表 17-1。

表 17-1　　　　工程单价区间

编号	项目名称	单位	概算水平	预算水平一	预算水平二	投标报价一	投标报价二
一	土方工程						
1	大坝土方开挖 1.5km	m^3	14.57	14.15	13.69	12.34	10.85
2	大坝土方开挖 1.69km（大坝库盆综合）	m^3	14.96	14.53	14.06	12.67	11.14
3	库盆/库区防护土方开挖 2km	m^3	20.52	19.92	19.27	17.34	15.28
4	溢洪道土方开挖 2km	m^3	15.60	15.15	14.66	13.21	11.62
5	库岸防护清理土方	m^3	13.51	13.11	12.69	11.42	10.06
6	粉煤灰铺盖	m^3	308.19	307.93	297.90	297.04	229.59
7	黏土铺盖	m^3	58.01	57.82	55.94	55.31	43.22
8	粉土回填	m^3	12.57	12.20	11.81	10.61	9.37
二	石方工程						
9	石方明挖 大坝工程	m^3	43.23	42.87	41.55	40.40	36.45
10	石方明挖 大坝 库盆综合	m^3	39.78	39.53	38.32	37.51	33.55
11	石方明挖 库盆	m^3	39.74	39.49	38.29	37.48	33.52
12	全风化石方明挖 库盆	m^3	32.59	32.37	31.35	30.66	27.46
13	石方明挖 库区防护工程	m^3	37.85	37.59	36.44	35.61	31.92
14	石方明挖 下游护岸河床覆盖层	m^3	32.59	32.37	31.35	30.66	27.46
15	石方明挖 溢洪道	m^3	37.85	37.59	36.44	35.61	31.92

编号	项目名称	单位	概算水平	预算水平一	预算水平二	投标报价一	投标报价二
16	石方槽挖 大坝工程	m^3	74.28	73.30	71.02	67.86	62.61
17	石方槽挖 溢洪道	m^3	74.28	73.30	71.02	67.86	62.61
18	石方槽挖 大坝工程排水沟	m^3	125.61	123.75	119.92	113.92	105.90
19	石方洞挖 灌浆平洞	m^3	209.40	205.65	199.18	187.08	176.45
20	石方井挖 溢洪道	m^3	324.51	319.63	309.43	293.70	273.31
21	溢洪道石方洞挖	m^3	170.65	167.68	162.44	152.85	143.82
22	泄洪放空/排沙洞石方开挖	m^3	37.85	37.59	36.44	35.61	31.92
23	石方洞挖 泄洪放空/排沙洞	m^3	209.40	205.65	199.18	187.08	176.45
24	石方井挖 泄洪放空洞	m^3	291.20	287.01	277.87	264.37	245.27
25	坝体堆石填筑	m^3	9.96	9.68	9.36	8.45	8.39
26	碎石垫层料填筑	m^3	64.26	63.71	61.63	59.84	54.09
27	库底回填	m^3	2.66	2.59	2.51	2.30	2.24
28	过渡料填筑	m^3	14.24	13.83	13.38	12.08	11.98
29	反滤料填筑	m^3	114.46	113.90	110.20	108.41	96.34
30	级配碎石	m^3	91.30	89.75	86.83	81.83	76.85
31	石渣回填	m^3	18.32	17.79	17.21	15.50	15.42
32	排水棱体	m^3	76.51	75.78	73.31	70.98	64.39
33	石渣铺重	m^3	2.66	2.59	2.51	2.30	2.24
三	砌石工程						
34	浆砌石 护坡	m^3	279.18	274.40	265.70	262.62	248.70
35	浆砌石 挡墙	m^3	276.79	271.99	263.36	260.27	246.56
36	浆砌石 排水沟	m^3	294.44	289.40	280.23	276.98	262.29
37	大块抛石	m^3	85.61	83.08	80.37	78.73	76.20
38	浆砌石 护底	m^3	275.32	270.66	262.08	259.08	245.26
39	浆砌石 网格梁	m^3	279.31	274.52	265.82	262.73	248.81
40	干砌块石护脚	m^3	128.09	124.28	120.24	117.78	114.01
41	干砌块石护坡	m^3	133.98	129.99	125.76	123.19	119.25
四	混凝土工程						
42	沥青混凝土心墙	m^3	2084.16	2070.81	2003.42	1960.39	1855.02
43	沥青混凝土整平胶结层 库坡沥青面板堆石坝	m^3	1968.36	1951.91	1888.38	1835.34	1751.95

编号	项目名称	单位	概算 水平	预算 水平一	预算 水平二	投标 报价一	投标 报价二
44	沥青混凝土整平胶结层 库底 沥青面板堆石坝	m³	1632.13	1624.37	1571.51	1546.5	1452.69
45	沥青混凝土防渗层 库坡 沥青面板堆石坝	m³	2383.67	2377.01	2299.64	2278.15	2121.6
46	沥青混凝土防渗层 库底 沥青面板堆石坝	m³	2160.89	2158.82	2088.56	2081.89	1923.32
47	沥青玛蹄脂封闭层 沥青面板堆石坝	m²	40.43	40.29	38.98	38.52	35.99
48	乳化沥青 沥青面板堆石坝	m²	8.52	8.49	8.22	8.14	7.58
49	加强网格 沥青面板堆石坝	m²	92.66	92.63	89.62	89.54	82.47
50	面板混凝土 C25 二级配 混凝土面板堆石坝	m³	587.39	585.85	567.49	562.54	523.45
51	面板混凝土 C25 二级配 W12 混凝土面板堆石坝	m³	608.28	606.74	587.77	582.82	542.11
52	面板混凝土 C30 二级配 混凝土面板堆石坝	m³	668.8	667.27	646.51	641.56	596.16
53	趾板混凝土 C25 F100 二级配 混凝土面板堆石坝	m³	557.34	556.13	538.78	534.89	496.75
54	趾板混凝土 C25 W12 二级配 混凝土面板堆石坝	m³	579.4	578.2	560.19	556.31	516.45
55	重力坝混凝土 C25 二级配	m³	482.16	481.44	466.45	464.1	429.78
56	碾压重力坝混凝土 C15 三级配	m³	260.13	259.46	251.15	248.99	231.66
57	拦沙潜坝混凝土 C20 二级配	m³	569.17	567.64	549.8	544.85	507.18
58	拦沙坝常态混凝土 C25 二级配	m³	482.16	481.44	466.45	464.1	429.78
59	坝顶结构混凝土 C25 F100 二级配	m³	879.15	877.61	849.73	844.76	783.12
60	周圈廊道混凝土 C25 二级配	m³	655.62	653.8	633.24	627.37	584.2
61	路面混凝土 C30 二级配	m³	589.37	587.63	569.43	563.83	525.43
62	路面混凝土 C25 二级配	m³	564.22	562.48	545.02	539.41	502.97
63	路面混凝土 C20 二级配	m³	542.26	540.52	523.7	518.1	483.35
64	路面混凝土 5.0	m³	662.38	660.64	640.3	634.69	590.62
65	防浪墙混凝土 C20 二级配	m³	855.43	853.88	826.71	821.7	761.96
66	防浪墙混凝土 C25 二级配	m³	873.14	871.58	843.9	838.89	777.77
67	混凝土挡墙 C25 二级配	m³	601.78	600.23	581.45	576.45	536.31
68	混凝土挡墙 C20 二级配	m³	582.38	580.83	562.61	557.61	518.98
69	混凝土挡墙 C15 二级配	m³	568.11	566.56	548.75	543.76	506.23
70	混凝土 C20 二级配 基座	m³	542.26	540.52	523.7	518.1	483.35
71	素混凝土垫层 C10 二级配	m³	377.41	376.84	365.07	363.22	336.38
72	素混凝土垫层 C10 三级配	m³	347.82	347.25	336.36	334.51	309.96
73	库盆无砂混凝土垫层 C20 二级配	m³	725.95	724.48	701.92	697.17	647.07
74	面板砂浆垫层	m³	503.64	499.58	483.99	470.9	448.88
75	量水堰 C20 二级配	m³	730.16	728.54	705.51	700.26	650.52
76	量水堰 C15 三级配	m³	710.27	708.66	686.11	680.92	632.66
77	路肩混凝土 C25 二级配	m³	753.77	752.85	729.04	726.08	671.53
78	路肩混凝土 C20 二级配	m³	735.89	734.98	711.68	708.73	655.56
79	断层处理 C20 二级配（回填）	m³	414.25	413.68	400.83	398.98	369.27
80	基础混凝土 C15 三级配	m³	306.24	305.06	295.28	291.49	272.7
81	基础混凝土 C20 三级配	m³	436.85	435.67	422.07	418.28	389.35
82	上游防渗混凝土 C20 二级配	m³	293.43	292.77	283.42	281.26	261.34
83	碾压砂浆垫层 C15	m³	337.09	333.03	322.33	309.24	300.15
84	碾压砂浆 M5 C50	m³	470.61	466.55	451.9	438.81	419.36
85	基础处理混凝土 C15 二级配	m³	401.36	400.79	388.31	386.47	357.76
86	闸墩混凝土 C25 二级配	m³	562.85	561.18	543.6	538.21	501.59
87	工作桥混凝土 C30 二级配	m³	799.53	798.24	773.01	768.86	712.31
88	灌浆衬砌混凝土 C20 二级配	m³	784.52	782.35	757.86	750.85	699.17
89	灌浆衬砌混凝土 C25 二级配	m³	838.91	836.73	810.65	803.63	747.73
90	边坡支护混凝土 C20 二级配	m³	582.38	580.83	562.61	557.61	518.98
91	电缆沟混凝土 C20 二级配	m³	761.18	759.58	735.53	730.37	678.11
92	排水沟混凝土 C25 二级配	m³	590.07	588.95	570.49	566.87	525.85
93	导流底孔封堵混凝土 C20 二级配	m³	492.56	491.52	476.32	472.99	439.13
94	过流抗冲耐磨钢纤维混凝土 C40 二级配	m³	1037.3	1035.84	1003.05	998.33	924.11

编号	项目名称	单位	概算水平	预算水平一	预算水平二	投标报价一	投标报价二
95	廊道混凝土 C25 二级配	m³	648.8	646.98	626.64	620.77	578.13
96	溢洪道边墙混凝土 C25 二级配	m³	601.78	600.23	581.45	576.45	536.31
97	溢洪道底板混凝土 C25 二级配	m³	496.18	495.00	479.65	475.86	442.33
98	泄槽表层混凝土 C25 二级配	m³	564.22	562.48	545.02	539.41	502.97
99	溢流堰混凝土 C25 二级配	m³	489.33	488.42	473.2	470.25	436.15
100	溢洪道挡墙/隔墙混凝土 C25 二级配	m³	601.78	600.23	581.45	576.45	536.31
101	溢洪道通气管 C25 混凝土二级配	m³	938.88	936.33	907.18	898.97	836.87
102	溢洪道竖井钢纤维硅粉混凝土 C40 二级配	m³	1513.46	1511.12	1463.00	1455.43	1348.05
103	溢洪道泄槽及消力池混凝土 C25 二级配	m³	633.11	631.58	611.75	606.82	564.17
104	溢洪道护坦混凝土 C20 二级配	m³	476.43	475.25	460.48	456.69	424.69
105	溢洪道基础处理混凝土 C20 二级配	m³	414.25	413.68	400.83	398.98	369.27
106	溢洪道混凝土 C25 二级配	m³	543.82	542.59	525.63	521.64	484.69
107	溢洪道混凝土 C30 二级配	m³	564.8	563.56	546.00	542.01	503.42
108	溢洪道抗冲耐磨混凝土 C50 二级配	m³	975.21	974.04	943.51	939.71	869.07
109	溢洪道竖井 C25 混凝土 二级配	m³	822.51	820.16	794.70	787.13	733.21
110	溢流堰混凝土 C25 二级配	m³	489.33	488.42	473.2	470.25	436.15
111	溢洪道退水隧洞配钢纤维硅粉混凝土 C40 二级	m³	1501.31	1499.14	1451.34	1444.34	1337.16
112	泄洪放空洞/排沙混凝土衬砌 C30 二级配	m³	784.55	782.38	757.89	750.88	699.19
113	泄洪放空洞/排沙混凝土衬砌 C25 二级配	m³	758.39	756.22	732.49	725.49	675.82
114	泄洪放空洞/排沙混凝土衬砌抗冲耐磨 C50 二级配	m³	1312.59	1310.42	1269.12	1262.12	1169.53
115	泄洪放空洞/排沙二期混凝土 C30 二级配	m³	612.67	606.90	587.89	569.29	545.99
116	泄洪放空洞泄槽混凝土 C25 二级配	m³	633.11	631.58	611.75	606.82	564.17
117	泄洪放空洞消力池混凝土 C25 二级配	m³	633.11	631.58	611.75	606.82	564.17
118	泄洪放空洞洞外钢纤维硅粉混凝土 C30 二级配	m³	1198.66	1196.92	1158.73	1153.12	1067.58
119	泄洪放空洞/排沙混凝土衬砌钢纤维硅粉 C30 二级配	m³	1329.6	1327.43	1285.09	1278.08	1184.21
120	泄洪放空洞挑坎混凝土 C25 二级配	m³	492.04	490.45	475.19	470.03	438.6
121	泄洪放空洞启闭排架混凝土 C25 二级配	m³	891.42	889.98	861.69	857.03	794.04
122	泄洪放空/排沙洞进口明渠混凝土 C25 二级配	m³	633.11	631.58	611.75	606.82	564.17
123	泄洪放空洞回填混凝土 C20 二级配	m³	403.84	403.06	390.56	388.05	360.01
124	下游护岸埋石混凝土 C10 三级配	m³	478.31	475.99	461.02	453.56	426.19
125	下游护岸混凝土堰 C20 二级配	m³	471.8	470.88	456.18	453.23	420.49
126	探洞回填混凝土 C15 三级配	m³	366.94	366.37	354.92	353.07	327.04
127	下游护岸混凝土 C20 二级配	m³	545.45	544.71	527.66	525.28	486.11
128	压脚、护坡混凝土 C15 三级配	m³	493.55	492.81	477.29	474.91	439.77
129	防护工程混凝土 C20 二级配	m³	582.38	580.83	562.61	557.61	518.98
130	无砂混凝土 C10 三级配	m³	390.33	389.15	377.13	373.34	348.01
131	三道止水	延米	1709.27	1700.46	1645.12	1616.72	1471.74
132	两道止水	延米	1540.99	1532.63	1482.75	1455.81	1326.84
133	一道止水	延米	873.90	869.16	840.88	825.61	752.46
134	橡胶止水	延米	166.29	165.85	160.45	159.04	143.18
135	铜止水	延米	589.08	587.63	568.51	563.83	507.22
136	地面 钢筋制作安装	t	6289.23	6265.66	6085.15	6009.16	5803.25
137	地下 钢筋制作安装	t	6429.14	6401.38	6216.45	6126.93	5931.86

编号	项目名称	单位	概算 水平	预算 水平一	预算 水平二	投标 报价一	投标 报价二
五	基础处理工程						
138	帷幕灌浆钻孔（洞内）	m	328.59	323.59	313.06	296.94	276.57
139	帷幕灌浆	t	6058.75	5930.05	5739.83	5324.83	5102.15
140	露天固结灌浆钻孔（潜孔钻）	m	50.96	49.78	48.16	47.4	44.37
141	露天固结灌浆（40kg/m）	t	4533.64	4448.72	4306.66	4032.84	3993.89
142	洞内固结灌浆钻孔（风钻）	m	28.07	27.33	26.44	25.97	24.44
143	隧洞固结灌浆（40kg/m）	t	4338.42	4255.27	4119.52	3851.34	3822.05
144	隧洞回填灌浆	m²	106.37	104.99	101.73	97.3	89.66
145	露天 排水孔 5m 以内	m	19.86	19.36	18.73	18.41	17.29
146	洞内 排水孔 5m 以内	m	26.81	26.1	25.25	24.8	23.34
147	接触灌浆	m²	110.88	110.11	106.56	104.07	93.36
148	露天 排水孔 30m 以内	m	205.02	201.94	195.37	193.38	178.52
149	混凝土防渗墙	m²	1596.84	1569.96	1519.66	1432.99	1344.73
150	基础振冲处理（回填碎石层）	m	218.51	213.88	206.92	191.98	183.92
151	露天 排水孔 10m 以内	m	48.52	47.4	45.86	45.14	42.25
152	帷幕灌浆钻孔（露天）	m	236.84	233.25	225.66	214.1	199.34
六	喷锚支护工程						
153	露天 锚杆 φ28 L=4.5m（风钻）	根	228.05	225.96	218.61	211.87	167.68
154	露天 锚杆 φ28 L=9m（潜孔钻）	根	985.23	969.23	937.8	886.21	724.49
155	露天 锚杆 φ25 L=1.5m（风钻）	根	57.37	56.71	54.87	52.72	42.19
156	露天 锚杆 φ22 L=3m（风钻）	根	114.04	112.71	109.04	104.75	83.85
157	露天 锚杆 φ22 L=4m（风钻）	根	151.56	149.79	144.92	139.2	111.44
158	露天 锚杆 φ25 L=4.5m（风钻）	根	198.98	196.89	190.49	183.74	146.31
159	露天 锚杆 φ25 L=6m（风钻）	根	272.34	269.29	260.54	250.72	200.25
160	洞内 锚杆 φ25 L=3m（风钻）	根	156.04	153.98	148.97	142.33	114.73
161	洞内 喷混凝土 10cm	m³	971.5	961.59	931.5	921.91	884.62
162	露天 喷混凝土 10cm	m³	909.32	900.65	872.5	864.12	828.03
163	露天 锚索 1000kN L=40m（地质钻机）	束	33943.57	33490.56	32403.05	31964.8	30870.88
164	洞内 锚杆 φ25 L=4（风钻）	根	215.75	212.95	206.02	196.97	158.64
165	露天 锚杆 φ25 L=8（潜孔钻）	根	799.53	785.76	760.27	715.87	587.93
166	露天 锚杆 φ25 L=5（风钻）	根	223.43	221.03	213.84	206.07	164.29
167	露天 锚束 3φ28 L=15m	根	5259.8	5171.18	5003.6	4717.8	3867.9
168	露天 锚索 2000kN L=40m（地质钻机）	束	46940.67	46311.26	44806.48	42776.64	42690.45
169	露天 锚索 2000kN L=20m（地质钻机）	束	26210.54	25861.47	25022.26	24684.56	23838.35
170	露天 锚索 1000kN L=25m（地质钻机）	束	22629.63	22323.77	21599.7	21303.74	20581.86
171	露天 锚索 1500kN L=30m（地质钻机）	束	31074.64	30660.75	29665.34	28330.63	28261.84
172	露天 锚索 1000kN L=30m（地质钻机）	束	26689.32	26336.57	25481.89	24344.39	24273.77
173	露天 锚杆 φ22 L=4.5m（风钻）	根	173.21	171.12	165.56	158.81	127.36
174	露天 锚杆 φ22 L=2m（风钻）	根	76.5	75.61	73.16	70.3	56.25
175	露天 锚杆 φ20 L=2.5m（风钻）	根	86.73	85.62	82.84	79.27	63.78
176	露天 锚杆 φ25 L=2.5m（风钻）	根	101.01	99.9	96.65	93.08	74.27
177	露天 锚杆 φ25 L=10m（潜孔钻）	根	1052.06	1033.89	1000.39	941.81	773.66
178	洞内 锚杆 φ22 L=3（风钻）	根	144.56	142.5	137.87	131.23	106.29
179	露天 锚杆 φ28 L=6m（风钻）	根	310.9	307.85	297.84	288.02	228.6
180	露天 中空注浆锚杆 φ22 L=3.5m（风钻）	根	266.67	263.22	254.67	243.55	196.08
181	露天 锚杆 φ28 L=5m（风钻）	根	255.67	253.26	245.02	237.25	187.99
182	洞内 锚杆 φ25 L=4.5m（风钻）	根	247.4	244.06	236.13	225.38	181.91
183	露天 锚杆 φ28 L=10m（潜孔钻）	根	1115.85	1097.68	1062.11	1003.53	820.56
184	露天 锚杆 φ28 L=8m（潜孔钻）	根	850.65	836.88	809.73	765.32	625.52
185	露天 锚索 1500kN L=40m（地质钻机）	束	39787.58	39251.17	37976.17	37457.22	36185.43

第四篇

通用造价使用调整方法及工程示例

第18章 典型方案造价汇总

18.1 方案造价

按原有的上下水库项目划分，进行二级项目单位造价指标计算，单位造价指标比较离散；为了保证单位造价指标有较好的相关性和规律性，对上下水库项目进行重新归类划分。将水库中土石方开挖、喷锚及支护、库盆土石方开挖、喷锚及支护、坝体、溢洪道土石方开挖、喷锚及支护归入水库开挖工程中，把水库大坝中土石填筑、大坝混凝土浇筑、大坝基础处理归入大坝填筑（浇筑）工程中，各个典型方案的投资汇总见表18-1。

表 18-1

方 案 造 价

单位：万元

序号	项目名称	各方案工程造价										备注
		方案一	方案二	方案三	方案四	方案五	方案六	方案七	方案八	方案九	方案十	
	水库工程	62506.67	107819.17	26037.69	17511.63	14144.57	16791.00	22934.43	31841.58	28177.55	34250.66	
1	水库开挖工程	33637.07	70208.68	15033.20	7537.68	12376.64	6221.22	11267.14	21071.97	12079.53	14734.69	
2	大坝填筑（浇筑）工程	27117.55	34866.67	10858.65	6962.98	1705.73	10569.78	7543.87	10402.89	11334.13	15273.39	
3	环库公路工程	186.76	251.52	145.84		62.20			366.72	302.78	79.55	
4	排水廊道工程	1565.29	2492.30									
5	灌浆洞工程							2284.44			1542.44	
6	泄洪放空洞工程				2397.38			1838.98		2502.25		
7	溢洪道工程				613.59					1958.86	2620.59	

18.2 单位造价指标

通用造价上下水库分册中典型方案单位造价指标，按照典型方案中的工程技术条件，以单位千瓦指标，水库开挖工程以开挖体积，大坝填筑（浇筑）工程以大坝堆石料填筑及混凝土浇筑方量，环库公路工程以长度，排水廊道以长度或混凝土方量，泄洪工程中溢洪道和泄洪（排沙）放空洞的长度或混凝土方量等得出相应的单位造价指标，具体见表18-2。

表 18-2　单 位 造 价 指 标

编号	项目名称	单位	方案一		方案二		方案三		方案四		方案五		方案六		方案七		方案八		方案九		方案十	
			单位造价指标	工程特性	单位造价指标	工程特性	单位造价指标	工程特性	单位造价指标	工程特性	单位造价指标	工程特性	单位造价指标	工程特性	单位造价指标	工程特性	单位造价指标	工程特性	单位造价指标	工程特性	单位造价指标	工程特性
	水库工程																					
一	典型方案	kW	520.89	1200	898.49	1200	185.98	1400	125.08	1400	117.87	1200	139.93	1200	191.12	1200	176.90	1800	156.54	1800	285.42	1200
二	挡水工程																					
	水库开挖工程（按开挖指标计算）	m³	37.49		45.22		35.82		34.95		96.09		69.08		37.44		57.35		44.60		38.95	
	大坝填筑（浇筑）工程（按填筑指标计算）	m³	48.22	沥青混凝土面板堆石坝，面板厚0.3~0.6m，最大坝高117.4m，坝轴线长580m，坝顶宽10m，上游坡比1:1.7，下游坡比1:1.5，地震烈度Ⅶ度，设计防洪标准200年一遇	33.36	沥青混凝土面板堆石坝，最大坝高151.5m，坝轴线长747.6m，坝顶宽10m，上水库堆石坝坝体上游坡比1:1.75，下游坡比1:1.5，地震烈度Ⅶ度，设计防洪标准200年一遇	49.98	沥青混凝土心墙堆石坝，心墙厚度为0.7~1.5m，最大坝高54m，坝轴线长948m，坝顶宽8m，上游坡比1:2，下游坡比1:2.5，地震烈度Ⅵ度，设计防洪标准200年一遇	40.33	沥青混凝土心墙坝，心墙厚宽为0.8~1.6m，最大坝高70m，坝轴线长410m，坝顶宽8m，上游坡比1:2，下游坡比1:2，地震烈度Ⅵ度，设计防洪标准200年一遇	357.00	混凝土重力坝最大坝高44m，坝顶宽7m，上游坡比（701m高程以下坝坡）1:0.25，下游坡比1:0.72，地震烈度Ⅵ度，设计防洪标准500年一遇	404.05	混凝土重力坝，最大坝高77.5m，坝轴线长181.25m，坝顶宽7m，上游为铅直面，下游坡比1:0.75，地震烈度Ⅶ度，设计防洪标准500年一遇	42.83	面板堆石坝，最大坝高78，坝轴线长485m，坝顶宽10m，上游坡比1:1.5，下游坡比1:1.4，地震烈度Ⅶ度，设计防洪标准200年一遇	37.14	面板堆石坝，面板厚0.3~0.62m，最大坝高117.7m，坝轴线长336.0m，坝顶宽10m，上游坡比1:1.4，下游坡比1:1.4，地震烈度Ⅵ度，设计防洪标准200年一遇	45.66	面板堆石坝，最大坝高65.1m，坝轴线长437.0m，坝顶宽7m，上游坡比1:2.0，地震烈度Ⅵ度，设计防洪标准200年一遇	49.67	面板堆石坝，面板顶部厚0.3m，底部最大厚度0.644m，最大坝高118.4m，坝轴线长411.93m，坝顶宽10m，上游坡比1:1.4，下游综合坡比1:1.5，地震烈度Ⅵ度，设计防洪标准200年一遇
三	环库公路工程																					

编号	项目名称	单位	方案一		方案二		方案三		方案四		方案五		方案六		方案七		方案八		方案九		方案十	
			单位造价指标	工程特性	单位造价指标	工程特性	单位造价指标	工程特性	单位造价指标	工程特性	单位造价指标	工程特性	单位造价指标	工程特性	单位造价指标	工程特性	单位造价指标	工程特性	单位造价指标	工程特性	单位造价指标	工程特性
	环库公路工程（按公路长度指标计算）	m	836.35	公路宽10.0m，混凝土路面级配C25厚11cm，碎石垫层厚30cm	1140.16	公路路面宽7.4m，环库公路混凝土路面级配C25厚24cm，碎石垫层厚30cm	518.07	公路宽4.0m，环库公路混凝土路面级配C25厚20cm，碎石垫层厚30cm			838.27	公路宽7m，混凝土路面级配C25厚17cm，碎石垫层厚26cm			0.00		916.11	上水库进/出水口段路面宽7m，其余路面宽3.5m。混凝土路面级配C25厚30cm，下设水泥稳定碎石垫层，厚度30cm	2147.38	公路路面宽7.0m，混凝土R5.0厚49cm，下设水泥稳定碎石垫层，厚度41cm	1371.57	公路宽10.0m，混凝土路面级配C25厚20cm，碎石垫层厚30cm
四	排水廊道工程																					
	排水廊道工程（按排水廊道长度指标计算）	m	5147.28		9268.50																	
	排水廊道工程（按排水廊道混凝土方量指标计算）	m³	1001.53	城门洞形断面1.5×2m	1001.53	城门洞形断面1.5×2m																
五	泄洪工程																					
	溢洪道工程（按溢洪道长度计算）	m							19174.69	有闸门自由溢流式，WES实用堰长度320m，4m宽，挑流消能									54262.05	自由溢流竖井式，长度361m，宽度13.8m，消能井消能，Ⅳ类围岩	68781.89	岸边开敞式溢洪道，台阶式消能，24m宽，长381m
	溢洪道工程（按溢洪道混凝土方量指标计算）	m³							889.26										1868.25		1219.16	

编号	项目名称	单位	方案一		方案二		方案三		方案四		方案五		方案六		方案七		方案八		方案九		方案十	
			单位造价指标	工程特性	单位造价指标	工程特性	单位造价指标	工程特性	单位造价指标	工程特性	单位造价指标	工程特性	单位造价指标	工程特性	单位造价指标	工程特性	单位造价指标	工程特性	单位造价指标	工程特性	单位造价指标	工程特性
	泄洪（排沙）放空洞（按泄洪排沙洞长度指标计算）	m							47851.90	断面3.5×5m，Ⅲ类围岩					64525.61	2.70×3.60（城门洞形），Ⅲ类围岩			69314.40	断面3.5×4.0m，Ⅳ类围岩		

18.3 主要工程单价

通用造价上下水库分册中主要工程单价按照典型方案的施工组织设计根据近年在抽水蓄能电站施工中广泛使用的施工方案和施工方法等确定，各个典型方案中除坝型特有的工程施工方法外，相同工程名称的工程单价采用同一施工方法，如：土方工程、石方工程、砌石工程、基础处理及喷锚支护工程等，具体工程单价及施工方法详见表18-3。

表18-3

主要工程单价汇总表

编号	项目名称	单位	概算水平	预算水平一	预算水平二	投标报价一	投标报价二	工程特征	施工方法
一	土方工程								
1	大坝土方开挖1.5km	m³	14.57	14.15	13.69	12.34	10.85	Ⅲ类土	118kW推土机剥离集料，3m³装载机装土，15t自卸出渣，运距1.5km挖装、运输、卸除、空回
2	大坝土方开挖1.69km（大坝库盆综合）	m³	14.96	14.53	14.06	12.67	11.14	Ⅲ类土	118kW推土机剥离集料，3m³装载机装土，15t自卸出渣，运距1.69km挖装、运输、卸除、空回
3	库盆/库区防护土方开挖2km	m³	20.52	19.92	19.27	17.34	15.28	Ⅲ类土	118kW推土机剥离集料，4m³装载机装土，32t自卸出渣，运距2km挖装、运输、卸除、空回
4	溢洪道土方开挖2km	m³	15.60	15.15	14.66	13.21	11.62	Ⅲ类土	118kW推土机剥离集料，3m³装载机装土，15t自卸出渣，运距2km挖装、运输、卸除、空回
5	库岸防护清理土方	m³	13.51	13.11	12.69	11.42	10.06	Ⅲ类土	4m³挖掘机装土，32t自卸出渣，运距2km挖装、运输、卸除、空回
6	粉煤灰铺盖	m³	308.19	307.93	297.90	297.04	229.59	Ⅲ类土	人工推胶轮车运输50m
7	黏土铺盖	m³	58.01	57.82	55.94	55.31	43.22	Ⅲ类土	推平、碾压、刨毛、补边夯、削坡及坝面各种辅助工作
8	粉土回填	m³	12.57	12.20	11.81	10.61	9.37	Ⅲ类土	推平、碾压、刨毛、补边夯、削坡及坝面各种辅助工作

编号	项目名称	单位	概算 水平	预算 水平一	预算 水平二	投标 报价一	投标 报价二	工程特征	施工方法
二	石方工程								
9	石方明挖 大坝工程	m³	43.23	42.87	41.55	40.40	36.45	岩石级别Ⅸ～Ⅹ	40%基础石方开挖，60%一般石方开挖，YQ-150型潜孔钻机钻爆，推土机集渣，用3m³挖掘机装20t自卸汽车运输出渣，运距1.5km
10	石方明挖 大坝 库盆综合	m³	39.78	39.53	38.32	37.51	33.55	岩石级别Ⅸ～Ⅹ	1%大坝石方开挖，99%库盆石方开挖，采用YQ-150型潜孔钻机钻爆，推土机集渣，用3m³挖掘机装20t自卸汽车运输出渣，运距1.5km
11	石方明挖库盆	m³	39.74	39.49	38.29	37.48	33.52	岩石级别Ⅸ～Ⅹ	60%采用控制爆破用作过渡料，40%一般石方开挖，采用自上而下分层开挖，深孔梯段爆破，梯段高度选用6～9m，采用YQ-150型潜孔钻钻孔，3m³挖掘机装20t自卸汽车运输运距1.5km
12	全风化石方明挖 库盆	m³	32.59	32.37	31.35	30.66	27.46	岩石级别Ⅴ～Ⅷ	采用风钻钻爆，推土机集渣，用3m³挖掘机装20t自卸汽车运输出渣，运距1.5km
13	石方明挖 库区防护工程	m³	37.85	37.59	36.44	35.61	31.92	岩石级别Ⅸ～Ⅹ	采用YQ-150型潜孔钻机钻爆，推土机集渣，用3m³挖掘机装20t自卸汽车运输出渣，运距1.5km
14	石方明挖 下游护岸河床覆盖层	m³	32.59	32.37	31.35	30.66	27.46	岩石级别Ⅸ～Ⅹ	采用风钻钻爆，推土机集渣，用3m³挖掘机装20t自卸汽车运输出渣，运距1.5km
15	石方明挖 溢洪道	m³	37.85	37.59	36.44	35.61	31.92	岩石级别Ⅸ～Ⅹ	采用YQ-150型潜孔钻机钻爆，推土机集渣，用3m³挖掘机装20t自卸汽车运输出渣，运距1.5km
16	石方槽挖 大坝工程	m³	74.28	73.30	71.02	67.86	62.61	岩石级别Ⅸ～Ⅹ	采用风钻钻爆，推土机集渣，用3m³挖掘机装20t自卸汽车运输出渣，运距1.5km
17	石方槽挖 溢洪道	m³	74.28	73.30	71.02	67.86	62.61	岩石级别Ⅸ～Ⅹ	采用风钻钻爆，推土机集渣，用3m³挖掘机装20t自卸汽车运输出渣，运距1.5km
18	石方槽挖 大坝工程排水沟	m³	125.61	123.75	119.92	113.92	105.90	岩石级别Ⅸ～Ⅹ	采用风钻钻爆，推土机集渣，用3m³挖掘机装20t自卸汽车运输出渣，运距1.5km
19	石方洞挖 灌浆平洞	m³	209.40	205.65	199.18	187.08	176.45	岩石级别Ⅺ～Ⅻ 开挖断面15m²	采用风钻钻爆，扒渣机装小型机动翻斗车运渣，小断面洞内运0.2km，3m³装载机装20t自卸汽车洞外运输1.5km
20	石方井挖 溢洪道	m³	324.51	319.63	309.43	293.70	273.31	岩石级别Ⅺ～Ⅻ 开挖断面20m²	反井钻机打导井，风钻扩挖至3m溜渣井，3m³装载机装15t自卸汽车，洞内运距0.15km，洞外运距1.5km
21	溢洪道石方洞挖	m³	170.65	167.68	162.44	152.85	143.82	岩石级别Ⅺ～Ⅻ 开挖断面24m²	气腿钻钻爆，由3m³装载机装15t自卸汽车出渣，洞内运距0.15km，洞外运距1.5km
22	泄洪放空/排沙洞石方开挖	m³	37.85	37.59	36.44	35.61	31.92	岩石级别Ⅸ～Ⅹ	采用YQ-150型潜孔钻机钻爆，推土机集渣，用3m³挖掘机装20t自卸汽车运输出渣，运距1.5km

编号	项目名称	单位	概算 水平	预算 水平一	预算 水平二	投标 报价一	投标 报价二	工程特征	施工方法
23	石方洞挖 泄洪放空/排沙洞	m³	209.40	205.65	199.18	187.08	176.45	岩石级别Ⅺ～Ⅻ 开挖断面 15m²	采用风钻钻爆，扒渣机装小型机动翻斗车运渣，小断面洞内运0.2km，3m³装载机装 20t 自卸汽车洞外运距 1.5km
24	石方井挖 泄洪放洞	m³	291.20	287.01	277.87	264.37	245.27	岩石级别Ⅺ～Ⅻ 开挖断面 20m²	反井钻机打导井，风钻扩挖至 3m 溜渣井，3m³装载机装 15t 自卸汽车，洞内运距 0.15km，洞外运距 1.5km
25	坝体堆石填筑	m³	9.96	9.68	9.36	8.45	8.39		60%直接上坝，132kW 推土机摊铺，18t 振动碾压实，40%渣场回采，4m³挖掘机 32t 自卸车运 1.5km，132kW 推土机摊铺，17t 振动碾压实
26	碎石垫层料填筑	m³	64.26	63.71	61.63	59.84	54.09		采用砂石料系统垫层料，4m³挖掘机装 32t 自卸汽车运输，运距 3km，132kW 推土机平仓作业，17t 振动碾碾压
27	库底回填	m³	2.66	2.59	2.51	2.30	2.24		库底开挖直接回填，132kW 推土机平仓作业，17t 振动碾碾压
28	过渡料填筑	m³	14.24	13.83	13.38	12.08	11.98		填筑原石料来自水库库盆开挖料，从转存料场运输上坝，3m³装载机装 15t 自卸汽车运输，运距 1.5km，132kW 推土机平仓作业，17t 振动碾碾压
29	反滤料填筑	m³	114.46	113.90	110.20	108.41	96.34		采用砂石料系统料，4m³挖掘机装 32t 自卸汽车运输，运距 3km，132kW 推土机平仓作业，17t 振动碾碾压
30	级配碎石	m³	91.30	89.75	86.83	81.83	76.85		采用砂石料系统垫层料，3m³装载机装 15t 自卸汽车运输，运距 3km
31	石渣回填	m³	18.32	17.79	17.21	15.50	15.42		渣场回采，3m³装载机装 15t 自卸汽车运输，运距 1.5km，132kW 推土机平仓作业，17t 振动碾碾压
32	排水棱体	m³	76.51	75.78	73.31	70.98	64.39		采用砂石料系统碎石料，4m³挖掘机装 32t 自卸汽车运输，运距 3km，132kW 推土机平仓作业，17t 振动碾碾压
33	石渣铺重	m³	2.66	2.59	2.51	2.30	2.24		开挖料直接回填，132kW 推土机平仓作业，17t 振动碾碾压
三	砌石工程								
34	浆砌石 护坡	m³	279.18	274.40	265.70	262.62	248.70		人工从渣场拣石块，人工从渣场拣石块，装 8t 自卸汽车运输 1.0km，人工砌筑
35	浆砌石 挡墙	m³	276.79	271.99	263.36	260.27	246.56		人工从渣场拣石块，人工从渣场拣石块，装 8t 自卸汽车运输 1.0km，人工砌筑
36	浆砌石 排水沟	m³	294.44	289.40	280.23	276.98	262.29		人工从渣场拣石块，人工从渣场拣石块，装 8t 自卸汽车运输 1.0km，人工砌筑
37	大块抛石	m³	85.61	83.08	80.37	78.73	76.20		人工从渣场拣石块，人工从渣场拣石块，装 8t 自卸汽车运输 1.0km，人工抛填

编号	项目名称	单位	概算 水平	预算 水平一	预算 水平二	投标 报价一	投标 报价二	工程特征	施工方法
38	浆砌石 护底	m³	275.32	270.66	262.08	259.08	245.26		人工从渣场拣石块，人工从渣场拣石块，装 8t 自卸汽车运输 1.0km，人工砌筑
39	浆砌石 网格梁	m³	279.31	274.52	265.82	262.73	248.81		人工从渣场拣石块，人工从渣场拣石块，装 8t 自卸汽车运输 1.0km，人工砌筑
40	干砌块石护脚	m³	128.09	124.28	120.24	117.78	114.01		人工从渣场拣石块，人工从渣场拣石块，装 8t 自卸汽车运输 1.0km，人工砌筑
41	干砌块石护坡	m³	133.98	129.99	125.76	123.19	119.25		人工从渣场拣石块，人工从渣场拣石块，装 8t 自卸汽车运输 1.0km，人工砌筑
四	混凝土工程								
42	沥青混凝土心墙	m³	2084.16	2070.81	2003.42	1960.39	1855.02		沥青混凝土拌和系统拌制、运输、铺筑及养护
43	沥青混凝土整平胶结层 库坡 沥青面板堆石坝	m³	1968.36	1951.91	1888.38	1835.34	1751.95	10cm 厚	沥青混凝土拌和系统拌制，15t 自卸汽车配 3m³ 保温罐运输，平均运距 2.0km
44	沥青混凝土整平胶结层 库底 沥青面板堆石坝	m³	1632.13	1624.37	1571.51	1546.5	1452.69	10cm 厚	沥青混凝土拌和系统拌制，15t 自卸汽车配 3m³ 保温罐运输，平均运距 2.0km
45	沥青混凝土防渗层 库坡 沥青面板堆石坝	m³	2383.67	2377.01	2299.64	2278.15	2121.6	10cm 厚	沥青混凝土拌和系统拌制，15t 自卸汽车配 3m³ 保温罐运输，平均运距 2.0km
46	沥青混凝土防渗层 库底 沥青面板堆石坝	m³	2160.89	2158.82	2088.56	2081.89	1923.32	10cm 厚	沥青混凝土拌和系统拌制，15t 自卸汽车配 3m³ 保温罐运输，平均运距 2.0km
47	沥青玛蹄脂封闭层 沥青面板堆石坝	m²	40.43	40.29	38.98	38.52	35.99	0.2cm 厚	沥青混凝土拌和系统拌制，15t 自卸汽车配 3m³ 保温罐运输，平均运距 2.0km。采用 5t 摊铺机，进行涂刷
48	乳化沥青 沥青面板堆石坝	m²	8.52	8.49	8.22	8.14	7.58	0.3cm 厚	沥青混凝土拌和系统拌制，15t 自卸汽车配 3m³ 保温罐运输，平均运距 2.0km
49	加强网格 沥青面板堆石坝	m²	92.66	92.63	89.62	89.54	82.47		清扫表面杂物、浮土、人工配制、挑运、涂刷、接缝
50	面板混凝土 C25 二级配 混凝土面板堆石坝	m³	587.39	585.85	567.49	562.54	523.45		混凝土拌和系统，采用 6m³ 混凝土搅拌运输车运混凝土，运距 1.2km，门机入仓，钢木组合模板施工，插入式振捣器振捣施工
51	面板混凝土 C25 二级配 W12 混凝土面板堆石坝	m³	608.28	606.74	587.77	582.82	542.11		混凝土拌和系统，采用 6m³ 混凝土搅拌运输车运混凝土，运距 1.2km，门机入仓，钢木组合模板施工，插入式振捣器振捣施工
52	面板混凝土 C30 二级配 混凝土面板堆石坝	m³	668.8	667.27	646.51	641.56	596.16		混凝土拌和系统，采用 6m³ 混凝土搅拌运输车运混凝土，运距 1.2km，门机入仓，钢木组合模板施工，插入式振捣器振捣施工
53	趾板混凝土 C25 F100 二级配 混凝土面板堆石坝	m³	557.34	556.13	538.78	534.89	496.75		混凝土拌和系统，采用 6m³ 混凝土搅拌运输车运混凝土，运距 1.2km，门机入仓，钢木组合模板施工，插入式振捣器振捣施工

编号	项目名称	单位	概算 水平	预算 水平一	预算 水平二	投标 报价一	投标 报价二	工程特征	施工方法
54	趾板混凝土 C25 W12 二级配 混凝土面板堆石坝	m³	579.4	578.2	560.19	556.31	516.45		混凝土拌和系统，采用 6m³ 混凝土搅拌运输车运混凝土，运距 1.2km，门机入仓，钢木组合模板施工，插入式振捣器振捣施工
55	重力坝混凝土 C25 二级配	m³	482.16	481.44	466.45	464.1	429.78		混凝土拌和系统，采用 6m³ 混凝土搅拌运输车运混凝土，运距 1.2km，门机入仓，钢木组合模板施工，插入式振捣器振捣施工
56	碾压重力坝混凝土 C15 三级配	m³	260.13	259.46	251.15	248.99	231.66		混凝土拌和系统，采用 6m³ 混凝土搅拌运输车运混凝土，运距 1.2km，门机入仓，钢木组合模板施工，插入式振捣器振捣施工
57	拦沙潜坝混凝土 C20 二级配	m³	569.17	567.64	549.8	544.85	507.18		混凝土拌和系统，采用 6m³ 混凝土搅拌运输车运混凝土，运距 1.2km，门机入仓，钢木组合模板施工，插入式振捣器振捣施工
58	拦沙坝常态混凝土 C25 二级配	m³	482.16	481.44	466.45	464.1	429.78		混凝土拌和系统，采用 6m³ 混凝土搅拌运输车运混凝土，运距 1.2km，门机入仓，钢木组合模板施工，插入式振捣器振捣施工
59	坝顶结构混凝土 C25 F100 二级配	m³	879.15	877.61	849.73	844.76	783.12		混凝土拌和系统，采用 6m³ 混凝土搅拌运输车运混凝土，运距 1.2km，门机入仓，钢木组合模板施工，插入式振捣器振捣施工
60	周圈廊道混凝土 C25 二级配	m³	655.62	653.8	633.24	627.37	584.2		混凝土拌和系统，采用 6m³ 混凝土搅拌运输车运混凝土，运距 1.2km，门机入仓，钢木组合模板施工，插入式振捣器振捣施工
61	路面混凝土 C30 二级配	m³	589.37	587.63	569.43	563.83	525.43		混凝土拌和系统，采用 6m³ 混凝土搅拌运输车运混凝土，运距 1.2km，溜槽入仓，钢木组合模板施工，插入式振捣器振捣施工
62	路面混凝土 C25 二级配	m³	564.22	562.48	545.02	539.41	502.97		混凝土拌和系统，采用 6m³ 混凝土搅拌运输车运混凝土，运距 1.2km，溜槽入仓，钢木组合模板施工，插入式振捣器振捣施工
63	路面混凝土 C20 二级配	m³	542.26	540.52	523.7	518.1	483.35		混凝土拌和系统，采用 6m³ 混凝土搅拌运输车运混凝土，运距 1.2km，溜槽入仓，钢木组合模板施工，插入式振捣器振捣施工
64	路面混凝土 5.0	m³	662.38	660.64	640.3	634.69	590.62		混凝土拌和系统，采用 6m³ 混凝土搅拌运输车运混凝土，运距 1.2km，溜槽入仓，钢木组合模板施工，插入式振捣器振捣施工
65	防浪墙混凝土 C20 二级配	m³	855.43	853.88	826.71	821.7	761.96		混凝土拌和系统，采用 6m³ 混凝土搅拌运输车运混凝土，运距 1.2km，溜槽入仓，钢木组合模板施工，插入式振捣器振捣施工
66	防浪墙混凝土 C25 二级配	m³	873.14	871.58	843.9	838.89	777.77		混凝土拌和系统，采用 6m³ 混凝土搅拌运输车运混凝土，运距 1.2km，溜槽入仓，钢木组合模板施工，插入式振捣器振捣施工
67	混凝土挡墙 C25 二级配	m³	601.78	600.23	581.45	576.45	536.31		混凝土拌和系统，采用 6m³ 混凝土搅拌运输车运混凝土，运距 1.2km，溜槽入仓，钢木组合模板施工，插入式振捣器振捣施工
68	混凝土挡墙 C20 二级配	m³	582.38	580.83	562.61	557.61	518.98		混凝土拌和系统，采用 6m³ 混凝土搅拌运输车运混凝土，运距 1.2km，溜槽入仓，钢木组合模板施工，插入式振捣器振捣施工
69	混凝土挡墙 C15 二级配	m³	568.11	566.56	548.75	543.76	506.23		混凝土拌和系统，采用 6m³ 混凝土搅拌运输车运混凝土，运距 1.2km，溜槽入仓，钢木组合模板施工，插入式振捣器振捣施工
70	混凝土 C20 二级配 基座	m³	542.26	540.52	523.7	518.1	483.35		混凝土拌和系统，采用 6m³ 混凝土搅拌运输车运混凝土，运距 1.2km，溜槽入仓，钢木组合模板施工，插入式振捣器振捣施工

编号	项目名称	单位	概算 水平	预算 水平一	预算 水平二	投标 报价一	投标 报价二	工程特征	施工方法
71	素混凝土垫层 C10 二级配	m³	377.41	376.84	365.07	363.22	336.38		混凝土拌和系统，采用 6m³ 混凝土搅拌运输车运混凝土，运距 1.2km，溜槽入仓，钢木组合模板施工，插入式振捣器振捣施工
72	素混凝土垫层 C10 三级配	m³	347.82	347.25	336.36	334.51	309.96		混凝土拌和系统，采用 6m³ 混凝土搅拌运输车运混凝土，运距 1.2km，溜槽入仓，钢木组合模板施工，插入式振捣器振捣施工
73	库盆无砂混凝土垫层 C20 二级配	m³	725.95	724.48	701.92	697.17	647.07		混凝土拌和系统，采用 6m³ 混凝土搅拌运输车运混凝土，运距 1.2km，溜槽入仓，钢木组合模板施工，插入式振捣器振捣施工
74	面板砂浆垫层	m³	503.64	499.58	483.99	470.9	448.88		抹面水泥砂浆：清洗、拌和、抹面。施工准备、人工摊铺、碾压
75	量水堰 C20 二级配	m³	730.16	728.54	705.51	700.26	650.52		混凝土拌和系统，采用 6m³ 混凝土搅拌运输车运混凝土，运距 1.2km，溜槽入仓，钢木组合模板施工，插入式振捣器振捣施工
76	量水堰 C15 三级配	m³	710.27	708.66	686.11	680.92	632.66		混凝土拌和系统，采用 6m³ 混凝土搅拌运输车运混凝土，运距 1.2km，溜槽入仓，钢木组合模板施工，插入式振捣器振捣施工
77	路肩混凝土 C25 二级配	m³	753.77	752.85	729.04	726.08	671.53		混凝土拌和系统，采用 6m³ 混凝土搅拌运输车运混凝土，运距 1.2km，溜槽入仓，钢木组合模板施工，插入式振捣器振捣施工
78	路肩混凝土 C20 二级配	m³	735.89	734.98	711.68	708.73	655.56		混凝土拌和系统，采用 6m³ 混凝土搅拌运输车运混凝土，运距 1.2km，溜槽入仓，钢木组合模板施工，插入式振捣器振捣施工
79	断层处理 C20 二级配（回填）	m³	414.25	413.68	400.83	398.98	369.27		混凝土拌和系统，采用 6m³ 混凝土搅拌运输车运混凝土，运距 1.2km，溜槽入仓，钢木组合模板施工，插入式振捣器振捣施工
80	基础混凝土 C15 三级配	m³	306.24	305.06	295.28	291.49	272.7		混凝土拌和系统，采用 6m³ 混凝土搅拌运输车运混凝土，运距 1.2km，溜槽入仓，钢木组合模板施工，插入式振捣器振捣施工
81	基础混凝土 C20 三级配	m³	436.85	435.67	422.07	418.28	389.35		混凝土拌和系统，采用 6m³ 混凝土搅拌运输车运混凝土，运距 1.2km，溜槽入仓，钢木组合模板施工，插入式振捣器振捣施工
82	上游防渗混凝土 C20 二级配	m³	293.43	292.77	283.42	281.26	261.34		混凝土拌和系统，采用 6m³ 混凝土搅拌运输车运混凝土，运距 1.2km，门机入仓，钢木组合模板施工，插入式振捣器振捣施工
83	碾压砂浆垫层 C15	m³	337.09	333.03	322.33	309.24	300.15		混凝土拌和系统，自卸车运输 1.2km。施工准备、人工摊铺、碾压
84	碾压砂浆 M5 C50	m³	470.61	466.55	451.9	438.81	419.36		抹面水泥砂浆：清洗、拌和、抹面。施工准备、人工摊铺、碾压
85	基础处理混凝土 C15 二级配	m³	401.36	400.79	388.31	386.47	357.76		混凝土拌和系统，采用 6m³ 混凝土搅拌运输车运混凝土，运距 1.2km，溜槽入仓，钢木组合模板施工，插入式振捣器振捣施工
86	闸墩混凝土 C25 二级配	m³	562.85	561.18	543.6	538.21	501.59		混凝土拌和系统，采用 6m³ 混凝土搅拌运输车运混凝土，运距 1.2km，溜槽入仓，钢木组合模板施工，插入式振捣器振捣施工
87	工作桥混凝土 C30 二级配	m³	799.53	798.24	773.01	768.86	712.31		混凝土拌和系统，采用 6m³ 混凝土搅拌运输车运混凝土，运距 1.2km，溜槽入仓，钢木组合模板施工，插入式振捣器振捣施工

续表

编号	项目名称	单位	概算 水平	预算 水平一	预算 水平二	投标 报价一	投标 报价二	工程特征	施工方法
88	灌浆衬砌混凝土 C20 二级配	m³	784.52	782.35	757.86	750.85	699.17	0.5m 厚	混凝土拌和系统，采用 3m³ 混凝土搅拌运输车运混凝土，洞内运距 0.5km，洞外运距 1.2km，泵送入仓，钢木组合模板施工，插入式振捣器振捣施工
89	灌浆衬砌混凝土 C25 二级配	m³	838.91	836.73	810.65	803.63	747.73	0.5m 厚	混凝土拌和系统，采用 3m³ 混凝土搅拌运输车运混凝土，洞内运距 0.5km，洞外运距 1.2km，泵送入仓，钢木组合模板施工，插入式振捣器振捣施工
90	边坡支护混凝土 C20 二级配	m³	582.38	580.83	562.61	557.61	518.98		混凝土拌和系统，采用 6m³ 混凝土搅拌运输车运混凝土，运距 1.2km，溜槽入仓，钢木组合模板施工，插入式振捣器振捣施工
91	电缆沟混凝土 C20 二级配	m³	761.18	759.58	735.53	730.37	678.11		混凝土拌和系统，采用 6m³ 混凝土搅拌运输车运混凝土，运距 1.2km，溜槽入仓，钢木组合模板施工，插入式振捣器振捣施工
92	排水沟混凝土 C25 二级配	m³	590.07	588.95	570.49	566.87	525.85		混凝土拌和系统，采用 6m³ 混凝土搅拌运输车运混凝土，运距 1.2km，溜槽入仓，钢木组合模板施工，插入式振捣器振捣施工
93	导流底孔封堵混凝土 C20 二级配	m³	492.56	491.52	476.32	472.99	439.13		混凝土拌和系统，采用 6m³ 混凝土搅拌运输车运混凝土，运距 1.2km，溜槽入仓，钢木组合模板施工，插入式振捣器振捣施工
94	过流抗冲耐磨钢纤维混凝土 C40 二级配	m³	1037.3	1035.84	1003.05	998.33	924.11		混凝土拌和系统，采用 6m³ 混凝土搅拌运输车运混凝土，运距 1.2km，溜槽入仓，钢木组合模板施工，插入式振捣器振捣施工
95	廊道混凝土 C25 二级配	m³	648.8	646.98	626.64	620.77	578.13		混凝土拌和系统，采用 6m³ 混凝土搅拌运输车运混凝土，运距 1.2km，溜槽入仓，钢木组合模板施工，插入式振捣器振捣施工
96	溢洪道边墙混凝土 C25 二级配	m³	601.78	600.23	581.45	576.45	536.31		混凝土拌和系统，采用 6m³ 混凝土搅拌运输车运混凝土，运距 1.2km，溜槽入仓，钢木组合模板施工，插入式振捣器振捣施工
97	溢洪道底板混凝土 C25 二级配	m³	496.18	495	479.65	475.86	442.33		混凝土拌和系统，采用 6m³ 混凝土搅拌运输车运混凝土，运距 1.2km，溜槽入仓，钢木组合模板施工，插入式振捣器振捣施工
98	泄槽表层混凝土 C25 二级配	m³	564.22	562.48	545.02	539.41	502.97		混凝土拌和系统，采用 6m³ 混凝土搅拌运输车运混凝土，运距 1.2km，溜槽入仓，钢木组合模板施工，插入式振捣器振捣施工
99	溢流堰混凝土 C25 二级配	m³	489.33	488.42	473.2	470.25	436.15		混凝土拌和系统，采用 6m³ 混凝土搅拌运输车运混凝土，运距 1.2km，溜槽入仓，钢木组合模板施工，插入式振捣器振捣施工
100	溢洪道挡墙/隔墙混凝土 C25 二级配	m³	601.78	600.23	581.45	576.45	536.31		混凝土拌和系统，采用 6m³ 混凝土搅拌运输车运混凝土，运距 1.2km，溜槽入仓，钢木组合模板施工，插入式振捣器振捣施工
101	溢洪道通气管 C25 混凝土二级配	m³	938.88	936.33	907.18	898.97	836.87		混凝土拌和系统，采用 6m³ 混凝土搅拌运输车运混凝土，洞外运距 1.2km，泵送入仓，组合刚模施工，插入式振捣器振捣施工
102	溢洪道竖井钢纤维硅粉混凝土 C40 二级配	m³	1513.46	1511.12	1463	1455.43	1348.05		混凝土拌和系统，采用 3m³ 混凝土搅拌运输车运混凝土，洞内运距 0.5km，洞外运距 1.5km，泵送入仓，滑模板施工，插入式振捣器振捣施工

编号	项目名称	单位	概算 水平	预算 水平一	预算 水平二	投标 报价一	投标 报价二	工程特征	施工方法
103	溢洪道泄槽及消力池混凝土 C25 二级配	m³	633.11	631.58	611.75	606.82	564.17		混凝土拌和系统，采用 6m³ 混凝土搅拌运输车运混凝土，运距 1.2km，溜槽入仓，钢木组合模板施工，插入式振捣器振捣施工
104	溢洪道护坦混凝土 C20 二级配	m³	476.43	475.25	460.48	456.69	424.69		混凝土拌和系统，采用 6m³ 混凝土搅拌运输车运混凝土，运距 1.2km，溜槽入仓，钢木组合模板施工，插入式振捣器振捣施工
105	溢洪道基础处理混凝土 C20 二级配	m³	414.25	413.68	400.83	398.98	369.27		混凝土拌和系统，采用 6m³ 混凝土搅拌运输车运混凝土，运距 1.2km，溜槽入仓，钢木组合模板施工，插入式振捣器振捣施工
106	溢洪道混凝土 C25 二级配	m³	543.82	542.59	525.63	521.64	484.69		混凝土拌和系统，采用 6m³ 混凝土搅拌运输车运混凝土，运距 1.2km，溜槽入仓，钢木组合模板施工，插入式振捣器振捣施工
107	溢洪道混凝土 C30 二级配	m³	564.8	563.56	546	542.01	503.42		混凝土拌和系统，采用 6m³ 混凝土搅拌运输车运混凝土，运距 1.2km，溜槽入仓，钢木组合模板施工，插入式振捣器振捣施工
108	溢洪道抗冲耐磨混凝土 C50 二级配	m³	975.21	974.04	943.51	939.71	869.07		混凝土拌和系统，采用 6m³ 混凝土搅拌运输车运混凝土，运距 1.2km，溜槽入仓，钢木组合模板施工，插入式振捣器振捣施工
109	溢洪道竖井 C25 混凝土 二级配	m³	822.51	820.16	794.7	787.13	733.21	0.5m厚	混凝土拌和系统，采用 3m³ 混凝土搅拌运输车运混凝土，洞内运距 0.5km，洞外运距 1.2km，泵送入仓，滑模板施工，插入式振捣器振捣施工
110	溢流堰混凝土 C25 二级配	m³	489.33	488.42	473.2	470.25	436.15		混凝土拌和系统，采用 6m³ 混凝土搅拌运输车运混凝土，运距 1.2km，溜槽入仓，钢木组合模板施工，插入式振捣器振捣施工
111	溢洪道退水隧洞配钢纤维硅粉混凝土 C40 二级	m³	1501.31	1499.14	1451.34	1444.34	1337.16		混凝土拌和系统，采用 3m³ 混凝土搅拌运输车运混凝土，洞内运距 0.5km，洞外运距 1.2km，泵送入仓，组合钢模板施工，插入式振捣器振捣施工
112	泄洪放空洞/排沙混凝土衬砌 C30 二级配	m³	784.55	782.38	757.89	750.88	699.19		混凝土拌和系统，采用 3m³ 混凝土搅拌运输车运混凝土，洞内运距 0.5km，洞外运距 1.2km，溜槽入仓，钢木组合模板施工，插入式振捣器振捣施工
113	泄洪放空洞/排沙混凝土衬砌 C25 二级配	m³	758.39	756.22	732.49	725.49	675.82		混凝土拌和系统，采用 3m³ 混凝土搅拌运输车运混凝土，洞内运距 0.5km，洞外运距 1.2km，溜槽入仓，钢木组合模板施工，插入式振捣器振捣施工
114	泄洪放空洞/排沙混凝土衬砌抗冲耐磨 C50 二级配	m³	1312.59	1310.42	1269.12	1262.12	1169.53		混凝土拌和系统，采用 3m³ 混凝土搅拌运输车运混凝土，洞内运距 0.5km，洞外运距 1.2km，溜槽入仓，钢木组合模板施工，插入式振捣器振捣施工
115	泄洪放空洞/排沙二期混凝土 C30 二级配	m³	612.67	606.9	587.89	569.29	545.99		混凝土拌和系统，采用 3m³ 混凝土搅拌运输车运混凝土，洞内运距 0.5km，洞外运距 1.2km，溜槽入仓，钢木组合模板施工，插入式振捣器振捣施工

编号	项目名称	单位	概算水平	预算水平一	预算水平二	投标报价一	投标报价二	工程特征	施工方法
116	泄洪放空洞泄槽混凝土 C25 二级配	m³	633.11	631.58	611.75	606.82	564.17		混凝土拌和系统，采用 6m³ 混凝土搅拌运输车运混凝土，运距 1.2km，溜槽入仓，钢木组合模板施工，插入式振捣器振捣施工
117	泄洪放空洞消力池混凝土 C25 二级配	m³	633.11	631.58	611.75	606.82	564.17		混凝土拌和系统，采用 6m³ 混凝土搅拌运输车运混凝土，运距 1.2km，溜槽入仓，钢木组合模板施工，插入式振捣器振捣施工
118	泄洪放空洞洞外钢纤维硅粉混凝土 C30 二级配	m³	1198.66	1196.92	1158.73	1153.12	1067.58		混凝土拌和系统，采用 6m³ 混凝土搅拌运输车运混凝土，运距 1.2km，溜槽入仓，钢木组合模板施工，插入式振捣器振捣施工
119	泄洪放空洞/排沙混凝土衬砌钢纤维硅粉 C30 二级配	m³	1329.6	1327.43	1285.09	1278.08	1184.21	0.5m 厚	混凝土拌和系统，采用 3m³ 混凝土搅拌运输车运混凝土，洞内运距 0.5km，洞外运距 1.2km，溜槽入仓，钢木组合模板施工，插入式振捣器振捣施工
120	泄洪放空洞挑坎混凝土 C25 二级配	m³	492.04	490.45	475.19	470.03	438.6		混凝土拌和系统，采用 6m³ 混凝土搅拌运输车运混凝土，运距 1.2km，溜槽入仓，钢木组合模板施工，插入式振捣器振捣施工
121	泄洪放空洞启闭排架混凝土 C25 二级配	m³	891.42	889.98	861.69	857.03	794.04		混凝土拌和系统，采用 6m³ 混凝土搅拌运输车运混凝土，运距 1.2km，溜槽入仓，钢木组合模板施工，插入式振捣器振捣施工
122	泄洪放空/排沙洞进口明渠混凝土 C25 二级配	m³	633.11	631.58	611.75	606.82	564.17	0.5m 厚	混凝土拌和系统，采用 6m³ 混凝土搅拌运输车运混凝土，运距 1.2km，溜槽入仓，钢木组合模板施工，插入式振捣器振捣施工
123	泄洪放空洞回填混凝土 C20 二级配	m³	403.84	403.06	390.56	388.05	360.01		混凝土拌和系统，采用 3m³ 混凝土搅拌运输车运混凝土，洞内运距 0.5km，洞外运距 1.5km，溜槽入仓
124	下游护岸埋石混凝土 C10 三级配	m³	478.31	475.99	461.02	453.56	426.19		混凝土拌和系统，采用 6m³ 混凝土搅拌运输车运混凝土，运距 1.2km，溜槽入仓，钢木组合模板施工，插入式振捣器振捣施工
125	下游护岸混凝土堰 C20 二级配	m³	471.8	470.88	456.18	453.23	420.49		混凝土拌和系统，采用 6m³ 混凝土搅拌运输车运混凝土，运距 1.2km，溜槽入仓，钢木组合模板施工，插入式振捣器振捣施工
126	探洞回填混凝土 C15 三级配	m³	366.94	366.37	354.92	353.07	327.04		混凝土拌和系统，采用 6m³ 混凝土搅拌运输车运混凝土，运距 1.2km，溜槽入仓，钢木组合模板施工，插入式振捣器振捣施工
127	下游护岸混凝土 C20 二级配	m³	545.45	544.71	527.66	525.28	486.11		混凝土拌和系统，采用 6m³ 混凝土搅拌运输车运混凝土，运距 1.2km，溜槽入仓，钢木组合模板施工，插入式振捣器振捣施工
128	压脚、护坡混凝土 C15 三级配	m³	493.55	492.81	477.29	474.91	439.77		混凝土拌和系统，采用 6m³ 混凝土搅拌运输车运混凝土，运距 1.2km，溜槽入仓，钢木组合模板施工，插入式振捣器振捣施工
129	防护工程混凝土 C20 二级配	m³	582.38	580.83	562.61	557.61	518.98		混凝土拌和系统，采用 6m³ 混凝土搅拌运输车运混凝土，运距 1.2km，溜槽入仓，钢木组合模板施工，插入式振捣器振捣施工
130	无砂混凝土 C10 三级配	m³	390.33	389.15	377.13	373.34	348.01		混凝土拌和系统，采用 6m³ 混凝土搅拌运输车运混凝土，运距 1.2km，溜槽入仓，钢木组合模板施工，插入式振捣器振捣施工

编号	项目名称	单位	概算 水平	预算 水平一	预算 水平二	投标 报价一	投标 报价二	工程特征	施工方法
131	三道止水	延米	1709.27	1700.46	1645.12	1616.72	1471.74		
132	两道止水	延米	1540.99	1532.63	1482.75	1455.81	1326.84		
133	一道止水	延米	873.9	869.16	840.88	825.61	752.46		
134	橡胶止水	延米	166.29	165.85	160.45	159.04	143.18		清洗缝面、弯制、安装、熔涂沥青砂柱止水的烤砂、拌和、洗模、拆模、安装
135	铜止水	延米	589.08	587.63	568.51	563.83	507.22		清洗缝面、弯制、安装、熔涂沥青砂柱止水的烤砂、拌和、洗模、拆模、安装
136	地面 钢筋制作安装	t	6289.23	6265.66	6085.15	6009.16	5803.25		
137	地下 钢筋制作安装	t	6429.14	6401.38	6216.45	6126.93	5931.86		
五	基础处理工程								
138	帷幕灌浆钻孔（洞内）	m	328.59	323.59	313.06	296.94	276.57		地质钻钻岩石孔，孔深 50～100m
139	帷幕灌浆	t	6058.75	5930.05	5739.83	5324.83	5102.15		帷幕灌浆，自下而上，水泥单位注入量 50kg/m
140	露天固结灌浆钻孔（潜孔钻）	m	50.96	49.78	48.16	47.4	44.37		潜孔钻钻岩石孔，孔深 12m 以内
141	露天固结灌浆（40kg/m）	t	4533.64	4448.72	4306.66	4032.84	3993.89		露天岩石固结灌浆，自下而上，水泥单位注入量 40kg/m
142	洞内固结灌浆钻孔（风钻）	m	28.07	27.33	26.44	25.97	24.44		气腿钻钻孔，孔深 5m 以内
143	隧洞固结灌浆（40kg/m）	t	4338.42	4255.27	4119.52	3851.34	3822.05		隧洞固结灌浆，水泥单位注入量 40kg/m
144	隧洞回填灌浆	m²	106.37	104.99	101.73	97.3	89.66		
145	露天 排水孔 5m 以内	m	19.86	19.36	18.73	18.41	17.29		手风钻钻孔，孔深 5m 以内
146	洞内 排水孔 5m 以内	m	26.81	26.1	25.25	24.8	23.34		气腿钻钻孔，孔深 5m 以内
147	接触灌浆	m²	110.88	110.11	106.56	104.07	93.36		
148	露天 排水孔 30m 以内	m	205.02	201.94	195.37	193.38	178.52		地质钻钻孔，孔深 50m
149	混凝土防渗墙	m²	1596.84	1569.96	1519.66	1432.99	1344.73		砾石层冲击钻成孔，钻凿法浇筑，墙厚 1m
150	基础振冲处理（回填碎石层）	m	218.51	213.88	206.92	191.98	183.92		中粗砂，孔深 8m 以内
151	露天 排水孔 10m 以内	m	48.52	47.4	45.86	45.14	42.25		潜孔钻钻孔，孔深 12m 以内
152	帷幕灌浆钻孔（露天）	m	236.84	233.25	225.66	214.1	199.34		地质钻钻岩石孔，孔深<50m
六	喷锚支护工程								
153	露天 锚杆 $\phi28$ $L=4.5m$（风钻）	根	228.05	225.96	218.61	211.87	167.68	岩石级别Ⅸ～Ⅹ	风钻钻孔
154	露天 锚杆 $\phi28$ $L=9m$（潜孔钻）	根	985.23	969.23	937.8	886.21	724.49	岩石级别Ⅸ～Ⅹ	潜孔钻钻孔
155	露天 锚杆 $\phi25$ $L=1.5m$（风钻）	根	57.37	56.71	54.87	52.72	42.19	岩石级别Ⅸ～Ⅹ	风钻钻孔

编号	项目名称	单位	概算水平	预算水平一	预算水平二	投标报价一	投标报价二	工程特征	施工方法
156	露天 锚杆 $\phi22$ $L=3$m（风钻）	根	114.04	112.71	109.04	104.75	83.85	岩石级别Ⅸ～Ⅹ	风钻钻孔
157	露天 锚杆 $\phi22$ $L=4$m（风钻）	根	151.56	149.79	144.92	139.2	111.44	岩石级别Ⅸ～Ⅹ	风钻钻孔
158	露天 锚杆 $\phi25$ $L=4.5$m（风钻）	根	198.98	196.89	190.49	183.74	146.31	岩石级别Ⅸ～Ⅹ	风钻钻孔
159	露天 锚杆 $\phi25$ $L=6$m（风钻）	根	272.34	269.29	260.54	250.72	200.25	岩石级别Ⅸ～Ⅹ	风钻钻孔
160	洞内 锚杆 $\phi25$ $L=3$m（风钻）	根	156.04	153.98	148.97	142.33	114.73	岩石级别Ⅺ～Ⅻ	风钻钻孔
161	洞内 喷混凝土 10cm	m³	971.5	961.59	931.5	921.91	884.62		机械湿喷，平洞支护，有钢筋网
162	露天 喷混凝土 10cm	m³	909.32	900.65	872.5	864.12	828.03		机械湿喷，地面护坡，有钢筋网
163	露天 锚索 1000kN $L=40$m（地质钻机）	束	33943.57	33490.56	32403.05	31964.8	30870.88		地质钻钻孔
164	洞内 锚杆 $\phi25$ $L=4$（风钻）	根	215.75	212.95	206.02	196.97	158.64	岩石级别Ⅺ～Ⅻ	风钻钻孔
165	露天 锚杆 $\phi25$ $L=8$（潜孔钻）	根	799.53	785.76	760.27	715.87	587.93	岩石级别Ⅸ～Ⅹ	潜孔钻钻孔
166	露天 锚杆 $\phi25$ $L=5$（风钻）	根	223.43	221.03	213.84	206.07	164.29	岩石级别Ⅸ～Ⅹ	风钻钻孔
167	露天 锚束 3$\phi28$ $L=15$m	根	5259.8	5171.18	5003.6	4717.8	3867.9	岩石级别Ⅸ～Ⅹ	地质钻钻孔
168	露天 锚索 2000kN $L=40$m（地质钻机）	束	46940.67	46311.26	44806.48	42776.64	42690.45		无黏结式岩石预应力锚索，地质钻钻孔
169	露天 锚索 2000kN $L=20$m（地质钻机）	束	26210.54	25861.47	25022.26	24684.56	23838.35		无黏结式岩石预应力锚索，地质钻钻孔
170	露天 锚索 1000kN $L=25$m（地质钻机）	束	22629.63	22323.77	21599.7	21303.74	20581.86		无黏结式岩石预应力锚索，地质钻钻孔
171	露天 锚索 1500kN $L=30$m（地质钻机）	束	31074.64	30660.75	29665.34	28330.63	28261.84		无黏结式岩石预应力锚索，地质钻钻孔
172	露天 锚索 1000kN $L=30$m（地质钻机）	束	26689.32	26336.57	25481.89	24344.39	24273.77		无黏结式岩石预应力锚索，地质钻钻孔
173	露天 锚杆 $\phi22$ $L=4.5$m（风钻）	根	173.21	171.12	165.56	158.81	127.36	岩石级别Ⅸ～Ⅹ	风钻钻孔
174	露天 锚杆 $\phi22$ $L=2$m（风钻）	根	76.5	75.61	73.16	70.3	56.25	岩石级别Ⅸ～Ⅹ	风钻钻孔
175	露天 锚杆 $\phi20$ $L=2.5$m（风钻）	根	86.73	85.62	82.84	79.27	63.78	岩石级别Ⅸ～Ⅹ	风钻钻孔
176	露天 锚杆 $\phi25$ $L=2.5$m（风钻）	根	101.01	99.9	96.65	93.08	74.27	岩石级别Ⅸ～Ⅹ	风钻钻孔

编号	项目名称	单位	概算 水平	预算 水平一	预算 水平二	投标 报价一	投标 报价二	工程特征	施工方法
177	露天 锚杆 ϕ25 L＝10m（潜孔钻）	根	1052.06	1033.89	1000.39	941.81	773.66	岩石级别Ⅸ～Ⅹ	潜孔钻钻孔
178	洞内 锚杆 ϕ22 L＝3（风钻）	根	144.56	142.5	137.87	131.23	106.29	岩石级别Ⅺ～Ⅻ	风钻钻孔
179	露天 锚杆 ϕ28 L＝6m（风钻）	根	310.9	307.85	297.84	288.02	228.6	岩石级别Ⅸ～Ⅹ	风钻钻孔
180	露天 中空注浆锚杆 ϕ22 L＝3.5m（风钻）	根	266.67	263.22	254.67	243.55	196.08	岩石级别Ⅸ～Ⅹ	风钻钻孔
181	露天 锚杆 ϕ28 L＝5m（风钻）	根	255.67	253.26	245.02	237.25	187.99	岩石级别Ⅸ～Ⅹ	风钻钻孔
182	洞内 锚杆 ϕ25 L＝4.5m（风钻）	根	247.4	244.06	236.13	225.38	181.91	岩石级别Ⅺ～Ⅻ	风钻钻孔
183	露天 锚杆 ϕ28 L＝10m（潜孔钻）	根	1115.85	1097.68	1062.11	1003.53	820.56	岩石级别Ⅸ～Ⅹ	潜孔钻钻孔
184	露天 锚杆 ϕ28 L＝8m（潜孔钻）	根	850.65	836.88	809.73	765.32	625.52	岩石级别Ⅸ～Ⅹ	潜孔钻钻孔
185	露天 锚索 1500kN L＝40m（地质钻机）	束	39787.58	39251.17	37976.17	37457.22	36185.43		无黏结式岩石预应力锚索，地质钻钻孔

第19章 使用方法

19.1 单位造价指标

单位造价指标是通用造价的宏观管理应用工具，主要用于方案和二级项目的造价调整，可在抽水蓄能电站选点规划投资匡算、预可行性研究投资估算和可行性研究设计概算等的编制、评审和决策中广泛应用。

根据实际工程技术条件，合理选择典型方案通用造价、二级项目造价或单位造价指标，通过拼接、调整影响造价主要因素，快速计算工程造价。具体使用步骤如下：

（1）根据上下水库挡水坝型，以18.2节单位造价指标汇总表为基础，选择合适的通用造价典型方案作为基础方案。

（2）对基础方案的二级项目构成进行调整，使其与实际方案二级项目构成相同。

（3）根据实际方案二级项目的坝体形式、建筑物尺寸、坝体开挖量或填筑方量选择单位造价指标。

（4）计算相应二级项目造价及合计投资。

（5）以调整后的各二级项目造价合计作为基数，乘以调整系数（岩石级别、价格水平、项目地区、海拔高程、设计阶段、综合调整）计算实际方案的工程造价。

19.2 工程单价

工程单价是通用造价的微观管理应用工具，是控制造价精度的重要方法，可在抽水蓄能电站各阶段的造价编制、评审和决策中广泛应用。

工程单价的使用方法为：根据项目所处阶段，以 18.3 节工程单价区间表为基础，合理选择工程单价水平，调整运距、填筑料来源、岩石级别、项目地区、海拔高程等影响工程单价的主要因素，形成目标单价。

通用造价中工程单价主要目的是提供造价编制、分析和评审的参考，并提供快速计算工程单价的方法。对于招标文件或合同条款中有工程单价明确的计算条件或方法的情况，建议需结合实际情况具体分析，不宜简便选用。

第 20 章 调 整 方 法

20.1 单位造价指标

影响典型方案与实际方案造价差异的主要因素包括项目构成差异、坝体填筑材料、建筑物尺寸变化、岩石级别差异、价格水平不同、项目地区差异和项目所处海拔高程等。影响造价的主要因素调整方法见本章 20.1.1～20.1.8。

调整方法中项目构成差异和尺寸变化，主要是调整二级项目，其他调整方法主要适用于方案调整，二级项目也可参照使用。

20.1.1 项目构成

实际方案与通用造价典型方案相比减少的二级项目，在通用造价典型方案中减去相应二级项目投资；实际方案与通用造价典型方案相比增加的二级项目，参照通用造价其他典型方案二级项目单位造价指标，并结合二级项目的特征参数计算相应投资。

20.1.2 尺寸变化

实际方案与通用造价典型方案建筑物尺寸、面积变化，比如溢洪道开挖尺寸变化，泄洪放空洞断面面积差异，可通过实际方案二级项目的特征尺寸和通用造价典型方案对应项目单位造价指标计算投资，替换典型方案相应造价。

20.1.3 岩石级别差异

典型方案通用造价石方明挖、石方洞挖、锚杆和灌浆钻孔岩石级别按Ⅸ～Ⅹ/Ⅺ～Ⅻ考虑，为了便于对岩石级别Ⅸ～Ⅹ/Ⅺ～Ⅻ和Ⅺ～Ⅻ/ⅩⅢ～ⅩⅣ的调整，通过计算岩石级别Ⅸ～Ⅹ和ⅩⅢ～ⅩⅣ方案的投资，分别与典型方案通用造价做比值，作为不同岩石级别的调整系数。

通用造价各典型方案岩石级别调整系数见表 20-1。

表 20-1 典型方案岩石级别调整系数

编号	方案名称	Ⅸ～Ⅹ/Ⅺ～Ⅻ	Ⅴ～Ⅷ/Ⅸ～Ⅹ	Ⅺ～Ⅻ/ⅩⅢ～ⅩⅣ	备注
1	典型方案一	1	0.984	1.021	
2	典型方案二	1	0.945	1.070	
3	典型方案三	1	0.956	1.051	
4	典型方案四	1	0.968	1.038	
5	典型方案五	1	0.980	1.020	
6	典型方案六	1	0.986	1.017	
7	典型方案七	1	0.971	1.053	
8	典型方案八	1	0.968	1.039	
9	典型方案九	1	0.976	1.029	
10	典型方案十	1	0.957	1.053	
11	均值	1	0.969	1.039	

20.1.4 价格水平

实际方案与通用造价典型方案价格水平不同时，价格水平采用指数法进行调整。价格指数采用水电总院可再生能源定额站发布的价格指数，或者通过权重法计算，价格指数的权重法计算公式如下：

$$A + \left(B_1 \times \frac{F_{t1}}{F_{o1}} + B_2 \times \frac{F_{t2}}{F_{o2}} + B_3 \times \frac{F_{t3}}{F_{o3}} + \cdots + B_n \times \frac{F_{tn}}{F_{on}} \right) \quad (20\text{-}1)$$

式中 A——定值权重（即不调部分的权重）；

$B_1, B_2, B_3, \cdots, B_n$——各可调因子的变值权重（即可调部分的权重），为各可调因子单项工程造价中所占的比例；

$F_{t1}, F_{t2}, F_{t3}, \cdots, F_{tn}$——各可调因子的调整期价格；

$F_{o1}, F_{o2}, F_{o3}, \cdots, F_{on}$——各可调因子的通用造价编制期价格。

可调因子包括高级熟练工、熟练工、半熟练工、普工、柴油、汽油、钢筋、水泥、炸药、砂石料、沥青、黏土、电水风等。

经分析方案一至方案十定值权重分别为 34.67％、34.38％、30.87％、29.77％、22.72％、29.14％、34.40％、35.79％、31.13％、32.95％，定值权重平均值为 31.58％，可调因子的变值权重见表 20-2。

表 20-2   **可调因子变值权重**

序号	项目名称	高级工	熟练工	半熟练工	普工	钢筋	水泥	柴油	炸药	板枋材	汽油	砂	碎石	电	水	风	沥青	黏土
1	典型方案一	0.35％	3.64％	1.98％	3.13％	2.29％	1.49％	23.76％	10.92％	0.03％	0.46％	0.34％	0.22％	0.53％	0.11％	2.19％	13.86％	0.00％
2	典型方案二	0.51％	4.80％	3.30％	6.44％	1.54％	1.56％	22.11％	10.92％	0.03％	0.42％	0.34％	0.27％	1.02％	0.28％	3.73％	8.35％	0.00％
3	典型方案三	0.39％	5.46％	3.76％	7.93％	1.71％	2.62％	20.64％	7.94％	0.01％	0.42％	0.48％	1.80％	1.31％	0.86％	2.68％	11.13％	0.00％
4	典型方案四	0.46％	5.26％	3.48％	5.54％	3.26％	6.12％	18.01％	9.72％	0.20％	0.57％	1.17％	1.09％	1.48％	0.76％	2.58％	10.49％	0.03％
5	典型方案五	0.40％	4.21％	3.06％	2.76％	3.00％	8.79％	12.77％	1.17％	0.26％	0.20％	3.51％	3.49％	1.44％	1.22％	0.89％	0.20％	29.89％
6	典型方案六	0.58％	4.53％	3.75％	5.72％	5.20％	18.24％	8.35％	1.63％	0.44％	0.23％	9.50％	7.92％	1.92％	1.34％	1.45％	0.07％	0.00％
7	典型方案七	0.57％	5.66％	4.03％	4.97％	8.25％	6.88％	17.92％	8.45％	0.17％	0.66％	1.48％	0.81％	1.68％	1.11％	2.42％	0.54％	0.00％
8	典型方案八	0.70％	5.96％	4.12％	4.41％	5.30％	7.05％	16.69％	9.30％	0.12％	0.74％	1.47％	0.76％	1.98％	1.42％	3.96％	0.20％	0.00％
9	典型方案九	0.72％	6.20％	4.63％	5.96％	10.71％	11.87％	14.50％	2.91％	0.26％	0.46％	2.88％	1.61％	1.86％	1.34％	2.56％	0.41％	0.00％
10	典型方案十	0.63％	7.10％	4.66％	4.56％	6.14％	9.10％	15.90％	7.24％	0.16％	0.63％	1.37％	1.10％	3.07％	2.44％	2.69％	0.27％	0.00％
11	均值	0.53％	5.28％	3.68％	5.14％	4.74％	7.37％	17.07％	7.02％	0.17％	0.48％	2.25％	1.91％	1.63％	1.09％	2.51％	4.55％	2.99％

20.1.5 项目地区

典型方案通用造价取费按中南、华东的一般地区考虑，在此基础上根据《水电工程费用构成及概（估）算费用标准（2013 年版）》中其他直接费规定，分别计算出西南，华北，西北、东北、西藏等地区的方案造价，以上述地区的方案造价与通用造价的比值作为不同地区的调整系数，项目地区差异调整系数见表 20-3。

表 20-3   **项目地区差异调整系数**

编号	方案名称	中南、华东	西南	华北	西北、东北、西藏	备注
1	典型方案一	1	1.005	1.009	1.023	
2	典型方案二	1	1.005	1.009	1.023	
3	典型方案三	1	1.005	1.009	1.023	
4	典型方案四	1	1.005	1.009	1.023	
5	典型方案五	1	1.004	1.009	1.022	
6	典型方案六	1	1.004	1.009	1.022	
7	典型方案七	1	1.005	1.009	1.023	
8	典型方案八	1	1.005	1.009	1.023	
9	典型方案九	1	1.004	1.009	1.022	
10	典型方案十	1	1.005	1.009	1.023	
11	均值	1	1.005	1.009	1.023	

20.1.6 海拔高程

典型方案通用造价按高程 2000m 以下的一般地区考虑，在此基础上根据定额高海拔地区调整系数分析计算 2000～4000m 各高程区间的方案造价，以各高程区间的方案造价与 2000m 以下方案造价的比值作为不同海拔高程调整系数，高海拔调整系数分档同《水电建筑工程概算定额（2007 年版）》，海拔高程调整系数见表 20-4。

表 20-4   **海拔高程调整系数**

编号	方案名称	2000m 以内	2000～2500m	2500～3000m	3000～3500m	3500～4000m	备注
1	典型方案一	1	1.110	1.155	1.199	1.244	
2	典型方案二	1	1.107	1.151	1.195	1.239	
3	典型方案三	1	1.117	1.165	1.213	1.261	
4	典型方案四	1	1.105	1.148	1.191	1.234	
5	典型方案五	1	1.071	1.100	1.130	1.159	
6	典型方案六	1	1.074	1.105	1.136	1.167	
7	典型方案七	1	1.110	1.155	1.200	1.245	
8	典型方案八	1	1.102	1.144	1.185	1.227	
9	典型方案九	1	1.088	1.124	1.160	1.197	
10	典型方案十	1	1.094	1.133	1.171	1.210	
11	均值	1	1.098	1.138	1.178	1.218	

20.1.7 设计阶段

典型方案通用造价按可研阶段深度考虑，在此基础上根据现行水电估算、匡算和工程量计算规定，分析计算规划和预可研阶段的方案造价，以规划和预可研阶段的方案造价与典型方案通用造价的比值作为规划和预可研阶段的设计阶段调整系数，设计阶段调整系数见表20-5。

表 20-5   设 计 阶 段 调 整 系 数

编号	方案名称	可研	预可	规划	备注
1	典型方案一	1	1.050	1.099	
2	典型方案二	1	1.052	1.104	
3	典型方案三	1	1.059	1.118	
4	典型方案四	1	1.057	1.114	
5	典型方案五	1	1.061	1.121	
6	典型方案六	1	1.053	1.106	
7	典型方案七	1	1.059	1.119	
8	典型方案八	1	1.058	1.116	
9	典型方案九	1	1.064	1.127	
10	典型方案十	1	1.061	1.122	
11	均值	1	1.057	1.115	

20.1.8 综合调整

实际方案与通用造价典型方案需要多个差异调整的情况，首先调整项目构成差异，然后调整尺寸变化，以调整后的造价作为其他调整系数的基数。对于多个系数同时调整的情况，综合调整系数按各调整系数之和，减去调整系数个数加1计算。

20.2 工程单价

实际工程单价可根据工程情况，选用合适的定额分析计算，但过程烦琐，工作量大。为了快速计算工程单价，本节在典型方案工程单价的基础上，根据影响工程单价的主要因素，给出简化调整计算办法。

影响典型方案工程单价与实际方案工程单价差异的主要因素包括运距、填筑料料源、岩石级别、价格水平、项目地区和海拔高程和设计阶段差异等。影响工程单价的主要因素调整方法见本章20.2.1～20.2.8。

调整方法是简化计算方法，目的是方便对工程单价参考使用，如果对工程单价精度要求较高，建议根据工程具体条件分析计算。

20.2.1 填筑料料源

抽水蓄能电站坝体填筑料料源多样，不同料源比例影响堆石料工程单价，不同填筑料料源单价调整按表20-6中单价组合计算。

表 20-6   填筑料料源工程单价区间

编号	项目名称	单位	概算 水平	预算 水平一	预算 水平二	投标 报价一	投标 报价二
1	料场开采	m³	17.72	17.52	17.02	16.39	14.98
	开挖料直接上坝回填						
2	振动、碾压	m³	2.66	2.59	2.51	2.30	2.24
	填筑料运输及振动碾压						
3	填筑料运距1km	m³	19.63	19.06	18.44	16.61	16.52
4	填筑料运距2km	m³	22.20	21.56	20.86	18.77	18.69
5	填筑料运距3km	m³	24.84	24.11	23.33	20.99	20.91
6	填筑料运距4km	m³	27.53	26.73	25.86	23.26	23.17
7	填筑料增运运距1km	m³	2.26	2.19	2.12	1.90	1.90

20.2.2 运距调整

典型方案工程单价按18.3节中运距计算，实际方案与典型方案运距不同时，在18.3节工程单价区间表基础上，工程单价按表20-7中基本运距单价和运距差值进行调整。

如：示例1工程可研概算阶段大坝石方开挖采用YQ-150型潜孔钻钻孔，梯段爆破，3m³挖掘机装15t自卸汽车出渣，运距为2km。

对比表18.3节主要工程单价表，其特征及施工方法与第9项石方明挖大坝工程单价基本相同，选择概算水平单价43.23元/m³作为基础单价。本示例工程石方开挖石渣运距为2km，选择的基础单价石渣运距为1.5km，根据表20-7运距调整工程单价区间表第3项"石方运输（3m³装载机装15t自卸车明挖每增运1km），概算水平为2.53元/m³"，调整后单价为43.23＋2.52/2＝44.49元/m³。

表 20-7　　　　　基本运距工程单价区间

编号	项目名称	单位	概算水平	预算水平一	预算水平二	投标报价一	投标报价二
1	土方运输（3m³ 装载机装 15t 自卸车 每增运 1km）	m³	1.81	1.76	1.70	1.52	1.35
2	土方运输（3m³ 装载装 20t 自卸车 每增运 1km）	m³	1.99	1.93	1.87	1.68	1.48
3	石方运输（3m³ 装载机装 15t 自卸车 明挖每增运 1km）	m³	2.52	2.44	2.37	2.12	1.95
4	石方运输（3m³ 装载装 15t 自卸车 洞内每增运 0.2km）	m³	0.67	0.65	0.63	0.56	0.52
5	石方运输（3m³ 装载机装 15t 自卸车 洞外每增运 0.5km）	m³	1.34	1.30	1.26	1.13	1.04
6	石方运输（3m³ 装载机装 20t 自卸车 明挖每增运 1km）	m³	2.53	2.46	2.38	2.13	1.96
7	石方运输（3m³ 装载机装 20t 自卸车 洞内每增运 0.2km）	m³	0.69	0.67	0.65	0.58	0.54
8	石方运输（3m³ 装载机装 20t 自卸车 洞外每增运 0.5km）	m³	1.32	1.28	1.24	1.11	1.02
9	混凝土运输（3m³ 搅拌车 洞外每增运 500m）	m³	3.32	3.22	3.12	2.80	2.57
10	混凝土运输（3m³ 搅拌车 洞内每增运 500m）	m³	4.18	4.06	3.93	3.52	3.24
11	混凝土运输（6m³ 搅拌车 洞外每增运 500m）	m³	3.24	3.14	3.04	2.72	2.50
12	混凝土运输（6m³ 搅拌车 洞内每增运 500m）	m³	4.13	4.00	3.87	3.47	3.19

20.2.3　岩石级别

典型方案工程单价石方开挖和锚杆钻孔岩石级别明挖按 IX～X 考虑，洞挖按 XI～XII 考虑，岩石级别升降调整一档时，在 18.3 节工程单价区间表中工程单价基础上，按表 20-8 调整系数计算。

表 20-8　　　　　岩石级别工程单价区间

编号	项目名称	IX～X / XI～XII	XI～XII / XIII～XIV	V～VIII/IX～X
1	石方明挖	1.00	1.16	0.92
2	石方洞挖断面＞40m²	1.00	1.09	0.91
3	石方洞挖 断面≤20m²	1.00	1.24	0.82
4	石方竖井开挖	1.00	1.29	0.82
5	锚杆	1.00	1.12	0.90

20.2.4　价格水平

实际方案与典型方案的工程单价价格水平不同时，价格水平可采用指数法或系数法其中任意一种方法进行调整。

（1）价格指数法。

价格指数法采用水电总院可再生能源定额站发布的价格指数，该价格指数每半年发布一次，可根据项目所在地区对工程单价分类别进行调整。价格指数查询可登录可再生能源工程造价信息网，查询网址：http://www.hydrocost.org.cn/price/priceIndex.jsp。

（2）系数法。

系数法是指对柴油、水泥、钢筋、炸药及沥青五种主要材料价格的调整系数，当五种材料预算价格浮动时，分别按表 20-9～表 20-13 中对应的工程单价类别调整系数计算，当变化幅度与表格数据不同时，可进行内插计算。如遇到多个主材变化，例：石方工程单价中柴油和水泥价格同时上浮时，需计算综合调整系数，综合调整系数按上浮材料的调整系数之和，减去调整系数个数加 1 计算。

表 20-9　　　　　柴油预算价格调整表

编号	项目名称	−20%	−10%	0%	+10%	+20%
1	土方工程	0.923	0.961	1.000	1.039	1.077
2	石方工程	0.960	0.980	1.000	1.020	1.040
3	堆石料填筑工程	0.929	0.964	1.000	1.035	1.071
4	砌石工程	0.976	0.988	1.000	1.012	1.024
5	混凝土工程	0.987	0.993	1.000	1.007	1.013
6	钢筋制作安装工程	0.999	0.999	1.000	1.001	1.001
7	基础处理工程	0.986	0.993	1.000	1.001	1.015
8	喷锚支护工程	0.990	0.995	1.000	1.005	1.010

表 20-10　水泥预算价格调整表

编号	项目名称	−20%	−10%	0%	+10%	+20%
1	土方工程	1.000	1.000	1.000	1.000	1.000
2	石方工程	1.000	1.000	1.000	1.000	1.000
3	堆石料填筑工程	1.000	1.000	1.000	1.000	1.000
4	砌石工程	0.958	0.979	1.000	1.021	1.042
5	混凝土工程	0.947	0.973	1.000	1.027	1.053
6	钢筋制作安装工程	1.000	1.000	1.000	1.000	1.000
7	基础处理工程	0.968	0.984	1.000	1.016	1.032
8	喷锚支护工程	0.994	0.997	1.000	1.003	1.006

注　1. 砌石工程中干砌石单价不调整。

　　2. 基础处理中灌浆类的钻孔单价不调整。

表 20-11　钢材预算价格调整表

编号	项目名称	−20%	−10%	0%	+10%	+20%
1	土方工程	1.000	1.000	1.000	1.000	1.000
2	石方工程	1.000	1.000	1.000	1.000	1.000
3	堆石料填筑工程	1.000	1.000	1.000	1.000	1.000
4	砌石工程	1.000	1.000	1.000	1.000	1.000
5	混凝土工程	1.000	1.000	1.000	1.000	1.000
6	钢筋制作安装工程	0.958	0.979	1.000	1.021	1.042
7	基础处理工程	1.000	1.000	1.000	1.000	1.000
8	喷锚支护工程	0.999	1.000	1.000	1.000	1.001

表 20-12　炸药预算价格调整表

编号	项目名称	−20%	−10%	0%	+10%	+20%
1	土方工程	1.000	1.000	1.000	1.000	1.000
2	石方工程	0.975	0.988	1.000	1.012	1.025
3	堆石料填筑工程	1.000	1.000	1.000	1.000	1.000
4	砌石工程	1.000	1.000	1.000	1.000	1.000
5	混凝土工程	1.000	1.000	1.000	1.000	1.000
6	钢筋制作安装工程	1.000	1.000	1.000	1.000	1.000
7	基础处理工程	1.000	1.000	1.000	1.000	1.000
8	喷锚支护工程	1.000	1.000	1.000	1.000	1.000

表 20-13　沥青预算价格调整表

编号	项目名称	−20%	−10%	0%	+10%	+20%
1	沥青心墙混凝土	0.852	0.926	1.000	1.074	1.148
2	沥青面板混凝土	0.894	0.947	1.000	1.053	1.106
3	铜止水	0.960	0.980	1.000	1.020	1.040
4	表层止水	0.980	0.990	1.000	1.010	1.020

20.2.5　项目地区

典型方案人工预算单价按一般地区选取，其他直接费取费按中南、华东地区考虑，人工预算单价和其他直接费取费地区不同时，在 18.3 节工程单价区间表中工程单价基础上，分别按表 20-14 和表 20-15 调整系数计算。

表 20-14　人工预算单价地区调整

编号	项目名称	一般地区	一类地区	二类地区	三类地区	四类地区
1	土方工程	1.00	1.01	1.02	1.04	1.05
2	石方工程	1.00	1.03	1.05	1.08	1.11
3	砌石工程	1.00	1.06	1.12	1.19	1.25
4	混凝土工程	1.00	1.02	1.04	1.07	1.09
5	钢筋制作安装工程	1.00	1.01	1.02	1.04	1.05
6	基础处理工程	1.00	1.04	1.08	1.12	1.16
7	喷锚支护工程	1.00	1.03	1.05	1.09	1.11

表 20-15　其他直接费地区调整

编号	项目名称	中南、华东	西南	华北	西北、东北、西藏
1	土方工程	1.000	1.005	1.009	1.023
2	石方工程	1.000	1.004	1.009	1.023
3	砌石工程	1.000	1.004	1.009	1.022
4	混凝土工程	1.000	1.004	1.009	1.022
5	钢筋制作安装工程	1.000	1.004	1.009	1.022
6	基础处理工程	1.000	1.005	1.009	1.023
7	喷锚支护工程	1.000	1.005	1.009	1.023

20.2.6 海拔高程

典型方案工程单价按高程 2000m 以下的一般地区考虑，项目海拔高程不同时，在 18.3 节工程单价区间表中工程单价基础上，按表 20-16 调整系数计算。

表 20-16 海拔高程调整系数

编号	项目名称	2000m 以内	2000～2500m	2500～3000m	3000～3500m	3500～4000m
1	土方工程	1.00	1.24	1.33	1.43	1.52
2	石方工程	1.00	1.13	1.18	1.23	1.29
3	砌石工程	1.00	1.08	1.12	1.16	1.19
4	混凝土工程	1.00	1.04	1.06	1.08	1.09

续表

编号	项目名称	2000m 以内	2000～2500m	2500～3000m	3000～3500m	3500～4000m
5	钢筋制作安装工程	1.00	1.01	1.02	1.03	1.03
6	基础处理工程	1.00	1.02	1.04	1.05	1.06
7	喷锚支护工程	1.00	1.03	1.05	1.07	1.08

20.2.7 综合调整

工程单价需要多个差异调整的情况，如：堆石料填筑单价，首先调整填筑料料源，然后调整运距变化，以调整后的工程单价作为其他调整系数的基数。对于多个系数同时调整的情况，综合调整系数按各调整系数之和，减去调整系数个数加 1 计算。

第 21 章 工 程 示 例

示例工程仅供参考，实际工程应做严格认真的分析。

21.1 单位造价指标

21.1.1 示例一

21.1.1.1 示例工程主要技术条件

某抽水蓄能电站位于河北省保定市境内，项目处于可行性研究阶段，装机规模 4×300MW，水库坝型为沥青面板堆石坝，主要建筑物为水库大坝工程，工程特征详见表 21-1。电站水库坝顶高程 638.50m，石方明挖岩石级别为Ⅸ～Ⅹ，洞室岩石级别为Ⅺ～Ⅻ，价格水平为 2017 年下半年。

表 21-1 示例一主要技术条件

编号	项目名称	单位	数量
一	水库工程		
	水库特征		
	总库容	万 m³	882.5
	正常蓄水位	m	636
二	动能特性	MW/台	1200/4
三	主要建筑物		
	主要坝型		沥青面板堆石坝

续表

编号	项目名称	单位	数量
	防渗形式		面板防渗为主
	地震烈度		Ⅶ度
	设计防洪标准		200 年一遇
	最大坝高	m	87.5
	坝轴线长度	m	458
	坝顶宽	m	10
	上、下游坡比		上游坝坡为 1:1.75，下游坝坡为 1:1.5

21.1.1.2 方案选择与造价调整

（1）方案选择。

示例工程水库坝型为沥青面板堆石坝，开挖量为 966 万 m³，填筑（浇筑）方量为 634 万 m³，排水廊道混凝土方量为 14332m³，环库公路，公路宽 10.0m，混凝土路面厚 20cm，环库公路长 2148m。对比 18.2 节单位造价指标汇总表，因其地质条件好，坝型指标与通用造价典型方案一的相同，环库公路指标与方案十的相同，选择通用造价典型方案一中水库开挖指标、大坝填筑指标、排水廊道指标，方案十的环库公路指标作为基础方案。各二级项目单位造价指标选取和造价计算见表 21-2。

表 21-2 示例一二级项目单位造价指标选取和造价计算

序号	项目名称	通用造价指标				示例工程		
		单位	造价指标	典型方案	指标来源	计算式	投资（万元）	二级项目特征
				二级项目特征				
1	水库开挖工程	元/m³	37.49	沥青混凝土面板堆石坝，最大坝高117.4m，坝轴线长580m，坝顶宽10m，上游坡比1：1.7，下游坡比1：1.5	方案一	开挖体积966万m³×37.49元/m³	36215	沥青面板堆石坝，最大坝高87.5m，坝顶宽10m，上游坝坡为1：1.75，下游坝坡为1：1.5
	大坝填筑工程	元/m³	48.22		方案一	填筑体积634万m³×48.22元/m³	30571	
	排水廊道	元/m³	1001.53	城门洞形断面1.5×2m	方案一	排水廊道混凝土14332m³×1001.53元/m³	1435	城门洞形断面1.5×2m
	环库公路工程	元/m	1371.57	公路宽10.0m，混凝土路面级配C25厚20cm，碎石垫层厚30cm	方案十	2148m×1371.57元/m	295	公路宽10.0m，混凝土路面厚20cm
	合计						68517	

（2）调整系数。

a. 岩石级别差异：示例实际工程方案岩性流纹岩、熔岩角砾岩，岩石级别为明挖为Ⅸ～Ⅹ洞挖为Ⅺ～Ⅻ，与通用造价典型方案岩石级别相同，不需调整。

b. 价格水平不同：按价格指数的权重法计算。示例实际工程价格水平期价格为2017年下半年，按20.1.4节方法计算所得综合调整系数为0.9223。

c. 项目地区差异：示例实际工程方案属华北地区，项目地区差异调整系数按20.1.5节方法计取，选择典型方案二调整系数为1.009。

d. 海拔高程：示例实际工程方案水库坝顶高程638.5m，海拔高程调整系数按20.1.6节方法计取，选择典型方案二调整系数1.0。

e. 设计阶段调整：项目处于可行性研究阶段，设计阶段调整系数按20.1.7节方法计取，选择调整系数1.0。

综合调整系数为：1+0.9223+1.009+1.0+1.0-4=0.9313

（3）实际方案造价

实际方案造价为调整后的基本方案造价乘以综合调整系数，经计算为68517×0.9313=63810万元。

21.1.2 示例二

21.1.2.1 示例工程主要技术条件

某抽水蓄能电站位于内蒙古东部赤峰市境内，项目处于可行性研究阶段，装机规模4×300MW，水库坝型为沥青混凝土心墙坝，主要建筑物为水库大坝工程，工程特征详见表21-3。电站水库坝顶高程1599.00m，石方明挖岩石级别为Ⅸ～Ⅹ，洞室岩石级别为Ⅺ～Ⅻ，价格水平为2016年下半年。

表 21-3 示例二主要技术条件

编号	项目名称	单位	数量
	水库工程		
一	水库特征		
	总库容	万m³	1160.00
	正常蓄水位	m	1129.00
二	动能特性	MW/台	1200/4
三	主要建筑物		
	主要坝型		沥青混凝土心墙坝
	防渗形式		
	地震烈度		Ⅵ度
	设计防洪标准		200年一遇
	最大坝高	m	27.00
	坝轴线长度	m	529.00
	坝顶宽	m	10.00
	上、下游坡比		上游坝坡采用1：2；下游坝坡采用1：2

21.1.2.2 方案选择与造价调整

（1）方案选择。

示例工程水库拦沙坝及拦河坝坝型为沥青混凝土心墙坝，开挖量分别为766005m³、475916m³，填筑（浇筑）方量分别为 70 万 m³、88 万 m³，对比18.2 节单位造价指标汇总表，其坝型指标与通用造价典型方案三的相同，选择通用造价典型方案三挡水指标中坝体开挖和填筑（浇筑）体积为基础方案。

（2）二级项目构成调整。

对比实际工程与典型方案三建筑物构成，示例实际工程增加了放空洞工程，增加的放空洞项目围岩类别，断面与典型方案四工程中放空洞类似，根据18.2 节单位造价指标汇总表选择典型方案四放空洞工程单位造价指标作为实际工程单位造价指标计算。

（3）二级项目单位造价指标选择和造价计算。

对比示例实际工程与18.2 节单位造价指标汇总表中典型方案四二级项目围岩条件，放空洞选择典型方案四放空洞工程单位造价指标作为实际工程单位造价指标，挡水采用典型方案三坝体开挖和填筑（浇筑）体积单位造价指标作为实际工程二级项目单位造价指标。各二级项目单位造价指标选取和造价计算见表2-4。

表 21-4 示例二二级项目单位造价指标选取和造价计算

序号	项目名称	通用造价指标				示例工程		
		单位	造价指标	典型方案 二级项目特征	指标来源	计算式	投资（万元）	二级项目特征
1	拦沙坝	元/m³	35.82	沥青混凝土心墙堆石坝，心墙厚度为 0.7～1.5m，最大坝高54m，坝顶宽 8m，上游坡比1：2，下游坡比 1：2.5	方案三	坝体开挖 76605m³ × 35.82 元/m³	274	沥青混凝土心墙堆石坝，心墙厚度为 0.5～1.5m，最大坝高27m，坝顶宽10m，上游坝坡采用 1：2，下游坝坡采用1：2
		元/m³	49.98		方案三	填筑体积 70 万 m³ × 49.98 元/m³	3499	
2	拦河坝	元/m³	35.82		方案三	坝体开挖 475916m³ × 35.82 元/m³	1705	
		元/m³	49.98		方案三	填筑体积 88 万 m³ × 49.98 元/m³	4398	
3	放空洞	元/m	47851.9	断面 3.5×5m，Ⅲ类围岩	方案四	386.45m×47851.9 元/m	1849	断面 1.8×2.4m，Ⅲ类围岩
	合 计						11725	

（4）调整系数。

a. 岩石级别差异：示例实际工程方案岩性流纹岩、熔岩角砾岩，岩石级别为明挖Ⅸ～Ⅹ洞挖为Ⅺ～Ⅻ，与通用造价典型方案岩石级别相同，不需调整。

b. 价格水平不同：按价格指数的权重法计算。示例实际工程价格水平期价格为 2016 年下半年，按 20.1.4 节方法计算所得综合调整系数为 0.9993。

c. 项目地区差异：示例实际工程方案属华北地区，项目地区差异调整系数按 20.1.5 节方法计取，选择典型方案三调整系数为 1.009。

d. 海拔高程：示例实际工程方案水库坝顶高程 1599.0m，海拔高程调整系数按 20.1.6 节方法计取，选择典型方案三调整系数 1.0。

e. 设计阶段调整：项目处于可行性研究阶段，设计阶段调整系数按20.1.7 节方法计取，选择调整系数 1.0。

综合调整系数为：1＋1.009＋0.9993＋1.0＋1.0-4＝1.0083

（5）实际方案造价。

实际方案造价为调整后的基本方案造价乘以综合调整系数，经计算为11725×1.0083＝11823 万元。

21.1.3 示例三

21.1.3.1 示例工程主要技术条件

某抽水蓄能电站位于河南省南阳市境内，项目处于可行性研究阶段，装机规模 4×300MW，水库坝型为面板堆石坝，主要建筑物为水库大坝工程、溢洪道工程、泄洪洞工程，工程特征详见表 21-5。电站水库坝顶高程 540.60m，石方明挖岩石级别为Ⅸ～Ⅹ，洞室岩石级别为Ⅺ～Ⅻ，价格水平为 2011 年一季度。

表 21-5   **示例三主要技术条件**

编号	项目名称	单位	数量
	水库工程		
一	水库特征		
	总库容	万 m³	1784.66
	正常蓄水位	m	537.50
二	动能特性	MW/台	1200/4
三	主要建筑物		
	主要坝型		混凝土面板堆石坝
	防渗形式		垂直防渗（防渗帷幕）
	地震烈度		Ⅵ度
	设计防洪标准		200 年一遇
	最大坝高	m	100.60
	坝轴线长度	m	294.65
	坝顶宽	m	10.00
	上、下游坡比		上游坡比 1:1.4，下游综合坡比 1:1.55

21.1.3.2 方案选择与造价调整

（1）方案选择。

示例实际工程水库坝型为面板堆石坝，对比 18.2 节单位造价指标汇总表，其主要技术条件与通用造价典型方案十挡水工程中坝体开挖和填筑（浇筑）体积单位造价指标相同，选择通用造价典型方案十挡水工程中坝体开挖和填筑（浇筑）体积单位造价指标为基础方案。

（2）二级项目构成调整。

对比实际工程，实际工程增加了溢洪道工程、泄洪洞工程。增加项目溢洪道类别与典型方案四溢洪道类似，选择典型方案四溢洪道单位造价指标作为实际工程单位造价指标，增加项目泄洪洞围堰类别及断面尺寸与典型方案九泄洪洞类似，选择典型方案九泄洪洞单位造价指标作为实际工程单位造价指标，根据 18.2 节单位造价指标汇总表溢洪道单位造价指标为 889.26 元/m³，实际工程溢洪道混凝土量为 41378m³，经计算溢洪道投资为 3680 万元；泄洪洞单位造价指标为 69314.4 元/m，实际工程泄洪洞长度为 263.98m，经计算泄洪洞投资为 1830 万元。

（3）二级项目单位造价指标选择和造价计算。

对比示例实际工程与 18.2 节单位造价指标汇总表中典型方案九二级项目围岩条件，泄洪洞选择典型方案九泄洪洞工程单位造价指标作为实际工程单位造价指标，挡水采用典型方案十挡水工程中坝体开挖和填筑（浇筑）体积单位造价指标作为实际工程二级项目单位造价指标。各二级项目单位造价指标选取和造价计算见表 21-6。

表 21-6   **示例三二级项目单位造价指标选取和造价计算**

序号	项目名称	通用造价指标		典型方案 二级项目特征	示例工程			
		单位	造价指标		指标来源	计算式	投资（万元）	二级项目特征
1	挡水大坝工程	元/m³	38.95	面板堆石坝，最大坝高 118.4m，坝顶宽 10m，上游坡比 1:1.4，下游综合坡比 1:1.5	方案十	大坝开挖体积 348922m³×38.95 元/m³	1359	面板堆石坝，最大坝高 100.60m，坝顶宽 10m，上游坡比 1:1.4，下游综合坡比 1:1.55
		元/m³	49.67		方案十	填筑体积 163 万 m³×49.67 元/m³	8096	
2	挡水库盆工程	元/m³	38.95		方案十	库盆开挖体积 2009220m³×38.95 元/m³	7826	

序号	项目名称	通用造价指标					示例工程		
		单位	造价指标	典型方案		指标来源	计算式	投资（万元）	二级项目特征
				二级项目特征					
3	溢洪道	元/m³	889.26	有闸门自由溢流式，WES 实用堰长度 320m，4m 宽，挑流消能		方案四	溢洪道混凝土 41378m³× 889.26 元/m³	3680	有闸门溢流式，WES 实用堰
4	泄洪洞	元/m	69314.4	断面 3.5×4.0m，Ⅳ类围岩		方案九	263.98m×69314.4 元/m	1830	断面 3×4/3×5.4，Ⅳ类围岩
	合计							22791	

（4）调整系数。

a. 岩石级别：调整系数示例实际工程，岩石级别为明挖为Ⅸ～Ⅹ洞挖为Ⅺ～Ⅻ，与通用造价典型方案岩石级别相同，不需调整。

b. 价格水平不同：按价格指数的权重法计算。示例实际工程价格水平为 2011 年一季度，按 20.1.4 节方法计算所得综合调整系数为 1.0222。

c. 项目地区差异：示例项目地处中南，项目地区差异调整系数按 20.1.5 节方法计取，选择典型方案调整系数 1。

d. 海拔高程：项目水库坝顶高程 504.6m，海拔高程调整系数按 20.1.6 节方法计取，选择典型方案调整系数 1。

e. 设计阶段调整：项目处于可行性研究阶段，设计阶段调整系数按 20.1.7 节方法计取，选择典型方案调整系数 1。

综合调整系数为：$1+1+1.0222+1+1-4=1.0222$

（5）实际方案造价。

实际方案造价为调整后的基本方案造价乘以综合调整系数，经计算为 $22791×1.0222=23296$ 万元。

21.2 工程单价

21.2.1 示例一

21.2.1.1 示例工程主要技术条件

某抽水蓄能电站位于内蒙古东部赤峰市境内，项目处于可行性研究阶段，装机规模 4×300MW，水库坝型为沥青面板堆石坝，库盆采用全库沥青混凝土筒式面板防渗形式，全库盆开挖、周圈填筑堆石坝方式兴建。主要建筑物为水库大坝工程，电站水库坝顶高程 1599.00m，石方明挖岩石级别为Ⅸ～Ⅹ，

洞室岩石级别为Ⅺ～Ⅻ，价格水平为 2016 年下半年，主要技术条件详见表 21-7。

表 21-7 示例一主要技术条件

编号	项目名称	单位	数量
	水库工程		
一	水库特征		
	总库容	万 m³	727.00
	正常蓄水位	m	1595.00
二	动能特性	MW/台	1200/4
三	主要建筑物		
	主要坝型		沥青面板堆石坝
	防渗形式		面板防渗为主
	最大坝高	m	73.00
	坝轴线长度	m	1918.00
	坝顶宽	m	10.00
	上、下游坡比		上游坡比 1:1.75，下游坡比 1:2 和 1:1.5

21.2.1.2 工程单价选择与调整

（1）项目阶段选择。

示例工程为可行性研究报告设计概算，对应通用造价第 18 章工程单价中项目阶段，选择概算水平下的工程单价进行目标单价的测算。

（2）石方开挖工程单价调整。

a. 基础单价选择。

示例工程大坝石方开挖采用 YQ-150 型潜孔钻钻孔，梯段爆破，3m³挖掘机装 15～20t 自卸汽车出渣。

对比表 18.3 节主要工程单价表，其特征及施工方法与第 9 项石方明挖大坝工程单价基本相同，选择概算水平单价 43.23 元/m³ 作为基础单价。

b. 运距调整。

示例工程石方开挖石渣运距为 1km，上项选择的基础单价石渣运距为 1.5km，根据表 20-7 运距调整工程单价区间表第 3 项"石方运输（3m³ 装载机装 15t 自卸车 明挖每增运 1km），概算水平为 2.52 元/m³"，调整后单价为

43.23−2.52/2＝41.97 元/m³。

c. 调整系数。

根据项目所处阶段，以 20.2 节工程单价区间表为基础，合理选择岩石级别、价格水平、项目地区、海拔高程等影响工程单价的主要因素，形成目标单价。调整系数计算详见表 21-8。其中，价格水平根据水电水利规划设计总院发布的价格指数，选取示例项目所处区域的价格指数（定基）计算。

表 21-8 石方开挖工程单价调整系数计算

序号	调价因素	通用造价工程特征	示例工程特征	采用参数来源及计算式	选定参数
1	岩石级别差异	Ⅸ～Ⅹ级	Ⅺ～Ⅻ级	按表 20-8 岩石级别工程单价区间	1.16
2	价格水平不同	2019 年四季度	2016 年下半年	价格指数查询"可再生能源工程造价信息网"	0.94
3	项目地区差异				
3.1	人工预算单价地区调整	一般地区	位于内蒙古自治区克什克腾旗芝瑞镇境内，属二类工资区	按表 20-14 人工预算单价地区调整	1.05
3.2	其他直接费地区调整	中南、华东地区	属华北地区	按表 20-15 其他直接费地区调整	1.009
4	海拔高程	2000m 以下	2000m 以下	按表 20-16 海拔高程调整系数	1
	综合调整系数			各调整系数之和，减去调整系数个数加 1	1.159

d. 调整后的工程单价。

石方开挖工程单价＝41.97×1.159 ＝48.64

21.2.2 示例二

21.2.2.1 示例工程主要技术条件

某抽水蓄能电站位于内蒙古东部赤峰市境内，项目处于可行性研究阶段，装机规模 4×300MW，水库坝型为沥青面板堆石坝，库盆采用全库沥青混凝土简式面板防渗形式，全库盆开挖、周圈填筑堆石坝方式兴建。主要建筑物为水库大坝工程，电站水库坝顶高程 1599.00m，石方明挖岩石级别为Ⅸ～Ⅹ，洞室岩石级别为Ⅺ～Ⅻ，价格水平为 2016 年下半年，主要技术条件详见表 21-9。

表 21-9 示例二主要技术条件

编号	项目名称	单位	数量
	水库工程		
一	水库特征		
	总库容	万 m³	727.00
	正常蓄水位	m	1595.00
二	动能特性	MW/台	1200/4

续表

编号	项目名称	单位	数量
三	主要建筑物		
	主要坝型		沥青面板堆石坝
	防渗形式		面板防渗为主
	最大坝高	m	73.00
	坝轴线长度	m	1918.00
	坝顶宽	m	10.00
	上、下游坡比		上游坡比1：1.75，下游坡比1：2 和 1：1.5

21.2.2.2 工程单价选择与调整

（1）项目阶段选择。

示例工程为可行性研究报告设计概算，对应通用造价第 18 章工程单价中项目阶段，选择概算水平下的工程单价进行目标单价的测算。

工程单价调整

（2）坝体堆石填筑工程单价调整。

a. 基础单价选择。

上水库坝体总填筑量 467.94 万 m³，坝体填筑最大高差为 73m。坝体填筑

采取自下而上逐层上升。坝体填筑采用水库库外石料场开挖料，3m³挖掘机挖装20～25t自卸汽车运输。

对比表18.3节主要工程单价汇总表，其特征及施工方法与通用造价中堆石料填筑单价均不相同，故基础单价需采用通用造价第20.2章填筑料料源调整方法确定。

b. 填筑料料源。

示例工程填筑料料源为水库库外石料场开挖料，3m³挖掘机挖装20～25t自卸汽车运输，运距4.5km。根据表20-6填筑料料源表选择第1、6及7项计算：

基础单价＝17.72＋27.53＋2.26/2＝46.38

c. 调整系数。

根据项目所处阶段，以20.2节工程单价区间表为基础，合理选择岩石级别、价格水平、项目地区、海拔高程等影响工程单价的主要因素，形成目标单价。调整系数计算详见表21-10。其中，价格水平根据水电水利规划设计总院发布的价格指数，选取示例项目所处区域的价格指数（定基）计算。

表 21-10 坝体填筑工程单价调整系数计算

序号	调价因素	通用造价工程特征	示例工程特征	采用参数来源及计算式	选定参数
1	价格水平不同	2019年四季度	2016年下半年	价格指数查询"可再生能源工程造价信息网"	0.94
2	项目地区差异				
2.1	人工预算单价地区调整	一般地区	位于内蒙古自治区克什克腾旗芝瑞镇境内，属二类工资区	按表20-14人工预算单价地区调整	1.05
2.2	其他直接费地区调整	中南、华东地区	属华北地区	按表20-15其他直接费地区调整	1.009
3	海拔高程	2000m以下	2000m以下	按表20-16海拔高程调整系数	1
	综合调整系数			各调整系数之和，减去调整系数个数加1	0.999

d. 调整后工程单价。

坝体堆石填筑工程单价＝46.38×0.999＝46.33

21.2.3 示例三

21.2.3.1 堆石填筑料料源不同情况下单价的选择

以下示例中列举实际中可能出现的四种堆石料料源的组合情况：

（1）示例工程可研概算阶段填筑料料源40%为水库库外石料场开挖料，3m³挖掘机挖装20～25t自卸汽车运输，运距4.5km。60%为渣场回采开挖料，3m³挖掘机挖装20～25t自卸汽车运输，运距1km。根据表20-6填筑料料源表选择第1、3、6及7项计算：

基础单价＝（17.72＋27.53＋2.26/2）×0.4＋19.63×0.6＝30.33

（2）示例工程可研概算阶段填筑料料源40%为水库库外石料场开挖料，3m³挖掘机挖装20～25t自卸汽车运输，运距4.5km，60%为开挖料直接上坝（运距已包含在石方开挖单价中）。根据表20-6填筑料料源表选择第1、2、6及7项计算：

基础单价＝（17.72＋27.53＋2.26/2）×0.4＋2.66×0.6＝20.15

（3）示例工程可研概算阶段填筑料料源40%为渣场回采开挖料，3m³挖掘机挖装20～25t自卸汽车运输，运距2.5km，60%为开挖料直接上坝（运距已包

含在石方开挖单价中），根据表20-6填筑料料源表选择第2、4及5项计算：

基础单价＝（22.2/2＋24.84/2）×0.4＋2.66×0.6＝11.00

（4）示例工程可研概算阶段填筑料料源40%为渣场回采开挖料，3m³挖掘机挖装20～25t自卸汽车运输，运距1km，40%为开挖料直接上坝（运距已包含在石方开挖单价中），20%为水库库外石料场开挖料，3m³挖掘机挖装20～25t自卸汽车运输，运距4.5km。根据表20-6填筑料料源表选择第1、2、3、6及7项计算：

基础单价＝（17.72＋27.53＋2.26/2）×0.2＋19.63×0.4＋2.66×0.4＝18.19

21.2.4 示例四

21.2.4.1 示例工程主要技术条件

某抽水蓄能电站位于内蒙古东部赤峰市境内，项目处于可行性研究阶段，装机规模4×300MW，水库坝型为沥青面板堆石坝，库盆采用全库沥青混凝土简式面板防渗形式，全库盆开挖、周圈填筑堆石坝方式兴建。主要建筑物为水库大坝工程，电站水库坝顶高程1599.00m，石方明挖岩石级别为Ⅸ～Ⅹ，洞室岩石级别为Ⅺ～Ⅻ，价格水平为2016年下半年，主要技术条件详见表21-11。

表 21-11 示例四主要技术条件

编号	项目名称	单位	数量
	水库工程		
一	水库特征		
	总库容	万 m^3	727.00
	正常蓄水位	m	1595.00
二	动能特性	MW/台	1200/4
三	主要建筑物		
	主要坝型		沥青面板堆石坝
	防渗形式		面板防渗为主
	最大坝高	m	73.00
	坝轴线长度	m	1918.00
	坝顶宽	m	10.00
	上、下游坡比		上游坡比 1 : 1.75，下游坡比 1 : 2 和 1 : 1.5

21.2.4.2 工程单价选择与调整

（1）项目阶段选择。

示例工程为可行性研究报告设计概算，对应通用造价第 18 章工程单价中项目阶段，选择概算水平下的工程单价进行目标单价的测算。

（2）石方开挖工程单价调整。

a. 基础单价选择。

示例工程大坝石方开挖采用 YQ-150 型潜孔钻钻孔，梯段爆破，3m^3 挖掘机装 15～20t 自卸汽车出渣。

对比表 18.3 节主要工程单价表，其特征及施工方法与第 9 项石方明挖大坝工程单价基本相同，选择概算水平单价 43.23 元/m^3 作为基础单价。

b. 运距调整。

示例工程石方开挖石渣运距为 1km，上项选择的基础单价石渣运距为 1.5km，根据表 20-7 运距调整工程单价区间表第 3 项"石方运输（3m^3 装载机装 15t 自卸车 明挖每增运 1km），概算水平为 2.52 元/m^3"，调整后单价为 43.23－2.52/2＝41.97 元/m^3。

c. 价格水平调整。

价格水平示例工程为 2016 年下半年，通用造价为 2019 年四季度，见表 21-12。

表 21-12 主要材料预算价格表

序号	材料名称	单位	预算价格 通用造价	预算价格 示例工程	差值
1	钢筋（综合）	元/t	4047	3112.53	－934.47
2	普通硅酸盐水泥 42.5	元/t	503	396.57	－106.43
3	柴油（综合）	元/t	7076	6060.04	－1015.96
4	岩石乳化炸药	元/t	10751	9430.51	－1320.49

d. 调整系数。

根据项目所处阶段，以 20.2 节工程单价区间表为基础，合理选择岩石级别、价格水平、项目地区、海拔高程等影响工程单价的主要因素，形成目标单价。调整系数计算详见表 21-13。其中，价格水平根据水电水利规划设计总院发布的价格指数，选取示例项目所处区域的价格指数（定基）计算。

表 21-13 石方开挖工程单价调整系数计算

序号	调价因素	通用造价工程特征	示例工程特征	采用参数来源及计算式	选定参数
1	岩石级别差异	Ⅸ～Ⅹ级	Ⅺ～Ⅻ级	按表 20-8 岩石级别工程单价区间	1.16
2	价格水平不同	柴油预算单价 7076 元/t，乳化炸药预算单价 10751 元/t	柴油预算单价 6060 元/t，乳化炸药预算单价 9431 元/t	按表 20-9、表 20-12 价格系数调整法内插调整	0.957
3	项目地区差异				
3.1	人工预算单价地区调整	一般地区	位于内蒙古自治区克什克腾旗芝瑞镇境内，属二类工资区	按表 20-14 人工预算单价地区调整	1.05
3.2	其他直接费地区调整	中南、华东地区	属华北地区	按表 20-15 其他直接费地区调整	1.009
4	海拔高程	2000m 以下	2000m 以下	按表 20-16 海拔高程调整系数	1
	综合调整系数			各调整系数之和，减去调整系数个数加 1	1.176

e. 调整后的工程单价。

石方开挖工程单价＝41.97×1.176 ＝49.36 元

附录 单价分析表

1. 大坝土方开挖 1.5km

建 筑 工 程 单 价 表

项目：大坝土方开挖 1.5km

定额编号：10253×1，10598×0.5，10597×0.5　　　　定额单位：100m³

施工方法：118kW 推土机剥离集料，3m³ 装载机装土，15t 自卸出渣，运距1.5km。

单价：14.57元　　　　　　　　　　　　　　　　　　单位：m³

编号	名称及规格	单位	数量	单价（元）	合价（元）
一	直接费				1102.27
1	基本直接费				1032.57
(1)	人工费				18.14
	普工	工时	3.70	4.90	18.13
(2)	材料费				43.00
	零星材料费	元	43.00	1.00	43.00
(3)	机械使用费				971.43
	轮式装载机 3m³	台时	0.65	216.58	140.78
	推土机功率 74kW	台时	0.22	133.91	29.46
	推土机功率 118kW	台时	1.13	199.28	225.19
	自卸汽车柴油型 15t	台时	3.40	168.78	573.01
	其他机械使用费	元	3.00	1.00	3.00
2	其他直接费	%	6.75		69.70
二	间接费	%	13.30		146.60
三	利润	%	7.00		87.42
四	价差	元			
五	税金	%	9.00		120.27
	合计				1456.56

2. 大坝土方开挖 1.69km（大坝库盆综合）

建 筑 工 程 单 价 表

项目：大坝土方开挖 1.69km（综合）

定额编号：10253×1，10598×0.69，10597×0.31　　　　定额单位：100m³

施工方法：118kW 推土机剥离集料，3m³ 装载机装土，15t 自卸出渣，运距1.69km。

单价：14.96元　　　　　　　　　　　　　　　　　　单位：m³

编号	名称及规格	单位	数量	单价（元）	合价（元）
一	直接费				1132.04

续表

编号	名称及规格	单位	数量	单价（元）	合价（元）
1	基本直接费				1060.46
(1)	人工费				18.13
	普工	工时	3.70	4.90	18.13
(2)	材料费				43.00
	零星材料费	元	43.00	1.00	43.00
(3)	机械使用费				999.33
	轮式装载机 3m³	台时	0.65	216.58	140.78
	推土机功率 74kW	台时	0.22	133.91	29.46
	推土机功率 118kW	台时	1.13	199.28	225.19
	自卸汽车柴油型 15t	台时	3.56	168.78	600.91
	其他机械使用费	元	3.00	1.00	3.00
2	其他直接费	%	6.75		71.58
二	间接费	%	13.30		150.56
三	利润	%	7.00		89.78
四	价差	元			
五	税金	%	9.00		123.51
	合计				1495.90

3. 库盆/库区防护土方开挖 2km

建 筑 工 程 单 价 表

项目：库盆/库区防护土方开挖 2km

定额编号：10253×1，10616×1　　　　定额单位：100m³

施工方法：118kW 推土机剥离集料，4m³ 装载机装土，32t 自卸出渣，运距 2km 挖装。

单价：20.52元　　　　　　　　　　　　　　　　　　单位：m³

编号	名称及规格	单位	数量	单价（元）	合价（元）
一	直接费				1552.53
1	基本直接费				1454.36
(1)	人工费				15.68

编号	名称及规格	单位	数量	单价（元）	合价（元）
	普工	工时	3.20	4.90	15.68
（2）	材料费				43.00
	零星材料费	元	43.00	1.00	43.00
（3）	机械使用费				1395.68
	轮式装载机 4m³	台时	0.53	448.72	237.82
	推土机功率 88kW	台时	0.18	157.89	28.42
	推土机功率 118kW	台时	1.13	199.28	225.19
	自卸汽车柴油型 32t	台时	2.19	411.53	901.25
	其他机械使用费	元	3.00	1.00	3.00
2	其他直接费	％	6.75		98.17
二	间接费	％	13.30		206.49
三	利润	％	7.00		123.13
四	价差	元			
五	税金	％	9.00		169.39
	合计				2051.54

4. 溢洪道土方开挖 2km

建 筑 工 程 单 价 表

项目：溢洪道土方开挖 2km

定额编号：10253×1，10616×0，10598×1　　　　定额单位：100m³

施工方法：118kW 推土机剥离集料，3m³ 装载机装土，15t 自卸出渣，运距 2km。

单价：15.60 元　　　　　　　　　　　　　　　　单位：m³

编号	名称及规格	单位	数量	单价（元）	合价（元）
一	直接费				1180.64
1	基本直接费				1105.99
（1）	人工费				18.13
	普工	工时	3.70	4.90	18.13
（2）	材料费				43.00
	零星材料费	元	43.00	1.00	43.00
（3）	机械使用费				1044.86
	轮式装载机 3m³	台时	0.65	216.58	140.78
	轮式装载机 4m³	台时		448.72	
	推土机功率 74kW	台时	0.22	133.91	29.46

编号	名称及规格	单位	数量	单价（元）	合价（元）
	推土机功率 88kW	台时		157.89	
	推土机功率 118kW	台时	1.13	199.28	225.19
	自卸汽车柴油型 15t	台时	3.83	168.78	646.43
	其他机械使用费	元	3.00	1.00	3.00
2	其他直接费	％	6.75		74.65
二	间接费	％	13.30		157.03
三	利润	％	7.00		93.64
四	价差	元			
五	税金	％	9.00		128.82
	合计				1560.12

5. 库岸防护清理土方

建 筑 工 程 单 价 表

项目：库岸防护清理土方

定额编号：10397×1　　　　　　　　　　　　　定额单位：100m³

施工方法：4m³ 挖掘机装土，32t 自卸出渣，运距 2km。

单价：13.51 元　　　　　　　　　　　　　　　　单位：m³

编号	名称及规格	单位	数量	单价（元）	合价（元）
一	直接费				1022.02
1	基本直接费				957.40
（1）	人工费				3.92
	普工	工时	0.80	4.90	3.92
（2）	材料费				30.00
	零星材料费	元	30.00	1.00	30.00
（3）	机械使用费				923.48
	单斗挖掘机液压 4.2m³	台时	0.26	690.17	179.44
	推土机功率 88kW	台时	0.08	157.89	12.63
	自卸汽车柴油型 32t	台时	1.77	411.53	728.41
	其他机械使用费	元	3.00	1.00	3.00
2	其他直接费	％	6.75		64.62
二	间接费	％	13.30		135.93
三	利润	％	7.00		81.06
四	价差	元			
五	税金	％	9.00		111.51
	合计				1350.52

6. 粉煤灰铺盖

建 筑 工 程 单 价 表

项目：粉煤灰铺盖

定额编号：10016×1　　　　　　　　　　　定额单位：100m³

施工方法：人工推胶轮车运输50m。

单价：308.19元　　　　　　　　　　　　　单位：m³

编号	名称及规格	单位	数量	单价（元）	合价（元）
一	直接费				23323.03
1	基本直接费				21848.27
(1)	人工费				602.70
	普工	工时	123.00	4.90	602.70
(2)	材料费				21215.00
	粉煤灰	kg	106000.00	0.20	21200.00
	零星材料费	元	15.00	1.00	15.00
(3)	机械使用费				30.57
	胶轮车	台时	57.68	0.53	30.57
2	其他直接费	%	6.75		1474.76
二	间接费	%	13.30		3101.96
三	利润	%	7.00		1849.75
四	价差	元			
五	税金	%	9.00		2544.73
	合计				30819.47

7. 黏土铺盖

建 筑 工 程 单 价 表

项目：黏土铺盖

定额编号：10747×1　　　　　　　　　　　定额单位：100m³

施工方法：推平碾压刨毛补边夯削坡及坝面各种辅助工作。

单价：58.01元　　　　　　　　　　　　　单位：m³

编号	名称及规格	单位	数量	单价（元）	合价（元）
一	直接费				4390.23
1	基本直接费				4112.63
(1)	人工费				131.51

续表

编号	名称及规格	单位	数量	单价（元）	合价（元）
	熟练工	工时	1.00	7.61	7.61
	半熟练工	工时	6.00	5.95	35.70
	普工	工时	18.00	4.90	88.20
(2)	材料费				3655.00
	黏土	m³	125.00	29.00	3625.00
	零星材料费	元	30.00	1.00	30.00
(3)	机械使用费				326.12
	推土机功率 74kW	台时	0.50	133.91	66.96
	蛙式夯实机功率 2.8kW	台时	0.90	15.78	14.20
	刨毛机	组时	0.50	109.59	54.80
	打夯机 1m³	组时	1.08	164.04	177.16
	其他机械使用费	元	13.00	1.00	13.00
2	其他直接费	%	6.75		277.60
二	间接费	%	13.30		583.90
三	利润	%	7.00		348.19
四	价差	元			
五	税金	%	9.00		479.01
	合计				5801.33

8. 粉土回填

建 筑 工 程 单 价 表

项目：粉土回填

定额编号：10766×1　　　　　　　　　　　定额单位：100m³

施工方法：推平碾压刨毛补边夯削坡及坝面各种辅助工作。

单价：12.57元　　　　　　　　　　　　　单位：m³

编号	名称及规格	单位	数量	单价（元）	合价（元）
一	直接费				951.53
1	基本直接费				891.36
(1)	人工费				436.10
	普工	工时	89.00	4.90	436.10
(2)	材料费				15.00
	零星材料费	元	15.00	1.00	15.00

编号	名称及规格	单位	数量	单价（元）	合价（元）
（3）	机械使用费				440.26
	蛙式夯实机功率2.8kW	台时	27.90	15.78	440.26
2	其他直接费	％	6.75		60.17
二	间接费	％	13.30		126.55
三	利润	％	7.00		75.47
四	价差	元			
五	税金	％	9.00		103.82
	合计				1257.36

9. 石方明挖大坝工程

建 筑 工 程 单 价 表

项目：石方明挖大坝工程

定额编号：20288×0.4，20058×0.6　　　　　定额单位：100m³

施工方法：40％基础石方开挖，60％一般石方开挖，采用 YQ-150 型潜孔钻机钻爆，推土机集渣，用 3m³ 挖掘机装 20t 自卸汽车运输出渣，运距 1.5km。

单价：43.23 元　　　　　　　　　　　　　　单位：m³

编号	名称及规格	单位	数量	单价（元）	合价（元）
一	直接费				2869.56
1	基本直接费				2688.11
（1）	人工费				425.67
	高级熟练工	工时	1.40	10.26	14.36
	熟练工	工时	11.20	7.61	85.23
	半熟练工	工时	12.80	5.95	76.16
	普工	工时	51.00	4.90	249.90
（2）	材料费				667.14
	乳化炸药	kg	52.63	6.80	357.90
	非电毫秒雷管	发	34.40	2.26	77.74
	电雷管	发	9.26	1.87	17.31
	导爆管	m	46.40	0.88	40.83
	导电线	m	35.80	0.40	14.32
	导爆索	m	10.40	3.19	33.18
	合金钻头	个	0.43	50.00	21.30

编号	名称及规格	单位	数量	单价（元）	合价（元）
	钻杆	kg	0.12	14.00	1.74
	风钻钻杆	kg	0.40	7.00	2.80
	钻杆	kg	0.27	13.77	3.72
	冲击器	套	0.01	1712.00	17.12
	潜孔钻钻头	个	0.05	900.00	46.80
	其他材料费	元	32.40	1.00	32.40
（3）	机械使用费				353.46
	风钻手持式	台时	2.72	25.40	69.09
	潜孔钻低风压 150 型	台时	1.27	173.09	220.52
	修钎设备	台时	0.04	170.05	6.12
	载重汽车 5t	台时	0.28	140.45	39.33
	其他机械使用费	元	7.60	1.00	7.60
	其他机械使用费	元	10.80	1.00	10.80
（4）	石运 3m³ 挖掘机 20t 洞外 1.5km	m³	103.40	12.01	1241.83
2	其他直接费	％	6.75		181.45
二	间接费	％	22.40		642.78
三	利润	％	7.00		245.86
四	价差	元			207.89
五	税金	％	9.00		356.95
	合计				4323.04

10. 石方明挖大坝库盆综合

建 筑 工 程 单 价 表

项目：石方开挖大坝综合

定额编号：20058×0.396，30399×0.594，20288×0.004，20058×0.006

定额单位：100m³

施工方法：1％大坝石方开挖，99％库盆石方开挖，采用 YQ-150 型潜孔钻机钻爆，推土机集渣，用 3m³ 挖掘机装 20t 自卸汽车运输出渣，运距 1.5km。

单价：39.78 元　　　　　　　　　　　　　　单位：m³

编号	名称及规格	单位	数量	单价（元）	合价（元）
一	直接费				2609.13
1	基本直接费				2444.15

编号	名称及规格	单位	数量	单价（元）	合价（元）
（1）	人工费				175.46
	高级熟练工	工时	0.65	10.26	6.64
	熟练工	工时	4.86	7.61	37.02
	半熟练工	工时	4.29	5.95	25.50
	普工	工时	21.70	4.90	106.31
（2）	材料费				654.29
	乳化炸药	kg	58.85	6.80	400.19
	非电毫秒雷管	发	0.34	2.26	0.78
	电雷管	发	2.77	1.87	5.18
	导爆管	m	0.46	0.88	0.41
	导电线	m	15.01	0.40	6.00
	导爆索	m	25.93	3.19	82.72
	钻头 φ89～105	个	0.05	680.00	36.38
	合金钻头	个	0.08	50.00	3.88
	钻杆	kg	0.00	14.00	0.02
	风钻钻杆	kg	0.33	7.00	2.30
	钻杆	kg	0.18	13.77	2.49
	钎尾	个	0.02	585.00	10.41
	冲击器	套	0.00	1712.00	7.02
	潜孔钻钻头	个	0.02	900.00	21.96
	液压钻钻杆 T45	kg	0.86	45.00	38.76
	其他材料费	元	35.77	1.00	35.77
（3）	机械使用费				377.32
	推土机功率 88kW	台时	0.03	157.89	4.69
	风钻手持式	台时	2.01	25.40	51.08
	潜孔钻低风压 150 型	台时	0.59	173.09	101.59
	液压履带钻机孔径 64～102mm	台时	0.78	187.74	146.08
	修钎设备	台时	0.00	170.05	0.07
	载重汽车 5t	台时	0.42	140.45	59.35
	其他机械使用费	元	7.20	1.00	7.20
	其他机械使用费	元	7.24	1.00	7.24
（4）	石运 3m³挖掘机 20t 洞外 1.5km	m³	103.00	12.01	1237.08

编号	名称及规格	单位	数量	单价（元）	合价（元）
2	其他直接费	％	6.75		164.98
二	间接费	％	22.40		584.45
三	利润	％	7.00		223.55
四	价差	元			232.46
五	税金	％	9.00		328.46
	合计				3978.05

11. 石方明挖库盆

建 筑 工 程 单 价 表

项目：石方开挖库盆

定额编号：20058×0.4，30399×0.6　　　　　定额单位：100m³

施工方法：采用 YQ-150 型潜孔钻机钻爆，推土机集渣，用 3m³挖掘机装 20t 自卸汽车运输出渣，运距 1.5km。

单价：39.74 元　　　　　　　　　　　　　　　单位：m³

编号	名称及规格	单位	数量	单价（元）	合价（元）
一	直接费				2606.24
1	基本直接费				2441.44
（1）	人工费				172.93
	高级熟练工	工时	0.64	10.26	6.57
	熟练工	工时	4.80	7.61	36.53
	半熟练工	工时	4.20	5.95	24.99
	普工	工时	21.40	4.90	104.86
（2）	材料费				653.94
	乳化炸药	kg	58.91	6.80	400.62
	电雷管	发	2.70	1.87	5.06
	导电线	m	14.80	0.40	5.92
	导爆索	m	26.09	3.19	83.22
	钻头 φ89～105	个	0.05	680.00	36.72
	合金钻头	个	0.07	50.00	3.70
	风钻钻杆	kg	0.33	7.00	2.30
	钻杆	kg	0.18	13.77	2.48
	钎尾	个	0.02	585.00	10.53

编号	名称及规格	单位	数量	单价（元）	合价（元）
	冲击器	套	0.00	1712.00	6.85
	潜孔钻钻头	个	0.02	900.00	21.60
	液压钻钻杆 T45	kg	0.87	45.00	39.15
	其他材料费	元	35.80	1.00	35.80
（3）	机械使用费				377.54
	推土机功率 88kW	台时	0.03	157.89	4.74
	风钻手持式	台时	2.00	25.40	50.90
	潜孔钻低风压 150 型	台时	0.58	173.09	100.39
	液压履带钻机孔径 64～102mm	台时	0.79	187.74	147.56
	载重汽车 5t	台时	0.42	140.45	59.55
	其他机械使用费	元	7.20	1.00	7.20
（4）	石运 3m³挖掘机 20t　洞外 1.5km	m³	103.00	12.01	1237.03
2	其他直接费	％	6.75		164.80
二	间接费	％	22.40		583.80
三	利润	％	7.00		223.30
四	价差	元			232.73
五	税金	％	9.00		328.15
	合计				3974.21

12. 全风化石方明挖库盆

建 筑 工 程 单 价 表

项目：全风化石方明挖库盆

定额编号：20001×1　　　　　　　　　　　　　定额单位：100m³

施工方法：采用风钻钻爆，推土机集渣，用 3m³ 挖掘机装 20t 自卸汽车运输出渣，运距 1.5km。

单价：32.59 元　　　　　　　　　　　　　　　　　　单位：m³

编号	名称及规格	单位	数量	单价（元）	合价（元）
一	直接费				2215.08
1	基本直接费				2075.02
（1）	人工费				350.09
	高级熟练工	工时	1.00	10.26	10.26
	熟练工	工时	8.00	7.61	60.88
	半熟练工	工时	9.00	5.95	53.55

编号	名称及规格	单位	数量	单价（元）	合价（元）
	普工	工时	46.00	4.90	225.40
（2）	材料费				354.65
	炸药	kg	22.44	6.80	152.59
	非电毫秒雷管	发	16.37	2.26	37.00
	电雷管	发	4.55	1.87	8.51
	导爆管	m	68.00	0.88	59.84
	导电线	m	104.00	0.40	41.60
	合金钻头	个	0.71	50.00	35.50
	风钻钻杆	kg	0.23	7.00	1.61
	其他材料费	元	18.00	1.00	18.00
（3）	机械使用费				121.24
	风钻手持式	台时	2.52	25.40	64.01
	修钎设备	台时	0.07	170.05	11.90
	载重汽车 5t	台时	0.28	140.45	39.33
	其他机械使用费	元	6.00	1.00	6.00
（4）	石运 3m³挖掘机 20t　洞外 1.5km	m³	104.00	12.01	1249.04
2	其他直接费	％	6.75		140.06
二	间接费	％	22.40		496.18
三	利润	％	7.00		189.79
四	价差	元			88.64
五	税金	％	9.00		269.07
	合计				3258.76

13. 石方明挖库区防护工程

建 筑 工 程 单 价 表

项目：石方明挖库区防护工程

定额编号：20058×1　　　　　　　　　　　　　定额单位：100m³

施工方法：采用 YQ-150 型潜孔钻机钻爆，推土机集渣，用 3m³ 挖掘机装 20t 自卸汽车运输出渣，运距 1.5km。

单价：37.85 元　　　　　　　　　　　　　　　　　　单位：m³

编号	名称及规格	单位	数量	单价（元）	合价（元）
一	直接费				2491.31
1	基本直接费				2333.78

编号	名称及规格	单位	数量	单价（元）	合价（元）
（1）	人工费				214.12
	高级熟练工	工时	1.00	10.26	10.26
	熟练工	工时	6.00	7.61	45.66
	半熟练工	工时	6.00	5.95	35.70
	普工	工时	25.00	4.90	122.50
（2）	材料费				533.17
	乳化炸药	kg	53.04	6.80	360.67
	电雷管	发	6.76	1.87	12.64
	导电线	m	37.00	0.40	14.80
	导爆索	m	12.00	3.19	38.28
	合金钻头	个	0.11	50.00	5.50
	风钻钻杆	kg	0.28	7.00	1.96
	钻杆	kg	0.45	13.77	6.20
	冲击器	套	0.01	1712.00	17.12
	潜孔钻钻头	个	0.06	900.00	54.00
	其他材料费	元	22.00	1.00	22.00
（3）	机械使用费				349.46
	风钻手持式	台时	1.62	25.40	41.15
	潜孔钻低风压 150 型	台时	1.45	173.09	250.98
	载重汽车 5t	台时	0.28	140.45	39.33
	其他机械使用费	元	18.00	1.00	18.00
（4）	石运 3m³挖掘机 20t 洞外 1.5km	m³	103.00	12.01	1237.03
2	其他直接费	%	6.75		157.53
二	间接费	%	22.40		558.05
三	利润	%	7.00		213.46
四	价差	元			209.51
五	税金	%	9.00		312.51
	合计				3784.84

14. 石方明挖下游护岸河床覆盖层

建 筑 工 程 单 价 表

项目：下游护岸河床覆盖层开挖

定额编号：20001×1　　　　　　　　　　　　定额单位：100m³

施工方法：采用风钻钻孔，3m³挖掘机装 20t 自卸汽车，运距 1.5km。

单价：32.59 元　　　　　　　　　　　　　　　　　单位：m³

编号	名称及规格	单位	数量	单价（元）	合价（元）
一	直接费				2215.08
1	基本直接费				2075.02
（1）	人工费				350.09
	高级熟练工	工时	1.00	10.26	10.26
	熟练工	工时	8.00	7.61	60.88
	半熟练工	工时	9.00	5.95	53.55
	普工	工时	46.00	4.90	225.40
（2）	材料费				354.65
	乳化炸药	kg	22.44	6.80	152.59
	非电毫秒雷管	发	16.37	2.26	37.00
	电雷管	发	4.55	1.87	8.51
	导爆管	m	68.00	0.88	59.84
	导电线	m	104.00	0.40	41.60
	合金钻头	个	0.71	50.00	35.50
	风钻钻杆	kg	0.23	7.00	1.61
	其他材料费	元	18.00	1.00	18.00
（3）	机械使用费				121.24
	风钻手持式	台时	2.52	25.40	64.01
	修钎设备	台时	0.07	170.05	11.90
	载重汽车 5t	台时	0.28	140.45	39.33
	其他机械使用费	元	6.00	1.00	6.00
（4）	石运 3m³挖掘机 20t 洞外 1.5km	m³	104.00	12.01	1249.04
2	其他直接费	%	6.75		140.06
二	间接费	%	22.40		496.18
三	利润	%	7.00		189.79
四	价差	元			88.64
五	税金	%	9.00		269.07
	合计				3258.76

15. 石方明挖溢洪道

建 筑 工 程 单 价 表

项目：石方明挖溢洪道

定额编号：20058×1 定额单位：100m³

施工方法：采用 YQ-150 型潜孔钻机钻爆，推土机集渣，用 3m³ 挖掘机装 20t 自卸汽车运输出渣，运距 1.5km。

单价：37.85 元 单位：m³

编号	名称及规格	单位	数量	单价（元）	合价（元）
一	直接费				2491.31
1	基本直接费				2333.78
(1)	人工费				214.12
	高级熟练工	工时	1.00	10.26	10.26
	熟练工	工时	6.00	7.61	45.66
	半熟练工	工时	6.00	5.95	35.70
	普工	工时	25.00	4.90	122.50
(2)	材料费				533.17
	乳化炸药	kg	53.04	6.80	360.67
	电雷管	发	6.76	1.87	12.64
	导电线	m	37.00	0.40	14.80
	导爆索	m	12.00	3.19	38.28
	合金钻头	个	0.11	50.00	5.50
	风钻钻杆	kg	0.28	7.00	1.96
	钻杆	kg	0.45	13.77	6.20
	冲击器	套	0.01	1712.00	17.12
	潜孔钻钻头	个	0.06	900.00	54.00
	其他材料费	元	22.00	1.00	22.00
(3)	机械使用费				349.46
	风钻手持式	台时	1.62	25.40	41.15
	潜孔钻低风压 150 型	台时	1.45	173.09	250.98
	载重汽车 5t	台时	0.28	140.45	39.33
	其他机械使用费	元	18.00	1.00	18.00
(4)	石运 3m³ 挖掘机 20t 洞外 1.5km	m³	103.00	12.01	1237.03
2	其他直接费	%	6.75		157.53
二	间接费	%	22.40		558.05
三	利润	%	7.00		213.46

续表

编号	名称及规格	单位	数量	单价（元）	合价（元）
四	价差	元			209.51
五	税金	%	9.00		312.51
	合计				3784.84

16. 石方槽挖大坝工程

建 筑 工 程 单 价 表

项目：石方槽挖大坝工程

定额编号：20128×1 定额单位：100m³

施工方法：风钻钻爆，推土机集渣，用 3m³ 挖掘机装 20t 自卸汽车运输出渣，运距 1.5km。

单价：74.28 元 单位：m³

编号	名称及规格	单位	数量	单价（元）	合价（元）
一	直接费				4984.87
1	基本直接费				4669.67
(1)	人工费				1534.73
	高级熟练工	工时	3.00	10.26	30.78
	熟练工	工时	35.00	7.61	266.35
	半熟练工	工时	82.00	5.95	487.90
	普工	工时	153.00	4.90	749.70
(2)	材料费				1233.30
	乳化炸药	kg	72.42	6.80	492.46
	非电毫秒雷管	发	100.00	2.26	226.00
	电雷管	发	12.00	1.87	22.44
	导爆管	m	268.00	0.88	235.84
	导电线	m	51.00	0.40	20.40
	合金钻头	个	3.82	50.00	191.00
	风钻钻杆	kg	1.88	7.00	13.16
	其他材料费	元	32.00	1.00	32.00
(3)	机械使用费				604.56
	风钻手持式	台时	17.39	25.40	441.71
	修钎设备	台时	0.45	170.05	76.52
	载重汽车 5t	台时	0.28	140.45	39.33

编号	名称及规格	单位	数量	单价（元）	合价（元）
	其他机械使用费	元	47.00	1.00	47.00
（4）	石运 3m³挖掘机 20t 洞外 1.5km	m³	108.00	12.01	1297.08
2	其他直接费	％	6.75		315.20
二	间接费	％	22.40		1116.61
三	利润	％	7.00		427.10
四	价差	元			286.06
五	税金	％	9.00		613.32
	合计				7427.97

17. 石方槽挖溢洪道

建 筑 工 程 单 价 表

项目：石方槽挖溢洪道

定额编号：20128×1　　　　　　　　　　　　定额单位：100m³

施工方法：采用风钻钻爆，推土机集渣，用 3m³ 挖掘机装 20t 自卸汽车运输出渣，运距 1.5km。

单价：74.28 元　　　　　　　　　　　　　　　　单位：m³

编号	名称及规格	单位	数量	单价（元）	合价（元）
一	直接费				4984.87
1	基本直接费				4669.67
（1）	人工费				1534.73
	高级熟练工	工时	3.00	10.26	30.78
	熟练工	工时	35.00	7.61	266.35
	半熟练工	工时	82.00	5.95	487.90
	普工	工时	153.00	4.90	749.70
（2）	材料费				1233.30
	乳化炸药	kg	72.42	6.80	492.46
	非电毫秒雷管	发	100.00	2.26	226.00
	电雷管	发	12.00	1.87	22.44
	导爆管	m	268.00	0.88	235.84
	导电线	m	51.00	0.40	20.40
	合金钻头	个	3.82	50.00	191.00
	风钻钻杆	kg	1.88	7.00	13.16

编号	名称及规格	单位	数量	单价（元）	合价（元）
	其他材料费	元	32.00	1.00	32.00
（3）	机械使用费				604.56
	风钻手持式	台时	17.39	25.40	441.71
	修钎设备	台时	0.45	170.05	76.52
	载重汽车 5t	台时	0.28	140.45	39.33
	其他机械使用费	元	47.00	1.00	47.00
（4）	石运 3m³挖掘机 20t 洞外 1.5km	m³	108.00	12.01	1297.08
2	其他直接费	％	6.75		315.20
二	间接费	％	22.40		1116.61
三	利润	％	7.00		427.10
四	价差	元			286.06
五	税金	％	9.00		613.32
	合计				7427.97

18. 石方槽挖大坝工程排水沟

建 筑 工 程 单 价 表

项目：石方槽挖大坝工程排水沟

定额编号：20123×1　　　　　　　　　　　　定额单位：100m³

施工方法：风钻钻爆，推土机集渣，用 3m³ 挖掘机装 20t 自卸汽车运输出渣，运距 1.5km。钻孔、爆破、撬移、解小、翻渣、清面、修断面等。

单价：125.61 元　　　　　　　　　　　　　　　单位：m³

编号	名称及规格	单位	数量	单价（元）	合价（元）
一	直接费				8377.77
1	基本直接费				7848.03
（1）	人工费				2977.74
	高级熟练工	工时	5.00	10.26	51.30
	熟练工	工时	69.00	7.61	525.09
	半熟练工	工时	159.00	5.95	946.05
	普工	工时	297.00	4.90	1455.30
（2）	材料费				2419.67
	乳化炸药	kg	139.74	6.80	950.23
	非电毫秒雷管	发	269.00	2.26	607.94

编号	名称及规格	单位	数量	单价（元）	合价（元）
	电雷管	发	34.00	1.87	63.58
	导爆管	m	349.00	0.88	307.12
	导电线	m	144.00	0.40	57.60
	合金钻头	个	7.30	50.00	365.00
	风钻钻杆	kg	3.60	7.00	25.20
	其他材料费	元	43.00	1.00	43.00
（3）	机械使用费				1093.49
	风钻手持式	台时	33.54	25.40	851.92
	修钎设备	台时	0.86	170.05	146.24
	载重汽车 5t	台时	0.28	140.45	39.33
	其他机械使用费	元	56.00	1.00	56.00
（4）	石运 3m³挖掘机 20t 洞外 1.5km	m³	113.00	12.01	1357.13
2	其他直接费	％	6.75		529.74
二	间接费	％	22.40		1876.62
三	利润	％	7.00		717.81
四	价差	元			551.97
五	税金	％	9.00		1037.18
	合计				12561.35

19. 石方洞挖灌浆平洞

建 筑 工 程 单 价 表

项目：灌浆平洞石方洞挖

定额编号：20409×0.5，20414×0.5　　　　　定额单位：100m³

施工方法：采用风钻钻爆，扒渣机装小型机动翻斗车运渣，小断面洞内运 0.2km，3m³装载机装 20t 自卸汽车洞外运距 1.5km。

单价：209.40 元　　　　　　　　　　　　　　　单位：m³

编号	名称及规格	单位	数量	单价（元）	合价（元）
一	直接费				14181.26
1	基本直接费				13284.55
（1）	人工费				4844.09
	高级熟练工	工时	37.50	10.26	384.75
	熟练工	工时	150.00	7.61	1141.50
	半熟练工	工时	280.50	5.95	1668.98

编号	名称及规格	单位	数量	单价（元）	合价（元）
	普工	工时	336.50	4.90	1648.85
（2）	材料费				2476.36
	乳化炸药	kg	161.57	6.80	1098.68
	非电毫秒雷管	发	183.50	2.26	414.71
	导爆管	m	366.50	0.88	322.52
	合金钻头	个	8.29	50.00	414.50
	风钻钻杆	kg	7.07	7.00	49.46
	其他材料费	元	176.50	1.00	176.50
（3）	机械使用费				3365.98
	风钻手持式	台时	5.43	25.40	137.80
	风钻气腿式	台时	80.30	36.14	2902.04
	修钎设备	x	0.57	170.05	96.08
	修钎设备	台时	0.61	170.05	103.73
	载重汽车 5t	台时	0.49	140.45	68.82
	其他机械使用费	元	57.50	1.00	57.50
（4）	石运灌浆洞挖洞内 0.2km 洞外 1.5km	m³	126.00	20.62	2598.12
2	其他直接费	％	6.75		896.71
二	间接费	％	22.40		3176.60
三	利润	％	7.00		1215.05
四	价差	元			638.20
五	税金	％	9.00		1729.00
	合计				20940.11

20. 石方井挖溢洪道

建 筑 工 程 单 价 表

项目：石方井挖溢洪道

定额编号：20869×1　　　　　　　　　　定额单位：100m³

施工方法：反井钻机打导井，风钻扩挖至3m 溜渣井，3m³装载机装 15t 自卸汽车，洞内运距 0.15km，洞外运距 1.5km。

单价：324.51 元　　　　　　　　　　　　　　　单位：m³

编号	名称及规格	单位	数量	单价（元）	合价（元）
一	直接费				22296.02

编号	名称及规格	单位	数量	单价（元）	合价（元）
1	基本直接费				20886.20
（1）	人工费				3869.15
	高级熟练工	工时	28.00	10.26	287.28
	熟练工	工时	117.00	7.61	890.37
	半熟练工	工时	230.00	5.95	1368.50
	普工	工时	270.00	4.90	1323.00
（2）	材料费				8184.19
	乳化炸药	kg	144.45	6.80	982.26
	非电毫秒雷管	个	124.00	2.26	280.24
	导爆管	m	372.00	0.88	327.36
	合金钻头	个	8.61	50.00	430.50
	风钻钻杆	kg	6.41	7.00	44.87
	综合水价	m³	219.00	2.84	621.96
	导孔钻头 ϕ216mm	个	0.04	4000.00	160.00
	扩孔钻头体 ϕ1400mm	个	0.02	90000.00	1800.00
	普通钻杆 ϕ182mm	m	0.25	400.00	100.00
	滚刀	把	0.21	12500.00	2625.00
	其他材料费	元	812.00	1.00	812.00
（3）	机械使用费				6798.23
	风钻手持式	台时	34.65	25.40	880.11
	风钻气腿式	台时	14.85	36.14	536.68
	反井钻机 LM-200	台时	14.74	262.22	3865.12
	修钎设备	台时	1.15	170.05	195.56
	泥浆泵功率 100kW	台时	7.06	126.07	890.05
	载重汽车 5t	台时	0.72	140.45	101.12
	潜水泵功率 3～5kW	台时	14.74	14.83	218.59
	其他机械使用费	元	111.00	1.00	111.00
（4）	石运溢洪道洞内 0.15km，洞外 1.5km	m³	117.00	17.39	2034.63
2	其他直接费	％	6.75		1409.82
二	间接费	％	22.40		4994.31
三	利润	％	7.00		1910.32
四	价差	元			570.58
五	税金	％	9.00		2679.41
	合计				32450.64

21. 石方洞挖溢洪道

建 筑 工 程 单 价 表

项目：溢洪道石方洞挖

定额编号：20414×0.8，20419×0.2　　　　　定额单位：100m³

施工方法：气腿钻钻爆，由 3m³ 装载机装 15t 自卸汽车出渣，洞内运距 0.15km，洞外运距 1.5km。

单价：170.65 元　　　　　　　　　　　　　单位：m³

编号	名称及规格	单位	数量	单价（元）	合价（元）
一	直接费				11484.72
1	基本直接费				10758.52
（1）	人工费				3855.61
	高级熟练工	工时	30.20	10.26	309.85
	熟练工	工时	119.40	7.61	908.63
	半熟练工	工时	223.00	5.95	1326.85
	普工	工时	267.40	4.90	1310.26
（2）	材料费				2160.52
	乳化炸药	kg	155.58	6.80	1057.93
	非电毫秒雷管	发	145.80	2.26	329.51
	导爆管	m	290.80	0.88	255.90
	合金钻头	个	6.59	50.00	329.40
	风钻钻杆	kg	7.17	7.00	50.18
	其他材料费	元	137.60	1.00	137.60
（3）	机械使用费				2645.16
	风钻手持式	台时	10.21	25.40	259.38
	风钻气腿式	台时	57.90	36.14	2092.43
	修钎设备	x	1.04	170.05	177.19
	载重汽车 5t	台时	0.49	140.45	68.54
	其他机械使用费	元	47.60	1.00	47.60
（4）	石运溢洪道洞内 0.15km，洞外 1.5km	m³	120.60	17.39	2097.23
2	其他直接费	％	6.75		726.20
二	间接费	％	22.40		2572.58
三	利润	％	7.00		984.01
四	价差	元			614.54
五	税金	％	9.00		1409.03
	合计				17064.87

22. 石方开挖放空/排沙洞

建 筑 工 程 单 价 表

项目：石方开挖泄洪放空/排沙洞

定额编号：20058×1　　　　　　　　　定额单位：100m³

施工方法：采用 YQ-150 型潜孔钻机钻爆，推土机集渣，用 3m³ 挖掘机装 20t 自卸汽车运输出渣，运距 1.5km。

单价：37.85 元　　　　　　　　　　　单位：m³

编号	名称及规格	单位	数量	单价（元）	合价（元）
一	直接费				2491.31
1	基本直接费				2333.78
(1)	人工费				214.12
	高级熟练工	工时	1.00	10.26	10.26
	熟练工	工时	6.00	7.61	45.66
	半熟练工	工时	6.00	5.95	35.70
	普工	工时	25.00	4.90	122.50
(2)	材料费				533.17
	乳化炸药	kg	53.04	6.80	360.67
	电雷管	发	6.76	1.87	12.64
	导电线	m	37.00	0.40	14.80
	导爆索	m	12.00	3.19	38.28
	合金钻头	个	0.11	50.00	5.50
	风钻钻杆	kg	0.28	7.00	1.96
	钻杆	kg	0.45	13.77	6.20
	冲击器	套	0.01	1712.00	17.12
	潜孔钻钻头	个	0.06	900.00	54.00
	其他材料费	元	22.00	1.00	22.00
(3)	机械使用费				349.46
	风钻手持式	台时	1.62	25.40	41.15
	潜孔钻低风压 150 型	台时	1.45	173.09	250.98
	载重汽车 5t	台时	0.28	140.45	39.33
	其他机械使用费	元	18.00	1.00	18.00
(4)	石运 3m³ 挖掘机 20t　洞外 1.5km	m³	103.00	12.01	1237.03
2	其他直接费	%	6.75		157.53
二	间接费	%	22.40		558.05

续表

编号	名称及规格	单位	数量	单价（元）	合价（元）
三	利润	%	7.00		213.46
四	价差	元			209.51
五	税金	%	9.00		312.51
	合计				3784.84

23. 石方洞挖泄洪放空/排沙洞

建 筑 工 程 单 价 表

项目：石方洞挖泄洪放空/排沙洞

定额编号：20409×0.5，20414×0.5　　　　　定额单位：100m³

施工方法：采用风钻钻爆，扒渣机装小型机动翻斗车运渣，小断面洞内运 0.2km，3m³ 装载机装 20t 自卸汽车洞外运距 1.5km。

单价：209.40 元　　　　　　　　　　　单位：m³

编号	名称及规格	单位	数量	单价（元）	合价（元）
一	直接费				14181.26
1	基本直接费				13284.55
(1)	人工费				4844.09
	高级熟练工	工时	37.50	10.26	384.75
	熟练工	工时	150.00	7.61	1141.50
	半熟练工	工时	280.50	5.95	1668.98
	普工	工时	336.50	4.90	1648.85
(2)	材料费				2476.36
	乳化炸药	kg	161.57	6.80	1098.68
	非电毫秒雷管	发	183.50	2.26	414.71
	导爆管	m	366.50	0.88	322.52
	合金钻头	个	8.29	50.00	414.50
	风钻钻杆	kg	7.07	7.00	49.46
	其他材料费	元	176.50	1.00	176.50
(3)	机械使用费				3365.98
	风钻手持式	台时	5.43	25.40	137.80
	风钻气腿式	台时	80.30	36.14	2902.04
	修钎设备	x	0.57	170.05	96.08
	修钎设备	台时	0.61	170.05	103.73

编号	名称及规格	单位	数量	单价（元）	合价（元）
	载重汽车 5t	台时	0.49	140.45	68.82
	其他机械使用费	元	57.50	1.00	57.50
（4）	石运灌浆洞挖洞内 0.2km 洞外 1.5km	m³	126.00	20.62	2598.12
2	其他直接费	％	6.75		896.71
二	间接费	％	22.40		3176.60
三	利润	％	7.00		1215.05
四	价差	元			638.20
五	税金	％	9.00		1729.00
	合计				20940.11

24. 石方井挖泄洪放洞

建 筑 工 程 单 价 表
项目：石方井挖泄洪放洞

定额编号：20845×1 定额单位：100m³

施工方法：反井钻机打导井，风钻扩挖至 3m 溜渣井，3m³ 装载机装 15t 自卸汽车，洞内运距 0.15km，洞外运距 1.5km。

单价：291.20 元 单位：m³

编号	名称及规格	单位	数量	单价（元）	合价（元）
一	直接费				19952.92
1	基本直接费				18691.26
（1）	人工费				3858.30
	高级熟练工	工时	28.00	10.26	287.28
	熟练工	工时	117.00	7.61	890.37
	半熟练工	工时	229.00	5.95	1362.55
	普工	工时	269.00	4.90	1318.10
（2）	材料费				7495.16
	乳化炸药	kg	147.66	6.80	1004.09
	非电毫秒雷管	个	127.00	2.26	287.02
	导爆管	m	380.00	0.88	334.40
	合金钻头	个	8.80	50.00	440.00
	风钻钻杆	kg	6.55	7.00	45.85
	综合水价	m³	145.00	2.84	411.80

编号	名称及规格	单位	数量	单价（元）	合价（元）
	导孔钻头 φ216mm	个	0.04	4000.00	160.00
	扩孔钻头体 φ1200mm	个	0.02	70000.00	1400.00
	普通钻杆 φ176mm	m	0.25	360.00	90.00
	滚刀	把	0.21	12500.00	2625.00
	其他材料费	元	697.00	1.00	697.00
（3）	机械使用费				5303.17
	风钻手持式	台时	35.42	25.40	899.67
	风钻气腿式	台时	15.18	36.14	548.61
	反井钻机 LM-120	台时	12.24	207.47	2539.43
	修钎设备	台时	1.18	170.05	200.66
	泥浆泵功率 100kW	台时	5.86	126.07	738.77
	载重汽车 5t	台时	0.68	140.45	95.51
	潜水泵功率 3～5kW	台时	12.24	14.83	181.52
	其他机械使用费	元	99.00	1.00	99.00
（4）	石运溢洪道洞内 0.15km，洞外 2.6 km 改 1.5km	m³	117.00	17.39	2034.63
2	其他直接费	％	6.75		1261.66
二	间接费	％	22.40		4469.45
三	利润	％	7.00		1709.57
四	价差	元			583.26
五	税金	％	9.00		2404.37
	合计				29119.57

25. 坝体堆石填筑

建 筑 工 程 单 价 表
项目：坝体堆石填筑

定额编号：30079×0.6，30157×0.2，30158×0.2 定额单位：100m³

施工方法：60％直接上坝，132kW 推土机平仓作业，17t 振动碾碾压，40％渣场回采，4m³ 挖掘机 32t 自卸车 1.5km，132kW 推土机平仓作业，17t 振动碾碾压。

单价：9.96 元 单位：m³

编号	名称及规格	单位	数量	单价（元）	合价（元）
一	直接费				697.82

编号	名称及规格	单位	数量	单价（元）	合价（元）
1	基本直接费				653.70
（1）	人工费				18.21
	熟练工	工时	0.30	7.61	2.28
	半熟练工	工时	0.80	5.95	4.76
	普工	工时	2.28	4.90	11.17
（2）	材料费				36.20
	其他材料费	元	36.20	1.00	36.20
（3）	机械使用费				599.29
	单斗挖掘机液压 4.2m³	台时	0.20	690.17	135.27
	推土机功率 132kW	台时	0.41	228.71	93.77
	振动碾自行式重量 17t	台时	0.16	244.87	40.16
	蛙式夯实机功率 2.8kW	台时	1.05	15.78	16.60
	自卸汽车柴油型 32t	台时	0.75	411.53	308.65
	其他机械使用费	元	4.80	1.00	4.80
2	其他直接费	％	6.75		44.12
二	间接费	％	22.40		156.31
三	利润	％	7.00		59.79
四	价差	元			
五	税金	％	9.00		82.25
	合计				996.18

26. 碎石垫层料填筑

建 筑 工 程 单 价 表

项目：碎石垫层料填筑

定额编号：30171×1 　　　　　　　　　　定额单位：100m³

施工方法：砂石料系统垫层料，4m³ 挖掘机装 32t 自卸汽车运输，运距 3km，132kW 推土机平仓作业，17t 振动碾碾压。

单价：64.26 元 　　　　　　　　　　　　　　　单位：m³

编号	名称及规格	单位	数量	单价（元）	合价（元）
一	直接费				4501.44
1	基本直接费				4216.81
（1）	人工费				21.36

编号	名称及规格	单位	数量	单价（元）	合价（元）
	熟练工	工时	0.30	7.61	2.28
	半熟练工	工时	0.90	5.95	5.36
	普工	工时	2.80	4.90	13.72
（2）	材料费				3003.77
	垫层料	m³	119.00	24.83	2954.77
	其他材料费	元	49.00	1.00	49.00
（3）	机械使用费				1191.68
	单斗挖掘机液压 4.2m³	台时	0.23	690.17	158.74
	推土机功率 88kW	台时	0.75	157.89	118.42
	振动碾自行式重量 17t	台时	0.28	244.87	68.56
	蛙式夯实机功率 2.8kW	台时	1.00	15.78	15.78
	自卸汽车柴油型 32t	台时	2.01	411.53	827.18
	其他机械使用费	元	3.00	1.00	3.00
2	其他直接费	％	6.75		284.63
二	间接费	％	22.40		1008.32
三	利润	％	7.00		385.68
四	价差	元			
五	税金	％	9.00		530.59
	合计				6426.04

27. 库底回填

建 筑 工 程 单 价 表

项目：库底回填

定额编号：30079×1 　　　　　　　　　　定额单位：100m³

施工方法：库底开挖直接回填，推平、压实、洒水、补边夯、辅助工作。

单价：2.66 元 　　　　　　　　　　　　　　　单位：m³

编号	名称及规格	单位	数量	单价（元）	合价（元）
一	直接费				186.14
1	基本直接费				174.37
（1）	人工费				14.88
	熟练工	工时	0.30	7.61	2.28
	半熟练工	工时	0.80	5.95	4.76

编号	名称及规格	单位	数量	单价（元）	合价（元）
	普工	工时	1.60	4.90	7.84
（2）	材料费				31.00
	其他材料费	元	31.00	1.00	31.00
（3）	机械使用费				128.49
	推土机功率 132kW	台时	0.31	228.71	70.90
	振动碾自行式重量 17t	台时	0.16	244.87	39.18
	蛙式夯实机功率 2.8kW	台时	1.04	15.78	16.41
	其他机械使用费	元	2.00	1.00	2.00
2	其他直接费	％	6.75		11.77
二	间接费	％	22.40		41.70
三	利润	％	7.00		15.95
四	价差	元			
五	税金	％	9.00		21.94
	合计				265.72

28. 过渡料填筑

建 筑 工 程 单 价 表

项目：过渡料填筑

定额编号：30241×0.5，30242×0.5　　　　　　定额单位：100m³

施工方法：库盆开挖料，存料场运输上坝，3m³装载机装 15t 自卸汽车运输，运距 1.5km。132kW 推土机平仓作业，17t 振动碾碾压。

单价：14.24 元　　　　　　　　　　　　　　单位：m³

编号	名称及规格	单位	数量	单价（元）	合价（元）
一	直接费				997.19
1	基本直接费				934.14
（1）	人工费				30.18
	熟练工	工时	0.30	7.61	2.28
	半熟练工	工时	0.90	5.95	5.36
	普工	工时	4.60	4.90	22.54
（2）	材料费				49.00
	其他材料费	元	49.00	1.00	49.00
（3）	机械使用费				854.96

编号	名称及规格	单位	数量	单价（元）	合价（元）
	轮式装载机 3m³	台时	0.61	216.58	132.11
	推土机功率 74kW	台时	0.87	133.91	116.50
	振动碾自行式重量 17t	台时	0.28	244.87	68.56
	蛙式夯实机功率 2.8kW	台时	1.00	15.78	15.78
	自卸汽车柴油型 15t	台时	3.08	168.78	519.00
	其他机械使用费	元	3.00	1.00	3.00
2	其他直接费	％	6.75		63.05
二	间接费	％	22.40		223.37
三	利润	％	7.00		85.44
四	价差	元			
五	税金	％	9.00		117.54
	合计				1423.55

29. 反滤料填筑

建 筑 工 程 单 价 表

项目：反滤料填筑

定额编号：30171×1　　　　　　　　　　　　定额单位：100m³

施工方法：采用砂石料系统料，4m³挖掘机装 32t 自卸汽车运输，运距 3km，132kW 推土机平仓作业，17t 振动碾碾压。

单价：114.46 元　　　　　　　　　　　　　　单位：m³

编号	名称及规格	单位	数量	单价（元）	合价（元）
一	直接费				8017.70
1	基本直接费				7510.73
（1）	人工费				21.36
	熟练工	工时	0.30	7.61	2.28
	半熟练工	工时	0.90	5.95	5.36
	普工	工时	2.80	4.90	13.72
（2）	材料费				6297.69
	砂	m³	47.60	70.00	3332.00
	碎石	m³	71.40	40.85	2916.69
	其他材料费	元	49.00	1.00	49.00
（3）	机械使用费				1191.68

编号	名称及规格	单位	数量	单价（元）	合价（元）
	单斗挖掘机液压 4.2m³	台时	0.23	690.17	158.74
	推土机功率 88kW	台时	0.75	157.89	118.42
	振动碾自行式重量 17t	台时	0.28	244.87	68.56
	蛙式夯实机功率 2.8kW	台时	1.00	15.78	15.78
	自卸汽车柴油型 32t	台时	2.01	411.53	827.18
	其他机械使用费	元	3.00	1.00	3.00
2	其他直接费	％	6.75		506.97
二	间接费	％	22.40		1795.97
三	利润	％	7.00		686.96
四	价差	元			
五	税金	％	9.00		945.06
	合计				11445.68

30. 级配碎石

建 筑 工 程 单 价 表
项目：级配碎石

定额编号：30001×1，60723×1.02　　　　　定额单位：100m³

施工方法：砂石料系统垫层料，3m³装载机装 15t 自卸汽车运输，运距 3km。

单价：91.30 元　　　　　　　　　　　　　单位：m³

编号	名称及规格	单位	数量	单价（元）	合价（元）
一	直接费				6395.69
1	基本直接费				5991.28
（1）	人工费				2634.75
	半熟练工	工时	197.00	5.95	1172.15
	普工	工时	298.49	4.90	1462.60
（2）	材料费				2598.94
	垫层料	m³	102.00	24.83	2532.66
	零星材料费	元	14.28	1.00	14.28
	其他材料费	元	52.00	1.00	52.00
（3）	机械使用费				757.59
	轮式装载机 3m³	台时	0.52	216.58	112.66
	推土机功率 132kW	台时	0.13	228.71	30.33

编号	名称及规格	单位	数量	单价（元）	合价（元）
	自卸汽车柴油型 15t	台时	3.64	168.78	614.60
2	其他直接费	％	6.75		404.41
二	间接费	％	22.40		1432.63
三	利润	％	7.00		547.98
四	价差	元			
五	税金	％	9.00		753.87
	合计				9130.18

31. 石渣回填

建 筑 工 程 单 价 表
项目：石渣回填

定额编号：30229×0.5，30230×0.5　　　　定额单位：100m³

施工方法：3m³装载机装 15t 自卸汽车运输，运距 1.5km，132kW 推土机平仓作业，17t 振动碾碾压。

单价：18.32 元　　　　　　　　　　　　　单位：m³

编号	名称及规格	单位	数量	单价（元）	合价（元）
一	直接费				1283.12
1	基本直接费				1201.99
（1）	人工费				31.54
	熟练工	工时	0.30	7.61	2.28
	半熟练工	工时	0.80	5.95	4.76
	普工	工时	5.00	4.90	24.50
（2）	材料费				44.00
	其他材料费	元	44.00	1.00	44.00
（3）	机械使用费				1126.45
	轮式装载机 3m³	台时	1.10	216.58	238.24
	推土机功率 74kW	台时	0.98	133.91	131.23
	振动碾自行式重量 17t	台时	0.17	244.87	41.63
	蛙式夯实机功率 2.8kW	台时	1.07	15.78	16.88
	自卸汽车柴油型 15t	台时	4.09	168.78	689.47
	其他机械使用费	元	9.00	1.00	9.00
2	其他直接费	％	6.75		81.13

续表

编号	名称及规格	单位	数量	单价（元）	合价（元）
二	间接费	%	22.40		287.42
三	利润	%	7.00		109.94
四	价差	元			
五	税金	%	9.00		151.24
	合计				1831.73

32. 排水棱体

建 筑 工 程 单 价 表

项目：排水棱体

定额编号：30177×1　　　　　　　　　　定额单位：100m³

施工方法：采用砂石料系统碎石料，4m³ 挖掘机装 32t 自卸汽车运输，运距 3km，132kW 推土机平仓作业，17t 振动碾碾压。

单价：76.51 元　　　　　　　　　　　　　　　单位：m³

编号	名称及规格	单位	数量	单价（元）	合价（元）
一	直接费				5359.23
1	基本直接费				5020.36
(1)	人工费				23.21
	熟练工	工时	0.30	7.61	2.28
	半熟练工	工时	0.80	5.95	4.76
	普工	工时	3.30	4.90	16.17
(2)	材料费				3434.55
	碎石	m³	83.00	40.85	3390.55
	其他材料费	元	44.00	1.00	44.00
(3)	机械使用费				1562.60
	单斗挖掘机液压 4.2m³	台时	0.49	690.17	338.18
	推土机功率 132kW	台时	0.56	228.71	128.08
	振动碾自行式重量 17t	台时	0.17	244.87	41.63
	蛙式夯实机功率 2.8kW	台时	1.07	15.78	16.88
	自卸汽车柴油型 32t	台时	2.50	411.53	1028.83
	其他机械使用费	元	9.00	1.00	9.00
2	其他直接费	%	6.75		338.87
二	间接费	%	22.40		1200.47

续表

编号	名称及规格	单位	数量	单价（元）	合价（元）
三	利润	%	7.00		459.18
四	价差	元			
五	税金	%	9.00		631.70
	合计				7650.58

33. 石渣铺重

建 筑 工 程 单 价 表

项目：石渣铺重

定额编号：30079×1　　　　　　　　　　定额单位：100m³

施工方法：开挖料直接回填，132kW 推土机平仓作业，17t 振动碾碾压。

单价：2.66 元　　　　　　　　　　　　　　　单位：m³

编号	名称及规格	单位	数量	单价（元）	合价（元）
一	直接费				186.14
1	基本直接费				174.37
(1)	人工费				14.88
	熟练工	工时	0.30	7.61	2.28
	半熟练工	工时	0.80	5.95	4.76
	普工	工时	1.60	4.90	7.84
(2)	材料费				31.00
	其他材料费	元	31.00	1.00	31.00
(3)	机械使用费				128.49
	推土机功率 132kW	台时	0.31	228.71	70.90
	振动碾自行式重量 17t	台时	0.16	244.87	39.18
	蛙式夯实机功率 2.8kW	台时	1.04	15.78	16.41
	其他机械使用费	元	2.00	1.00	2.00
2	其他直接费	%	6.75		11.77
二	间接费	%	22.40		41.70
三	利润	%	7.00		15.95
四	价差	元			
五	税金	%	9.00		21.94
	合计				265.72

34. 浆砌石护坡

建筑工程单价表

项目：浆砌石护坡

定额编号：30333×1.18，30028×1，30356×1.18   定额单位：100m³

施工方法：人工从渣场拣石块，装 8t 自卸汽车运输 1.0km，人工砌筑。

单价：279.18 元   单位：m³

编号	名称及规格	单位	数量	单价（元）	合价（元）
一	直接费				19063.32
1	基本直接费				17857.91
(1)	人工费				8305.79
	熟练工	工时	117.00	7.61	890.37
	半熟练工	工时	313.00	5.95	1862.35
	普工	工时	1133.28	4.90	5553.07
(2)	材料费				7410.22
	砌筑砂浆 C75	m³	35.30	207.52	7325.46
	零星材料费	元	18.88	1.00	18.88
	其他材料费	元	65.88	1.00	65.88
(3)	机械使用费				2141.90
	自卸汽车柴油型 8t	台时	18.86	113.59	2141.90
2	其他直接费	%	6.75		1205.41
二	间接费	%	22.40		4270.18
三	利润	%	7.00		1633.35
四	价差	元			645.99
五	税金	%	9.00		2305.16
	合计				27917.99

35. 浆砌石挡墙

建筑工程单价表

项目：浆砌石挡墙

定额编号：30032×1，30333×1.18，30347×0，60716×0，30356×1.18

定额单位：100m³

施工方法：人工从渣场拣石块，装 8t 自卸汽车运输 1.0km，人工砌筑。

单价：276.79 元   单位：m³

编号	名称及规格	单位	数量	单价（元）	合价（元）
一	直接费				18908.28
1	基本直接费				17712.67

编号	名称及规格	单位	数量	单价（元）	合价（元）
(1)	人工费				8343.26
	熟练工	工时	109.00	7.61	829.49
	半熟练工	工时	192.00	5.95	1142.40
	普工	工时	1300.28	4.90	6371.37
(2)	材料费				7227.51
	砌筑砂浆 C100	m³	34.40	207.58	7140.75
	零星材料费	元	18.88	1.00	18.88
	其他材料费	元	67.88	1.00	67.88
(3)	机械使用费				2141.90
	轮式装载机 2m³	台时		181.89	
	推土机功率 162kW	台时		297.93	
	胶轮车	台时		0.53	
	自卸汽车柴油型 8t	台时	18.86	113.59	2141.90
2	其他直接费	%	6.75		1195.61
二	间接费	%	22.40		4235.45
三	利润	%	7.00		1620.06
四	价差	元			629.52
五	税金	%	9.00		2285.40
	合计				27678.71

36. 浆砌石排水沟

建筑工程单价表

项目：浆砌石排水沟

定额编号：30057×1，30333×1.1，30356×1.1   定额单位：100m³

施工方法：人工从渣场拣石块，装 8t 自卸汽车运输 1.0km，人工砌筑。

单价：294.44 元   单位：m³

编号	名称及规格	单位	数量	单价（元）	合价（元）
一	直接费				20108.31
1	基本直接费				18836.82
(1)	人工费				9009.47

编号	名称及规格	单位	数量	单价（元）	合价（元）
	熟练工	工时	148.00	7.61	1126.28
	半熟练工	工时	309.00	5.95	1838.55
	普工	工时	1233.60	4.90	6044.64
(2)	材料费				7830.66
	砌筑砂浆 C100	m³	37.00	207.58	7680.46
	零星材料费	元	17.60	1.00	17.60
	其他材料费	元	132.60	1.00	132.60
(3)	机械使用费				1996.69
	自卸汽车柴油型 8t	台时	17.58	113.59	1996.69
2	其他直接费	%	6.75		1271.49
二	间接费	%	22.40		4504.26
三	利润	%	7.00		1722.88
四	价差	元			677.10
五	税金	%	9.00		2431.13
	合计				29443.67

37. 大块抛石

建 筑 工 程 单 价 表

项目：大块抛石

定额编号：30004×1，30333×1.03，30356×1.03　　　定额单位：100m³

施工方法：人工从渣场拣石块，装 8t 自卸汽车运输 1.0km，人工抛填。

单价：85.61元　　　　　　　　　　　　　　　　　单位：m³

编号	名称及规格	单位	数量	单价（元）	合价（元）
一	直接费				5997.30
1	基本直接费				5618.08
(1)	人工费				3658.66
	半熟练工	工时	41.00	5.95	243.95
	普工	工时	696.88	4.90	3414.71
(2)	材料费				64.96
	零星材料费	元	16.48	1.00	16.48
	其他材料费	元	48.48	1.00	48.48

编号	名称及规格	单位	数量	单价（元）	合价（元）
(3)	机械使用费				1894.46
	胶轮车	台时	46.87	0.53	24.84
	自卸汽车柴油型 8t	台时	16.46	113.59	1869.62
2	其他直接费	%	6.75		379.22
二	间接费	%	22.40		1343.40
三	利润	%	7.00		513.85
四	价差	元			
五	税金	%	9.00		706.91
	合计				8561.45

38. 浆砌石护底

建 筑 工 程 单 价 表

项目：浆砌石护底

定额编号：30030×1，30333×1.18，30356×1.18　　　定额单位：100m³

施工方法：人工从渣场拣石块，装 8t 自卸汽车运输 1.0km，人工砌筑。

单价：275.32 元　　　　　　　　　　　　　　　　单位：m³

编号	名称及规格	单位	数量	单价（元）	合价（元）
一	直接费				18793.04
1	基本直接费				17604.72
(1)	人工费				8052.60
	熟练工	工时	103.00	7.61	783.83
	半熟练工	工时	290.00	5.95	1725.50
	普工	工时	1131.28	4.90	5543.27
(2)	材料费				7410.22
	砌筑砂浆 C75	m³	35.30	207.52	7325.46
	零星材料费	元	18.88	1.00	18.88
	其他材料费	元	65.88	1.00	65.88
(3)	机械使用费				2141.90
	自卸汽车柴油型 8t	台时	18.86	113.59	2141.90
2	其他直接费	%	6.75		1188.32
二	间接费	%	22.40		4209.64

编号	名称及规格	单位	数量	单价（元）	合价（元）
三	利润	%	7.00		1610.19
四	价差	元			645.99
五	税金	%	9.00		2273.30
	合计				27532.15

39. 浆砌石网格梁

建 筑 工 程 单 价 表

项目：浆砌石网格梁

定额编号：30029×1，30333×1，30356×1　　　　　　定额单位：100m³

施工方法：人工从渣场拣石块，装 8t 自卸汽车运输 1.0km，人工砌筑。

单价：279.31 元　　　　　　　　　　　　　　　　　　单位：m³

编号	名称及规格	单位	数量	单价（元）	合价（元）
一	直接费				19072.21
1	基本直接费				17866.24
(1)	人工费				8646.61
	熟练工	工时	196.00	7.61	1491.56
	半熟练工	工时	337.00	5.95	2005.15
	普工	工时	1051.00	4.90	5149.90
(2)	材料费				7404.46
	砌筑砂浆 C75	m³	35.30	207.52	7325.46
	零星材料费	元	16.00	1.00	16.00
	其他材料费	元	63.00	1.00	63.00
(3)	机械使用费				1815.17
	自卸汽车柴油型　8t	台时	15.98	113.59	1815.17
2	其他直接费	%	6.75		1205.97
二	间接费	%	22.40		4272.18
三	利润	%	7.00		1634.11
四	价差	元			645.99
五	税金	%	9.00		2306.20
	合计				27930.69

40. 干砌块石护脚

建 筑 工 程 单 价 表

项目：干砌块石护脚

定额编号：30018×1，30333×1.21，30356×1.21　　　　定额单位：100m³

施工方法：人工从渣场拣石块，装 8t 自卸汽车运输 1.0km，人工砌筑。

单价：128.09 元　　　　　　　　　　　　　　　　　　单位：m³

编号	名称及规格	单位	数量	单价（元）	合价（元）
一	直接费				8972.74
1	基本直接费				8405.38
(1)	人工费				6133.31
	熟练工	工时	68.00	7.61	517.48
	半熟练工	工时	205.00	5.95	1219.75
	普工	工时	897.16	4.90	4396.08
(2)	材料费				75.72
	零星材料费	元	19.36	1.00	19.36
	其他材料费	元	56.36	1.00	56.36
(3)	机械使用费				2196.35
	自卸汽车柴油型　8t	台时	19.34	113.59	2196.35
2	其他直接费	%	6.75		567.36
二	间接费	%	22.40		2009.89
三	利润	%	7.00		768.78
四	价差	元			
五	税金	%	9.00		1057.63
	合计				12809.05

41. 干砌块石护坡

建 筑 工 程 单 价 表

项目：干砌块石护坡

定额编号：30015×1，30333×1.21，30356×1.21　　　　定额单位：100m³

施工方法：人工从渣场拣石块，装 8t 自卸汽车运输 1.0km，人工砌筑。

单价：133.98 元　　　　　　　　　　　　　　　　　　单位：m³

编号	名称及规格	单位	数量	单价（元）	合价（元）
一	直接费				9385.00

编号	名称及规格	单位	数量	单价（元）	合价（元）
1	基本直接费				8791.57
（1）	人工费				6519.50
	熟练工	工时	82.00	7.61	624.02
	半熟练工	工时	252.00	5.95	1499.40
	普工	工时	897.16	4.90	4396.08
（2）	材料费				75.72
	零星材料费	元	19.36	1.00	19.36
	其他材料费	元	56.36	1.00	56.36
（3）	机械使用费				2196.35
	自卸汽车柴油型　8t	台时	19.34	113.59	2196.35
2	其他直接费	％	6.75		593.43
二	间接费	％	22.40		2102.24
三	利润	％	7.00		804.11
四	价差	元			
五	税金	％	9.00		1106.22
	合计				13397.57

42. 沥青混凝土心墙

建筑工程单价表

项目：沥青混凝土心墙

定额编号：40018×1　　　　　　　　　　定额单位：100m³

施工方法：取自沥青混凝土拌和系统、运输、铺筑及养护。

单价：2084.16 元　　　　　　　　　　　　　　单位：m³

编号	名称及规格	单位	数量	单价（元）	合价（元）
一	直接费				152864.12
1	基本直接费				143198.24
（1）	人工费				1373.02
	高级熟练工	工时	11.20	10.26	114.91
	熟练工	工时	37.26	7.61	283.55
	半熟练工	工时	100.38	5.95	597.26
	普工	工时	77.00	4.90	377.30
（2）	材料费				112641.88

编号	名称及规格	单位	数量	单价（元）	合价（元）
	沥青混凝土	m³	104.00	1081.97	112524.88
	其他材料费	元	117.00	1.00	117.00
（3）	机械使用费				29183.34
	轮式装载机　3m³	台时	1.94	275.39	534.26
	沥青混凝土拌和楼 LB1000 60～80t/h	台时	6.89	973.90	6710.17
	沥青摊铺机 DF130C	台时	5.82	2690.33	15657.72
	振捣器插入式功率 2.2kW	台时	19.00	3.57	67.83
	沥青混凝土振动碾 BOMAG90	台时	1.75	89.82	157.19
	风水枪耗风量 2～6m³/min	台时	12.00	39.12	469.44
	自卸汽车柴油型　8t	台时	12.51	113.59	1421.01
	沥青混凝土拌制（上水库）	组时	6.89	599.96	4133.72
	其他机械使用费	元	30.00	1.00	30.00
	机械使用费（％）	元	2.00	1.00	2.00
2	其他直接费	％	6.75		9665.88
二	间接费	％	16.90		25834.04
三	利润	％	7.00		12508.87
四	价差	元			
五	税金	％	9.00		17208.63
	合计				208415.66

43. 沥青混凝土整平胶结层库坡沥青面板堆石坝

建筑工程单价表

项目：沥青混凝土整平胶结层库坡

定额编号：BC000217×1　　　　　　　　　　定额单位：100m³

施工方法：取自沥青混凝土拌和系统，15t 自卸汽车配 3m³ 保温罐运输，由 15t 履带吊吊 3m³ 保温罐喂料，平均运距 2.0km。

单价：1968.36 元　　　　　　　　　　　　　　单位：m³

编号	名称及规格	单位	数量	单价（元）	合价（元）
一	直接费				144371.02
1	基本直接费				135242.17
（1）	人工费				1323.04

编号	名称及规格	单位	数量	单价（元）	合价（元）
	高级熟练工	工时	10.56	10.26	108.35
	熟练工	工时	52.79	7.61	401.73
	半熟练工	工时	84.46	5.95	502.54
	普工	工时	63.35	4.90	310.42
（2）	材料费				58796.80
	整平层沥青混凝土	m³	112.07	524.59	58790.80
	其他材料费	元	6.00	1.00	6.00
（3）	机械使用费				36351.33
	沥青摊铺机 DF130C	台时	7.44	2690.33	20016.06
	沥青混凝土振动碾 BOMAG90	台时	7.44	89.82	668.26
	沥青混凝土振动碾 BOMAG120	台时	7.44	109.89	817.58
	其他机械使用费	％	8.00	33658.63	2692.69
	主绞机	台时	7.44	1451.11	10796.26
	卷扬台车	台时	7.44	182.86	1360.48
（4）	整平层拌制	m³	100.00	373.23	37323.00
	沥青混凝土运输	m³	100.00	14.48	1448.00
2	其他直接费	％	6.75		9128.85
二	间接费	％	16.90		24398.70
三	利润	％	7.00		11813.88
四	价差	元			
五	税金	％	9.00		16252.52
	合计				196836.12

44. 沥青混凝土整平胶结层库底沥青面板堆石坝

建 筑 工 程 单 价 表

项目：沥青混凝土整平胶结层库底

定额编号：BC000218×1　　　　　　　　定额单位：100m³

施工方法：取自沥青混凝土拌和系统，15t 自卸汽车配 3m³ 保温罐运输，由 15t 履带吊吊 3m³ 保温罐喂料，平均运距 2.0km。

单价：1632.13 元　　　　　　　　　　　　单位：m³

编号	名称及规格	单位	数量	单价（元）	合价（元）
一	直接费				119709.59

编号	名称及规格	单位	数量	单价（元）	合价（元）
1	基本直接费				112140.13
（1）	人工费				808.25
	高级熟练工	工时	6.45	10.26	66.18
	熟练工	工时	32.25	7.61	245.42
	半熟练工	工时	51.60	5.95	307.02
	普工	工时	38.70	4.90	189.63
（2）	材料费				55612.54
	整平层沥青混凝土	m³	106.00	524.59	55606.54
	材料费（％）	元	6.00	1.00	6.00
（3）	机械使用费				16948.34
	沥青摊铺机 DF130C	台时	5.43	2690.33	14608.49
	沥青混凝土振动碾 BOMAG90	台时	5.43	89.82	487.72
	沥青混凝土振动碾 BOMAG120	台时	5.43	109.89	596.70
	其他机械使用费	％	8.00	15692.92	1255.43
（4）	整平层拌制	m³	100.00	373.23	37323.00
	沥青混凝土运输	m³	100.00	14.48	1448.00
2	其他直接费	％	6.75		7569.46
二	间接费	％	16.90		20230.92
三	利润	％	7.00		9795.84
四	价差	元			
五	税金	％	9.00		13476.27
	合计				163212.62

45. 沥青混凝土防渗层库坡沥青面板堆石坝

建 筑 工 程 单 价 表

项目：沥青混凝土防渗层库坡

定额编号：BC000219×1　　　　　　　　定额单位：100m³

施工方法：取自沥青混凝土拌和系统，15t 自卸汽车配 3m³ 保温罐运输，由 15t 履带吊吊 3m³ 保温罐喂料，平均运距 2.0km。

单价：2383.67 元　　　　　　　　　　　　单位：m³

编号	名称及规格	单位	数量	单价（元）	合价（元）
一	直接费				174832.17

编号	名称及规格	单位	数量	单价（元）	合价（元）
1	基本直接费				163777.21
（1）	人工费				1393.45
	高级熟练工	工时	11.12	10.26	114.09
	熟练工	工时	55.60	7.61	423.12
	半熟练工	工时	88.96	5.95	529.31
	普工	工时	66.72	4.90	326.93
（2）	材料费				108100.67
	防渗层沥青混凝土	m³	113.00	956.59	108094.67
	材料费（%）	元	6.00	1.00	6.00
（3）	机械使用费				13868.09
	斜坡摊铺机	台时	5.56	654.26	3637.69
	主绞机	台时	5.56	1451.11	8068.17
	振动碾 SW250	台时	5.56	79.75	443.41
	振动碾 SW350	台时	5.56	126.28	702.12
	卷扬台车	台时	5.56	182.86	1016.70
（4）	防渗层拌制	m³	100.00	389.67	38967.00
	沥青混凝土运输	m³	100.00	14.48	1448.00
2	其他直接费	%	6.75		11054.96
二	间接费	%	16.90		29546.64
三	利润	%	7.00		14306.52
四	价差	元			
五	税金	%	9.00		19681.68
	合计				238367.00

46. 沥青混凝土防渗层库底沥青面板堆石坝

建 筑 工 程 单 价 表

项目：沥青混凝土防渗层库底

定额编号：BC000221×1　　　　　　　　　　定额单位：100m³

施工方法：取自沥青混凝土拌和系统，15t自卸汽车配 3m³ 保温罐运输，由 15t 履带吊吊 3m³ 保温罐喂料，平均运距 2.0km。

单价：2160.89 元　　　　　　　　　　　　　　　　单位：m³

编号	名称及规格	单位	数量	单价（元）	合价（元）
一	直接费				158492.31
1	基本直接费				148470.55

编号	名称及规格	单位	数量	单价（元）	合价（元）
（1）	人工费				937.75
	高级熟练工	工时	7.48	10.26	76.74
	熟练工	工时	37.42	7.61	284.77
	半熟练工	工时	59.87	5.95	356.23
	普工	工时	44.90	4.90	220.01
（2）	材料费				103317.72
	防渗层沥青混凝土	m³	108.00	956.59	103311.72
	材料费（%）	元	6.00	1.00	6.00
（3）	机械使用费				3800.08
	其他机械使用费	%	8.00	3518.59	281.49
	斜坡摊铺机	台时	4.09	654.26	2675.92
	振动碾 SW250	台时	4.09	79.75	326.18
	振动碾 SW350	台时	4.09	126.28	516.49
（4）	防渗层拌制	m³	100.00	389.67	38967.00
	沥青混凝土运输	m³	100.00	14.48	1448.00
2	其他直接费	%	6.75		10021.76
二	间接费	%	16.90		26785.20
三	利润	%	7.00		12969.43
四	价差	元			
五	税金	%	9.00		17842.22
	合计				216089.16

47. 沥青玛蹄脂封闭层沥青面板堆石坝

建 筑 工 程 单 价 表

项目：沥青玛蹄脂封闭层

定额编号：BC000220×1　　　　　　　　　　定额单位：100m²

施工方法：由沥青混凝土拌和系统供应，用带有加热装置的玛蹄脂运输车运到现场，运距 2.0km。转沥青玛蹄脂摊铺机料罐，采用 5t 侧向牵引车装有橡皮刮机的摊铺机，分两层进行涂刷。

单价：40.43 元　　　　　　　　　　　　　　　　单位：m²

编号	名称及规格	单位	数量	单价（元）	合价（元）
一	直接费				2965.64
1	基本直接费				2778.12

编号	名称及规格	单位	数量	单价（元）	合价（元）
（1）	人工费				278.62
	高级熟练工	工时	2.22	10.26	22.78
	熟练工	工时	11.12	7.61	84.62
	半熟练工	工时	17.79	5.95	105.85
	普工	工时	13.34	4.90	65.37
（2）	材料费				769.83
	沥青玛蹄脂	kg	363.00	2.07	751.41
	零星材料费	%	5.96	309.29	18.43
（3）	机械使用费				30.67
	其他机械使用费	%	8.00	28.40	2.27
	玛蹄脂铺筑机	台时	0.36	78.90	28.40
（4）	沥青混凝土运输	m³	100.00	14.48	1448.00
	玛蹄脂拌制	m³	100.00	2.51	251.00
2	其他直接费	%	6.75		187.52
二	间接费	%	16.90		501.19
三	利润	%	7.00		242.68
四	价差	元			
五	税金	%	9.00		333.86
	合计				4043.37

48. 乳化沥青面板堆石坝

建 筑 工 程 单 价 表

项目：乳化沥青

定额编号：BC000216×1　　　　　　　　　　定额单位：100m²

施工方法：取自沥青混凝土拌和系统，15t 自卸汽车配 3m³ 保温罐运输，由 15t 履带吊吊 3m³ 保温罐喂料，平均运距 2.0km。

单价：8.52 元　　　　　　　　　　　　　　　　　　单位：m²

编号	名称及规格	单位	数量	单价（元）	合价（元）
一	直接费				624.69
1	基本直接费				585.19

编号	名称及规格	单位	数量	单价（元）	合价（元）
（1）	人工费				52.64
	高级熟练工	工时	0.40	10.26	4.10
	熟练工	工时	2.50	7.61	19.03
	半熟练工	工时	2.90	5.95	17.26
	普工	工时	2.50	4.90	12.25
（2）	材料费				532.55
	沥青	kg	104.00	5.07	527.28
	其他材料费	%	1.00	527.28	5.27
（3）	机械使用费				
2	其他直接费	%	6.75		39.50
二	间接费	%	16.90		105.57
三	利润	%	7.00		51.12
四	价差	元			
五	税金	%	9.00		70.32
	合计				851.71

49. 加强网格沥青面板堆石坝

建 筑 工 程 单 价 表

项目：加强网格

定额编号：BC000226×1　　　　　　　　　　定额单位：100m²

施工方法：清扫表面杂物、浮土、人工配制、挑运、涂刷、用红外线加热器或硅碳棒加热沥干混凝土接缝。

单价：92.66 元　　　　　　　　　　　　　　　　　　单位：m²

编号	名称及规格	单位	数量	单价（元）	合价（元）
一	直接费				6796.04
1	基本直接费				6366.31
（1）	人工费				53.30
	高级熟练工	工时	0.40	10.26	4.10
	熟练工	工时	2.90	7.61	22.07
	半熟练工	工时	2.50	5.95	14.88
	普工	工时	2.50	4.90	12.25
（2）	材料费				6313.01

编号	名称及规格	单位	数量	单价（元）	合价（元）
	加强网格	m²	125.01	50.00	6250.50
	其他材料费	%	1.00	6250.50	62.51
（3）	机械使用费				
2	其他直接费	%	6.75		429.73
二	间接费	%	16.90		1148.53
三	利润	%	7.00		556.12
四	价差	元			
五	税金	%	9.00		765.06
	合计				9265.75

50. 面板混凝土 C25 二级配混凝土面板堆石坝

建 筑 工 程 单 价 表

项目：面板混凝土 C25 二级配

定额编号：40011×1　　　　　　　　定额单位：100m³

施工方法：混凝土拌和系统，采用 6m³ 混凝土搅拌运输车运混凝土，运距 1.2km，门机入仓，钢木组合模板施工，插入式振捣器振捣施工。

单价：587.39 元　　　　　　　　　　　　　　　单位：m³

编号	名称及规格	单位	数量	单价（元）	合价（元）
一	直接费				41501.44
1	基本直接费				38877.23
（1）	人工费				3390.81
	高级熟练工	工时	24.00	10.26	246.24
	熟练工	工时	142.00	7.61	1080.62
	半熟练工	工时	211.00	5.95	1255.45
	普工	工时	165.00	4.90	808.50
（2）	材料费				23005.73
	综合水价	m³	180.00	2.84	511.20
	C25 SN42.5 级配 2	m³	107.00	208.79	22340.53
	其他材料费	元	154.00	1.00	154.00
（3）	机械使用费				123.82
	振捣器插入式功率 2.2kW	台时	26.00	3.57	92.82
	其他机械使用费	元	31.00	1.00	31.00

编号	名称及规格	单位	数量	单价（元）	合价（元）
（4）	混凝土拌制上水库混凝土系统	m³	104.00	16.66	1732.64
	混凝土运 6m³ 搅拌车 1.2km 门机	m³	104.00	25.65	2667.60
	面板模板	m²	209.00	38.07	7956.63
2	其他直接费	%	6.75		2624.21
二	间接费	%	16.90		7013.74
三	利润	%	7.00		3396.06
四	价差	元			1977.36
五	税金	%	9.00		4849.97
	合计				58738.58

51. 面板混凝土 C25 二级配 W12 混凝土面板堆石坝

建 筑 工 程 单 价 表

项目：面板混凝土 C25 二级配 W12

定额编号：40011×1　　　　　　　　定额单位：100m³

施工方法：混凝土拌和系统，采用 6m³ 混凝土搅拌运输车运混凝土，运距 1.5km，门机入仓，钢木组合模板施工，插入式振捣器振捣施工。

单价：608.28 元　　　　　　　　　　　　　　　单位：m³

编号	名称及规格	单位	数量	单价（元）	合价（元）
一	直接费				42875.54
1	基本直接费				40164.44
（1）	人工费				3390.81
	高级熟练工	工时	24.00	10.26	246.24
	熟练工	工时	142.00	7.61	1080.62
	半熟练工	工时	211.00	5.95	1255.45
	普工	工时	165.00	4.90	808.50
（2）	材料费				24292.94
	综合水价	m³	180.00	2.84	511.20
	C25 SN42.5 级配 2 W12	m³	107.00	220.82	23627.74
	其他材料费	元	154.00	1.00	154.00
（3）	机械使用费				123.82
	振捣器插入式功率 2.2kW	台时	26.00	3.57	92.82
	其他机械使用费	元	31.00	1.00	31.00

编号	名称及规格	单位	数量	单价（元）	合价（元）
（4）	混凝土拌制　混凝土系统	m³	104.00	16.66	1732.64
	混凝土运　6m³搅拌车 1.2km 门机	m³	104.00	25.65	2667.60
	面板模板	m²	209.00	38.07	7956.63
2	其他直接费	%	6.75		2711.10
二	间接费	%	16.90		7245.97
三	利润	%	7.00		3508.51
四	价差	元			2175.10
五	税金	%	9.00		5022.46
	合计				60827.57

52. 面板混凝土 C30 二级配混凝土面板堆石坝

建 筑 工 程 单 价 表

项目：面板混凝土 C30 二级配 W12

定额编号：40011×1　　　　　　　　定额单位：100m³

施工方法：混凝土拌和系统，采用 6m³ 混凝土搅拌运输车运混凝土，运距 1.2km，门机入仓，钢木组合模板施工，插入式振捣器振捣施工。

单价：668.80 元　　　　　　　　　　　单位：m³

编号	名称及规格	单位	数量	单价（元）	合价（元）
一	直接费				46885.89
1	基本直接费				43921.21
（1）	人工费				3390.81
	高级熟练工	工时	24.00	10.26	246.24
	熟练工	工时	142.00	7.61	1080.62
	半熟练工	工时	211.00	5.95	1255.45
	普工	工时	165.00	4.90	808.50
（2）	材料费				28049.71
	综合水价	m³	180.00	2.84	511.20
	C30 SN42.5 级配 2 W12	m³	107.00	255.93	27384.51
	其他材料费	元	154.00	1.00	154.00
（3）	机械使用费				123.82

编号	名称及规格	单位	数量	单价（元）	合价（元）
	振捣器插入式功率2.2kW	台时	26.00	3.57	92.82
	其他机械使用费	元	31.00	1.00	31.00
（4）	混凝土拌制　混凝土系统	m³	104.00	16.66	1732.64
	混凝土运　6m³搅拌车 1.2km 门机	m³	104.00	25.65	2667.60
	面板模板	m²	209.00	38.07	7956.63
2	其他直接费	%	6.75		2964.68
二	间接费	%	16.90		7923.72
三	利润	%	7.00		3836.67
四	价差	元			2711.81
五	税金	%	9.00		5522.23
	合计				66880.32

53. 趾板混凝土 C25 F100 二级配混凝土面板堆石坝

建 筑 工 程 单 价 表

项目：趾板混凝土 C25 F100 二级配

定额编号：40014×1　　　　　　　　定额单位：100m³

施工方法：混凝土拌和系统，采用 6m³ 混凝土搅拌运输车运混凝土，运距 1.2km，门机入仓，钢木组合模板施工，插入式振捣器振捣施工。

单价：557.34 元　　　　　　　　　　　单位：m³

编号	名称及规格	单位	数量	单价（元）	合价（元）
一	直接费				39208.99
1	基本直接费				36729.73
（1）	人工费				2657.04
	高级熟练工	工时	19.00	10.26	194.94
	熟练工	工时	130.00	7.61	989.30
	半熟练工	工时	124.00	5.95	737.80
	普工	工时	150.00	4.90	735.00
（2）	材料费				23948.35
	综合水价	m³	112.00	2.84	318.08
	C25 SN42.5 级配 2	m³	113.00	208.79	23593.27

编号	名称及规格	单位	数量	单价（元）	合价（元）
	其他材料费	元	37.00	1.00	37.00
（3）	机械使用费				101.82
	振捣器插入式功率2.2kW	台时	26.00	3.57	92.82
	其他机械使用费	元	9.00	1.00	9.00
（4）	混凝土拌制 混凝土系统	m³	110.00	16.66	1832.60
	基础、镇墩、底板、趾板及回填混凝土厚度≤1m	m²	73.00	73.54	5368.42
	混凝土运 6m³搅拌车 1.2km 门机	m³	110.00	25.65	2821.50
2	其他直接费	％	6.75		2479.26
二	间接费	％	16.90		6626.32
三	利润	％	7.00		3208.47
四	价差	元			2088.24
五	税金	％	9.00		4601.88
	合计				55733.90

54. 趾板混凝土 C25 W12 二级配混凝土面板堆石坝

建 筑 工 程 单 价 表

项目：趾板混凝土 C25 F100 二级配 W12

定额编号：40014×1　　　　　　　　　　定额单位：100m³

施工方法：混凝土拌和系统，采用6m³混凝土搅拌运输车运混凝土，运距1.2km，门机入仓，钢木组合模板施工，插入式振捣器振捣施工。

单价：579.40 元　　　　　　　　　　　　单位：m³

编号	名称及规格	单位	数量	单价（元）	合价（元）
一	直接费				40660.14
1	基本直接费				38089.12
（1）	人工费				2657.04
	高级熟练工	工时	19.00	10.26	194.94
	熟练工	工时	130.00	7.61	989.30
	半熟练工	工时	124.00	5.95	737.80
	普工	工时	150.00	4.90	735.00
（2）	材料费				25307.74

编号	名称及规格	单位	数量	单价（元）	合价（元）
	综合水价	m³	112.00	2.84	318.08
	C25 SN42.5 级配2 W12	m³	113.00	220.82	24952.66
	其他材料费	元	37.00	1.00	37.00
（3）	机械使用费				101.82
	振捣器插入式功率2.2kW	台时	26.00	3.57	92.82
	其他机械使用费	元	9.00	1.00	9.00
（4）	混凝土拌制 混凝土系统	m³	110.00	16.66	1832.60
	基础、镇墩、底板、趾板及回填混凝土厚度≤1m	m²	73.00	73.54	5368.42
	混凝土运 6m³搅拌车 1.2km 门机	m³	110.00	25.65	2821.50
2	其他直接费	％	6.75		2571.02
二	间接费	％	16.90		6871.56
三	利润	％	7.00		3327.22
四	价差	元			2297.06
五	税金	％	9.00		4784.04
	合计				57940.02

55. 重力坝混凝土 C25 二级配

建 筑 工 程 单 价 表

项目：重力坝混凝土 C25 二级配

定额编号：40001×1　　　　　　　　　　定额单位：100m³

施工方法：混凝土拌和系统，采用6m³混凝土搅拌运输车运混凝土，运距1.2km，门机入仓，钢木组合模板施工，插入式振捣器振捣施工。

单价：482.16 元　　　　　　　　　　　　单位：m³

编号	名称及规格	单位	数量	单价（元）	合价（元）
一	直接费				33828.19
1	基本直接费				31689.17
（1）	人工费				1285.22
	高级熟练工	工时	7.00	10.26	71.82
	熟练工	工时	55.00	7.61	418.55
	半熟练工	工时	71.00	5.95	422.45

编号	名称及规格	单位	数量	单价（元）	合价（元）
	普工	工时	76.00	4.90	372.40
（2）	材料费				22054.28
	综合水价	m³	93.00	2.84	264.12
	C25 SN42.5 级配 2	m³	104.00	208.79	21714.16
	其他材料费	元	76.00	1.00	76.00
（3）	机械使用费				380.88
	振捣器插入式功率 2.2kW	台时	12.47	3.57	44.52
	风水枪耗风量 2～6m³/min	台时	7.32	39.12	286.36
	其他机械使用费	元	50.00	1.00	50.00
（4）	混凝土拌制　混凝土系统	m³	101.00	16.66	1682.66
	混凝土运　6m³ 搅拌车 1.2km 门机	m³	101.00	25.65	2590.65
	常态坝模板	m²	31.80	116.21	3695.48
2	其他直接费	％	6.75		2139.02
二	间接费	％	16.90		5716.96
三	利润	％	7.00		2768.16
四	价差	元			1921.92
五	税金	％	9.00		3981.17
	合计				48216.40

56. 碾压重力坝混凝土 C15 三级配

建 筑 工 程 单 价 表

项目：碾压混凝土 C15 三级配

定额编号：40007×1　　　　　　　　定额单位：100m³

施工方法：混凝土拌和系统，采用 6m³ 混凝土搅拌运输车运混凝土，运距 1.2km，门机入仓，钢木组合模板施工，插入式振捣器振捣施工。

单价：260.13 元　　　　　　　　　　　　单位：m³

编号	名称及规格	单位	数量	单价（元）	合价（元）
一	直接费				18765.14
1	基本直接费				17578.59
（1）	人工费				336.35
	高级熟练工	工时	1.00	10.26	10.26
	熟练工	工时	9.00	7.61	68.49

编号	名称及规格	单位	数量	单价（元）	合价（元）
	半熟练工	工时	12.00	5.95	71.40
	普工	工时	38.00	4.90	186.20
（2）	材料费				11687.93
	综合水价	m³	93.00	2.84	264.12
	C15 级配 3 碾压	m³	103.00	107.43	11065.29
	砌筑砂浆 C75	m³	1.00	207.52	207.52
	其他材料费	元	151.00	1.00	151.00
（3）	机械使用费				1197.66
	混凝土平仓机 D31P-20	台时	2.17	272.66	591.67
	混凝土振动碾 BW202AD	台时	2.09	194.91	407.36
	混凝土振动碾 BW-75S	台时	0.90	89.78	80.80
	五头刷毛机 BW103A	台时	0.21	133.19	27.97
	混凝土冲毛机 GCHJ-50	台时	0.71	73.04	51.86
	其他机械使用费	元	38.00	1.00	38.00
（4）	混凝土运　6m³ 搅拌车 1.2km 门机	m³	101.00	25.65	2590.65
	碾压混凝土大坝模板	m²	11.00	79.47	874.17
	碾压混凝土拌和系统	m³	101.00	8.83	891.83
2	其他直接费	％	6.75		1186.55
二	间接费	％	16.90		3171.31
三	利润	％	7.00		1535.55
四	价差	元			392.86
五	税金	％	9.00		2147.84
	合计				26012.70

57. 拦沙潜坝混凝土 C20 二级配

建 筑 工 程 单 价 表

项目：拦沙潜坝混凝土 C20 二级配

定额编号：40011×1　　　　　　　　定额单位：100m³

施工方法：混凝土拌和系统，采用 6m³ 混凝土搅拌运输车运混凝土，运距 1.2km，门机入仓，钢木组合模板施工，插入式振捣器振捣施工。

单价：569.17 元　　　　　　　　　　　　单位：m³

编号	名称及规格	单位	数量	单价（元）	合价（元）
一	直接费				40300.96

编号	名称及规格	单位	数量	单价（元）	合价（元）
1	基本直接费				37752.66
（1）	人工费				3390.81
	高级熟练工	工时	24.00	10.26	246.24
	熟练工	工时	142.00	7.61	1080.62
	半熟练工	工时	211.00	5.95	1255.45
	普工	工时	165.00	4.90	808.50
（2）	材料费				21881.16
	综合水价	m³	180.00	2.84	511.20
	C20 SN42.5 级配 2	m³	107.00	198.28	21215.96
	其他材料费	元	154.00	1.00	154.00
（3）	机械使用费				123.82
	振捣器插入式功率 2.2kW	台时	26.00	3.57	92.82
	其他机械使用费	元	31.00	1.00	31.00
（4）	混凝土拌制　混凝土系统	m³	104.00	16.66	1732.64
	混凝土运　6m³ 搅拌车 1.2km 门机	m³	104.00	25.65	2667.60
	面板模板	m²	209.00	38.07	7956.63
2	其他直接费	%		6.75	2548.30
二	间接费	%		16.90	6810.86
三	利润	%		7.00	3297.83
四	价差	元			1807.87
五	税金	%		9.00	4699.58
	合计				56917.10

58. 拦沙坝常态混凝土 C25 二级配

建 筑 工 程 单 价 表

项目：拦沙坝常态混凝土 C25 二级配

定额编号：40001×1　　　　　　　　定额单位：100m³

施工方法：混凝土拌和系统，采用 6m³ 混凝土搅拌运输车运混凝土，运距 1.2km，门机入仓，钢木组合模板施工，插入式振捣器振捣施工。

单价：482.16 元　　　　　　　　　　单位：m³

编号	名称及规格	单位	数量	单价（元）	合价（元）
一	直接费				33828.19
1	基本直接费				31689.17
（1）	人工费				1285.22

编号	名称及规格	单位	数量	单价（元）	合价（元）
	高级熟练工	工时	7.00	10.26	71.82
	熟练工	工时	55.00	7.61	418.55
	半熟练工	工时	71.00	5.95	422.45
	普工	工时	76.00	4.90	372.40
（2）	材料费				22054.28
	综合水价	m³	93.00	2.84	264.12
	C25 SN42.5 级配 2	m³	104.00	208.79	21714.16
	其他材料费	元	76.00	1.00	76.00
（3）	机械使用费				380.88
	振捣器插入式功率 2.2kW	台时	12.47	3.57	44.52
	风水枪耗风量 2～6m³/min	台时	7.32	39.12	286.36
	其他机械使用费	元	50.00	1.00	50.00
（4）	混凝土拌制　混凝土系统	m³	101.00	16.66	1682.66
	混凝土运　6m³ 搅拌车 1.2km 门机	m³	101.00	25.65	2590.65
	常态坝模板	m²	31.80	116.21	3695.48
2	其他直接费	%		6.75	2139.02
二	间接费	%		16.90	5716.96
三	利润	%		7.00	2768.16
四	价差	元			1921.92
五	税金	%		9.00	3981.17
	合计				48216.40

59. 坝顶结构混凝土 C25 F100 二级配

建 筑 工 程 单 价 表

项目：坝顶结构混凝土 C25 F100 二级配

定额编号：40185×1　　　　　　　　定额单位：100m³

施工方法：混凝土拌和系统，采用 6m³ 混凝土搅拌运输车运混凝土，运距 1.2km，门机入仓，钢木组合模板施工，插入式振捣器振捣施工。

单价：879.15 元　　　　　　　　　　单位：m³

编号	名称及规格	单位	数量	单价（元）	合价（元）
一	直接费				62945.55
1	基本直接费				58965.39
（1）	人工费				2958.14
	高级熟练工	工时	23.00	10.26	235.98

编号	名称及规格	单位	数量	单价（元）	合价（元）
	熟练工	工时	161.00	7.61	1225.21
	半熟练工	工时	203.00	5.95	1207.85
	普工	工时	59.00	4.90	289.10
（2）	材料费				22104.60
	综合水价	m³	91.00	2.84	258.44
	C25 SN42.5 级配 2	m³	104.00	208.79	21714.16
	其他材料费	元	132.00	1.00	132.00
（3）	机械使用费				572.78
	振捣器平板式功率 2.2kW	台时	31.71	2.65	84.03
	风水枪耗风量 2～6m³/min	台时	11.65	39.12	455.75
	其他机械使用费	元	33.00	1.00	33.00
（4）	混凝土拌制 混凝土系统	m³	101.00	16.66	1682.66
	混凝土运 6m³搅拌车 1.2km 门机	m³	101.00	25.65	2590.65
	模板混凝土墙 0.5m	m²	402.00	72.28	29056.56
2	其他直接费	％	6.75		3980.16
二	间接费	％	16.90		10637.80
三	利润	％	7.00		5150.83
四	价差	元			1921.92
五	税金	％	9.00		7259.05
	合计				87915.16

60. 周圈廊道混凝土 C25 二级配

建 筑 工 程 单 价 表

项目：周圈廊道混凝土 C25 二级配

定额编号：40243×1　　　　　　　　　　定额单位：100m²

施工方法：混凝土拌和系统，采用 6m³ 混凝土搅拌运输车运混凝土，运距 1.2km，门机入仓，钢木组合模板施工，插入式振捣器振捣施工。

单价：655.62 元　　　　　　　　　　　　　单位：m³

编号	名称及规格	单位	数量	单价（元）	合价（元）
一	直接费				46461.90
1	基本直接费				43524.03
（1）	人工费				3366.26

编号	名称及规格	单位	数量	单价（元）	合价（元）
	高级熟练工	工时	28.00	10.26	287.28
	熟练工	工时	163.00	7.61	1240.43
	半熟练工	工时	225.00	5.95	1338.75
	普工	工时	102.00	4.90	499.80
（2）	材料费				23277.18
	综合水价	m³	92.00	2.84	261.28
	C25 SN42.5 级配 2	m³	110.00	208.79	22966.90
	其他材料费	元	49.00	1.00	49.00
（3）	机械使用费				806.22
	振捣器插入式功率 2.2kW	台时	37.33	3.57	133.27
	风水枪耗风量 2～6m³/min	台时	16.87	39.12	659.95
	其他机械使用费	元	13.00	1.00	13.00
（4）	混凝土拌制 混凝土系统	m³	107.00	16.66	1782.62
	混凝土运 6m³搅拌车 1.2km 门机	m³	107.00	25.65	2744.55
	箱式涵洞模板	m²	140.00	82.48	11547.20
2	其他直接费	％	6.75		2937.87
二	间接费	％	16.90		7852.06
三	利润	％	7.00		3801.98
四	价差	元			2032.80
五	税金	％	9.00		5413.39
	合计				65562.13

61. 路面混凝土 C30 二级配

建 筑 工 程 单 价 表

项目：路面混凝土 C30 二级配

定额编号：40211×1　　　　　　　　　　定额单位：100m³

施工方法：混凝土拌和系统，采用 6m³ 混凝土搅拌运输车运混凝土，运距 1.2km，溜槽入仓，钢木组合模板施工，插入式振捣器振捣施工。

单价：589.37 元　　　　　　　　　　　　　单位：m³

编号	名称及规格	单位	数量	单价（元）	合价（元）
一	直接费				41131.13
1	基本直接费				38530.33
（1）	人工费				3140.07
	高级熟练工	工时	17.00	10.26	174.42

编号	名称及规格	单位	数量	单价（元）	合价（元）
	熟练工	工时	100.00	7.61	761.00
	半熟练工	工时	177.00	5.95	1053.15
	普工	工时	235.00	4.90	1151.50
(2)	材料费				28851.80
	综合水价	m³	115.00	2.84	326.60
	C30 SN42.5 级配 2	m³	129.00	220.80	28483.20
	其他材料费	元	42.00	1.00	42.00
(3)	机械使用费				841.19
	振捣器变频机组功率 4.5kW	台时	22.97	5.19	119.21
	风水枪耗风量 2～6m³/min	台时	18.20	39.12	711.98
	其他机械使用费	元	10.00	1.00	10.00
(4)	混凝土拌制　混凝土系统	m³	125.00	16.66	2082.50
	混凝土运　6m³ 搅拌车 1.2km 溜槽	m³	125.00	21.27	2658.75
	基础、镇墩、底板、趾板及回填混凝土厚度≤1m	m²	13.00	73.54	956.02
2	其他直接费	%	6.75		2600.80
二	间接费	%	16.90		6951.16
三	利润	%	7.00		3365.76
四	价差	元			2622.31
五	税金	%	9.00		4866.33
	合计				58936.69

62. 路面混凝土 C25 二级配

建 筑 工 程 单 价 表

项目：路面混凝土 C25 二级配

定额编号：40211×1　　　　　　　　　　　定额单位：100m³

施工方法：混凝土拌和系统，采用 6m³ 混凝土搅拌运输车运混凝土，运距 1.2km，溜槽入仓，钢木组合模板施工，插入式振捣器振捣施工。

单价：564.22 元　　　　　　　　　　　　　单位：m³

编号	名称及规格	单位	数量	单价（元）	合价（元）
一	直接费				39477.26
1	基本直接费				36981.04

编号	名称及规格	单位	数量	单价（元）	合价（元）
(1)	人工费				3140.07
	高级熟练工	工时	17.00	10.26	174.42
	熟练工	工时	100.00	7.61	761.00
	半熟练工	工时	177.00	5.95	1053.15
	普工	工时	235.00	4.90	1151.50
(2)	材料费				27302.51
	综合水价	m³	115.00	2.84	326.60
	C25 SN42.5 级配 2	m³	129.00	208.79	26933.91
	其他材料费	元	42.00	1.00	42.00
(3)	机械使用费				841.19
	振捣器变频机组功率 4.5kW	台时	22.97	5.19	119.21
	风水枪耗风量 2～6m³/min	台时	18.20	39.12	711.98
	其他机械使用费	元	10.00	1.00	10.00
(4)	混凝土拌制　混凝土系统	m³	125.00	16.66	2082.50
	混凝土运　6m³ 搅拌车 1.2km 溜槽	m³	125.00	21.27	2658.75
	基础、镇墩、底板、趾板及回填混凝土厚度≤1m	m²	13.00	73.54	956.02
2	其他直接费	%	6.75		2496.22
二	间接费	%	16.90		6671.66
三	利润	%	7.00		3230.42
四	价差	元			2383.92
五	税金	%	9.00		4658.69
	合计				56421.95

63. 路面混凝土 C20 二级配

建 筑 工 程 单 价 表

项目：路面混凝土 C20 二级配

定额编号：40211×1　　　　　　　　　　　定额单位：100m³

施工方法：混凝土拌和系统，采用 6m³ 混凝土搅拌运输车运混凝土，运距 1.2km，溜槽入仓，钢木组合模板施工，插入式振捣器振捣施工。

单价：542.26 元　　　　　　　　　　　　　单位：m³

编号	名称及规格	单位	数量	单价（元）	合价（元）
一	直接费				38029.95
1	基本直接费				35625.25

编号	名称及规格	单位	数量	单价（元）	合价（元）
（1）	人工费				3140.07
	高级熟练工	工时	17.00	10.26	174.42
	熟练工	工时	100.00	7.61	761.00
	半熟练工	工时	177.00	5.95	1053.15
	普工	工时	235.00	4.90	1151.50
（2）	材料费				25946.72
	综合水价	m³	115.00	2.84	326.60
	C20 SN42.5 级配 2	m³	129.00	198.28	25578.12
	其他材料费	元	42.00	1.00	42.00
（3）	机械使用费				841.19
	振捣器变频机组功率 4.5kW	台时	22.97	5.19	119.21
	风水枪耗风量 2~6m³/min	台时	18.20	39.12	711.98
	其他机械使用费	元	10.00	1.00	10.00
（4）	混凝土拌制　混凝土系统	m³	125.00	16.66	2082.50
	混凝土运　6m³ 搅拌车 1.2km 溜槽	m³	125.00	21.27	2658.75
	基础、镇墩、底板、趾板及回填混凝土厚度≤1m	m²	13.00	73.54	956.02
2	其他直接费	%	6.75		2404.70
二	间接费	%	16.90		6427.06
三	利润	%	7.00		3111.99
四	价差	元			2179.58
五	税金	%	9.00		4477.37
	合计				54225.96

64. 路面混凝土 5.0

建 筑 工 程 单 价 表

项目：路面混凝土 5.0

定额编号：40211×1　　　　　　　　　　定额单位：100m³

施工方法：混凝土拌和系统，采用 6m³ 混凝土搅拌运输车运混凝土，运距 1.2km，溜槽入仓，钢木组合模板施工，插入式振捣器振捣施工。

单价：662.38 元　　　　　　　　　　　　　　　　单位：m³

编号	名称及规格	单位	数量	单价（元）	合价（元）
一	直接费				45968.79
1	基本直接费				43062.10

编号	名称及规格	单位	数量	单价（元）	合价（元）
（1）	人工费				3140.07
	高级熟练工	工时	17.00	10.26	174.42
	熟练工	工时	100.00	7.61	761.00
	半熟练工	工时	177.00	5.95	1053.15
	普工	工时	235.00	4.90	1151.50
（2）	材料费				33383.57
	综合水价	m³	115.00	2.84	326.60
	C30 SN42.5 级配 2 W12	m³	129.00	255.93	33014.97
	其他材料费	元	42.00	1.00	42.00
（3）	机械使用费				841.19
	振捣器变频机组功率 4.5kW	台时	22.97	5.19	119.21
	风水枪耗风量 2~6m³/min	台时	18.20	39.12	711.98
	其他机械使用费	元	10.00	1.00	10.00
（4）	混凝土拌制　混凝土系统	m³	125.00	16.66	2082.50
	混凝土运　6m³ 搅拌车 1.2km 溜槽	m³	125.00	21.27	2658.75
	基础、镇墩、底板、趾板及回填混凝土厚度≤1m	m²	13.00	73.54	956.02
2	其他直接费	%	6.75		2906.69
二	间接费	%	16.90		7768.73
三	利润	%	7.00		3761.63
四	价差	元			3269.38
五	税金	%	9.00		5469.17
	合计				66237.69

65. 防浪墙混凝土 C20 二级配

建 筑 工 程 单 价 表

项目：防浪墙混凝土 C20 二级配

定额编号：40185×1　　　　　　　　　　定额单位：100m³

施工方法：混凝土拌和系统，采用 6m³ 混凝土搅拌运输车运混凝土，运距 1.2km，溜槽入仓，钢木组合模板施工，插入式振捣器振捣施工。

单价：855.43 元　　　　　　　　　　　　　　　　单位：m³

编号	名称及规格	单位	数量	单价（元）	合价（元）
一	直接费				61337.63
1	基本直接费				57459.14

编号	名称及规格	单位	数量	单价（元）	合价（元）
（1）	人工费				2958.14
	高级熟练工	工时	23.00	10.26	235.98
	熟练工	工时	161.00	7.61	1225.21
	半熟练工	工时	203.00	5.95	1207.85
	普工	工时	59.00	4.90	289.10
（2）	材料费				21011.56
	综合水价	m³	91.00	2.84	258.44
	C20 SN42.5 级配 2	m³	104.00	198.28	20621.12
	其他材料费	元	132.00	1.00	132.00
（3）	机械使用费				601.95
	振捣器插入式功率 2.2kW	台时	31.71	3.57	113.20
	风水枪耗风量 2～6m³/min	台时	11.65	39.12	455.75
	其他机械使用费	元	33.00	1.00	33.00
（4）	混凝土拌制　混凝土系统	m³	101.00	16.66	1682.66
	混凝土运　6m³ 搅拌车 1.2km 溜槽	m³	101.00	21.27	2148.27
	混凝土墙模板 0.5m	m²	402.00	72.28	29056.56
2	其他直接费	％	6.75		3878.49
二	间接费	％	16.90		10366.06
三	利润	％	7.00		5019.26
四	价差	元			1757.18
五	税金	％	9.00		7063.21
	合计				85543.34

66. 防浪墙混凝土 C25 二级配

建 筑 工 程 单 价 表

项目：防浪墙混凝土 C25 二级配

定额编号：40185×1　　　　　　　　　　　　　定额单位：100m³

施工方法：混凝土拌和系统，采用 6m³ 混凝土搅拌运输车运混凝土，运距 1.2km，溜槽入仓，钢木组合模板施工，插入式振捣器振捣施工。

单价：873.14 元　　　　　　　　　　　　　　　　单位：m³

编号	名称及规格	单位	数量	单价（元）	合价（元）
一	直接费				62504.45
1	基本直接费				58552.18

编号	名称及规格	单位	数量	单价（元）	合价（元）
（1）	人工费				2958.14
	高级熟练工	工时	23.00	10.26	235.98
	熟练工	工时	161.00	7.61	1225.21
	半熟练工	工时	203.00	5.95	1207.85
	普工	工时	59.00	4.90	289.10
（2）	材料费				22104.60
	综合水价	m³	91.00	2.84	258.44
	C25 SN42.5 级配 2	m³	104.00	208.79	21714.16
	其他材料费	元	132.00	1.00	132.00
（3）	机械使用费				601.95
	振捣器插入式功率 2.2kW	台时	31.71	3.57	113.20
	风水枪耗风量 2～6m³/min	台时	11.65	39.12	455.75
	其他机械使用费	元	33.00	1.00	33.00
（4）	混凝土拌制　混凝土系统	m³	101.00	16.66	1682.66
	混凝土运　6m³ 搅拌车 1.2km 溜槽	m³	101.00	21.27	2148.27
	混凝土墙模板 0.5m	m²	402.00	72.28	29056.56
2	其他直接费	％	6.75		3952.27
二	间接费	％	16.90		10563.25
三	利润	％	7.00		5114.74
四	价差	元			1921.92
五	税金	％	9.00		7209.39
	合计				87313.76

67. 混凝土挡墙 C25 二级配

建 筑 工 程 单 价 表

项目：混凝土挡墙 C25 二级配

定额编号：40197×1　　　　　　　　　　　　　定额单位：100m³

施工方法：混凝土拌和系统，采用 6m³ 混凝土搅拌运输车运混凝土，运距 1.2km，溜槽入仓，钢木组合模板施工，插入式振捣器振捣施工。

单价：601.78 元　　　　　　　　　　　　　　　　单位：m³

编号	名称及规格	单位	数量	单价（元）	合价（元）
一	直接费				42453.99
1	基本直接费				39769.55
（1）	人工费				2951.59

编号	名称及规格	单位	数量	单价（元）	合价（元）
	高级熟练工	工时	23.00	10.26	235.98
	熟练工	工时	156.00	7.61	1187.16
	半熟练工	工时	205.00	5.95	1219.75
	普工	工时	63.00	4.90	308.70
（2）	材料费				24218.22
	综合水价	m³	99.00	2.84	281.16
	C25 SN42.5 级配 2	m³	114.00	208.79	23802.06
	其他材料费	元	135.00	1.00	135.00
（3）	机械使用费				595.04
	振捣器插入式功率 2.2kW	台时	30.70	3.57	109.60
	风水枪耗风量 2～6m³/min	台时	11.54	39.12	451.44
	其他机械使用费	元	34.00	1.00	34.00
（4）	混凝土拌制　混凝土系统	m³	110.00	16.66	1832.60
	混凝土运　6m³ 搅拌车 1.2km 溜槽	m³	110.00	21.27	2339.70
	模板混凝土墙 1m	m²	107.00	73.20	7832.40
2	其他直接费	％	6.75		2684.44
二	间接费	％	16.90		7174.73
三	利润	％	7.00		3474.01
四	价差	元			2106.72
五	税金	％	9.00		4968.85
	合计				60178.30

68. 混凝土挡墙 C20 二级配

建 筑 工 程 单 价 表

项目：混凝土挡墙 C20 二级配

定额编号：40197×1　　　　　　　　　　定额单位：100m³

施工方法：混凝土拌和系统，采用 6m³ 混凝土搅拌运输车运混凝土，运距 1.2km，溜槽入仓，钢木组合模板施工，插入式振捣器振捣施工。

单价：582.38 元　　　　　　　　　　　　　　单位：m³

编号	名称及规格	单位	数量	单价（元）	合价（元）
一	直接费				41174.98
1	基本直接费				38571.41

编号	名称及规格	单位	数量	单价（元）	合价（元）
（1）	人工费				2951.59
	高级熟练工	工时	23.00	10.26	235.98
	熟练工	工时	156.00	7.61	1187.16
	半熟练工	工时	205.00	5.95	1219.75
	普工	工时	63.00	4.90	308.70
（2）	材料费				23020.08
	综合水价	m³	99.00	2.84	281.16
	C20 SN42.5 级配 2	m³	114.00	198.28	22603.92
	其他材料费	元	135.00	1.00	135.00
（3）	机械使用费				595.04
	振捣器插入式功率 2.2kW	台时	30.70	3.57	109.60
	风水枪耗风量 2～6m³/min	台时	11.54	39.12	451.44
	其他机械使用费	元	34.00	1.00	34.00
（4）	混凝土拌制　混凝土系统	m³	110.00	16.66	1832.60
	混凝土运　6m³ 搅拌车 1.2km 溜槽	m³	110.00	21.27	2339.70
	模板混凝土墙 1m	m²	107.00	73.20	7832.40
2	其他直接费	％	6.75		2603.57
二	间接费	％	16.90		6958.57
三	利润	％	7.00		3369.35
四	价差	元			1926.14
五	税金	％	9.00		4808.61
	合计				58237.65

69. 混凝土挡墙 C15 二级配

建 筑 工 程 单 价 表

项目：混凝土挡墙 C15 二级配

定额编号：40197×1　　　　　　　　　　定额单位：100m³

施工方法：混凝土拌和系统，采用 6m³ 混凝土搅拌运输车运混凝土，运距 1.2km，溜槽入仓，钢木组合模板施工，插入式振捣器振捣施工。

单价：568.11 元　　　　　　　　　　　　　　单位：m³

编号	名称及规格	单位	数量	单价（元）	合价（元）
一	直接费				40242.80

编号	名称及规格	单位	数量	单价（元）	合价（元）
1	基本直接费				37698.17
（1）	人工费				2951.59
	高级熟练工	工时	23.00	10.26	235.98
	熟练工	工时	156.00	7.61	1187.16
	半熟练工	工时	205.00	5.95	1219.75
	普工	工时	63.00	4.90	308.70
（2）	材料费				22146.84
	综合水价	m³	99.00	2.84	281.16
	C15 SN32.5 级配2	m³	114.00	190.62	21730.68
	其他材料费	元	135.00	1.00	135.00
（3）	机械使用费				595.04
	振捣器插入式功率 2.2kW	台时	30.70	3.57	109.60
	风水枪耗风量 2~6m³/min	台时	11.54	39.12	451.44
	其他机械使用费	元	34.00	1.00	34.00
（4）	混凝土拌制 混凝土系统	m³	110.00	16.66	1832.60
	混凝土运 6m³搅拌车 1.2km 溜槽	m³	110.00	21.27	2339.70
	模板混凝土墙 1m	m²	107.00	73.20	7832.40
2	其他直接费	%	6.75		2544.63
二	间接费	%	16.90		6801.03
三	利润	%	7.00		3293.07
四	价差	元			1783.19
五	税金	%	9.00		4690.81
	合计				56810.89

70. 混凝土 C20 二级配基座

建 筑 工 程 单 价 表

项目：混凝土 C20 二级配基座

定额编号：40211×1　　　　　　　　　　定额单位：100m³

施工方法：混凝土拌和系统，采用 6m³ 混凝土搅拌运输车运混凝土，运距 1.2km，溜槽入仓，钢木组合模板施工，插入式振捣器振捣施工。

单价：542.26 元　　　　　　　　　　　　　　单位：m³

编号	名称及规格	单位	数量	单价（元）	合价（元）
一	直接费				38029.95
1	基本直接费				35625.25

编号	名称及规格	单位	数量	单价（元）	合价（元）
（1）	人工费				3140.07
	高级熟练工	工时	17.00	10.26	174.42
	熟练工	工时	100.00	7.61	761.00
	半熟练工	工时	177.00	5.95	1053.15
	普工	工时	235.00	4.90	1151.50
（2）	材料费				25946.72
	综合水价	m³	115.00	2.84	326.60
	C20 SN42.5 级配2	m³	129.00	198.28	25578.12
	其他材料费	元	42.00	1.00	42.00
（3）	机械使用费				841.19
	振捣器变频机组功率 4.5kW	台时	22.97	5.19	119.21
	风水枪耗风量 2~6m³/min	台时	18.20	39.12	711.98
	其他机械使用费	元	10.00	1.00	10.00
（4）	混凝土拌制 混凝土系统	m³	125.00	16.66	2082.50
	混凝土运 6m³搅拌车 1.2km 溜槽	m³	125.00	21.27	2658.75
	基础、镇墩、底板、趾板及回填混凝土厚度≤1m	m²	13.00	73.54	956.02
2	其他直接费	%	6.75		2404.70
二	间接费	%	16.90		6427.06
三	利润	%	7.00		3111.99
四	价差	元			2179.58
五	税金	%	9.00		4477.37
	合计				54225.96

71. 素混凝土垫层 C10 二级配

建 筑 工 程 单 价 表

项目：素混凝土垫层 C10 二级配

定额编号：40270×1　　　　　　　　　　定额单位：100m³

施工方法：混凝土拌和系统，采用 6m³ 混凝土搅拌运输车运混凝土，运距 1.2km，溜槽入仓，钢木组合模板施工，插入式振捣器振捣施工。

单价：377.41 元　　　　　　　　　　　　　　单位：m³

编号	名称及规格	单位	数量	单价（元）	合价（元）
一	直接费				26567.64
1	基本直接费				24887.72

编号	名称及规格	单位	数量	单价（元）	合价（元）
（1）	人工费				1253.36
	高级熟练工	工时	10.00	10.26	102.60
	熟练工	工时	51.00	7.61	388.11
	半熟练工	工时	59.00	5.95	351.05
	普工	工时	84.00	4.90	411.60
（2）	材料费				18312.33
	综合水价	m³	46.00	2.84	130.64
	C10 级配 2	m³	103.00	176.23	18151.69
	其他材料费	元	30.00	1.00	30.00
（3）	机械使用费				58.23
	振捣器插入式功率 2.2kW	台时	14.07	3.57	50.23
	其他机械使用费	元	8.00	1.00	8.00
（4）	混凝土拌制　混凝土系统	m³	100.00	16.66	1666.00
	混凝土运　6m³ 搅拌车 1.2km 溜槽	m³	100.00	21.27	2127.00
	基础、镇墩、底板、趾板及回填混凝土厚度≤1m	m²	20.00	73.54	1470.80
2	其他直接费	％	6.75		1679.92
二	间接费	％	16.90		4489.93
三	利润	％	7.00		2174.03
四	价差	元			1393.59
五	税金	％	9.00		3116.27
	合计				37741.46

72. 素混凝土垫层 C10 三级配

建 筑 工 程 单 价 表

项目：素混凝土垫层 C10 三级配

定额编号：40270×1　　　　　　　　　　　定额单位：100m³

施工方法：混凝土拌和系统，采用 6m³ 混凝土搅拌运输车运混凝土，运距 1.2km，溜槽入仓，钢木组合模板施工，插入式振捣器振捣施工。

　　　　　　　　　　　　　　　　　　　　　　单位：m³

单价：347.82 元

编号	名称及规格	单位	数量	单价（元）	合价（元）
一	直接费				24581.90
1	基本直接费				23027.54

编号	名称及规格	单位	数量	单价（元）	合价（元）
（1）	人工费				1253.36
	高级熟练工	工时	10.00	10.26	102.60
	熟练工	工时	51.00	7.61	388.11
	半熟练工	工时	59.00	5.95	351.05
	普工	工时	84.00	4.90	411.60
（2）	材料费				16452.15
	综合水价	m³	46.00	2.84	130.64
	C10 级配 3	m³	103.00	158.17	16291.51
	其他材料费	元	30.00	1.00	30.00
（3）	机械使用费				58.23
	振捣器插入式功率 2.2kW	台时	14.07	3.57	50.23
	其他机械使用费	元	8.00	1.00	8.00
（4）	混凝土拌制　混凝土系统	m³	100.00	16.66	1666.00
	混凝土运　6m³ 搅拌车 1.2km 溜槽	m³	100.00	21.27	2127.00
	基础、镇墩、底板、趾板及回填混凝土厚度≤1m	m²	20.00	73.54	1470.80
2	其他直接费	％	6.75		1554.36
二	间接费	％	16.90		4154.34
三	利润	％	7.00		2011.54
四	价差	元			1162.46
五	税金	％	9.00		2871.92
	合计				34782.16

73. 库盆无砂混凝土垫层 C20 二级配

建 筑 工 程 单 价 表

项目：库盆无砂混凝土垫层 C20 二级配

定额编号：40013×1　　　　　　　　　　　定额单位：100m³

施工方法：混凝土拌和系统，采用 6m³ 混凝土搅拌运输车运混凝土，运距 1.2km，溜槽入仓，钢木组合模板施工，插入式振捣器振捣施工。

　　　　　　　　　　　　　　　　　　　　　　单位：m³

单价：725.95 元

编号	名称及规格	单位	数量	单价（元）	合价（元）
一	直接费				50962.33
1	基本直接费				47739.89

编号	名称及规格	单位	数量	单价（元）	合价（元）
（1）	人工费				3253.23
	高级熟练工	工时	20.00	10.26	205.20
	熟练工	工时	118.00	7.61	897.98
	半熟练工	工时	209.00	5.95	1243.55
	普工	工时	185.00	4.90	906.50
（2）	材料费				26891.88
	综合水价	m³	170.00	2.84	482.80
	无砂混凝土 C20 级配 2	m³	136.00	193.28	26286.08
	其他材料费	元	123.00	1.00	123.00
（3）	机械使用费				116.68
	振捣器插入式功率 2.2kW	台时	24.00	3.57	85.68
	其他机械使用费	元	31.00	1.00	31.00
（4）	混凝土运　6m³ 搅拌车 1.2km 溜槽	m³	133.00	21.27	2828.91
	面板模板	m²	342.00	38.07	13019.94
	砂浆拌合	m³	133.00	12.25	1629.25
2	其他直接费	％	6.75		3222.44
二	间接费	％	16.90		8612.63
三	利润	％	7.00		4170.25
四	价差	元			2856.02
五	税金	％	9.00		5994.11
	合计				72595.35

74. 面板砂浆垫层

建 筑 工 程 单 价 表

项目：面板砂浆垫层

定额编号：40015×1　　　　　　　　　定额单位：100m²

施工方法：抹面水泥砂浆：清洗、拌和、抹面。施工准备、人工摊铺、碾压。

单价：503.64 元　　　　　　　　　　　　单位：m³

编号	名称及规格	单位	数量	单价（元）	合价（元）
一	直接费				35433.02
1	基本直接费				33192.52
（1）	人工费				8467.41
	高级熟练工	工时	55.00	10.26	564.30

编号	名称及规格	单位	数量	单价（元）	合价（元）
	熟练工	工时	166.00	7.61	1263.26
	半熟练工	工时	663.00	5.95	3944.85
	普工	工时	550.00	4.90	2695.00
（2）	材料费				21696.84
	综合水价	m³	92.00	2.84	261.28
	砌筑砂浆 C75	m³	103.00	207.52	21374.56
	其他材料费	元	61.00	1.00	61.00
（3）	机械使用费				829.27
	振动碾斜坡重量 10t	台时	6.90	95.31	657.64
	卷扬机　5t	台时	6.90	22.70	156.63
	其他机械使用费	元	15.00	1.00	15.00
（4）	砂浆运输 1.2km	m³	100.00	9.74	974.00
	砂浆拌和	m³	100.00	12.25	1225.00
2	其他直接费	％	6.75		2240.50
二	间接费	％	16.90		5988.18
三	利润	％	7.00		2899.48
四	价差	元			1884.90
五	税金	％	9.00		4158.50
	合计				50364.08

75. 量水堰 C20 二级配

建 筑 工 程 单 价 表

项目：量水堰 C20 二级配

定额编号：40185×0.6，40211×0.4　　　　　定额单位：100m³

施工方法：混凝土拌和系统，采用 6m³ 混凝土搅拌运输车运混凝土，运距 1.2km，溜槽入仓，钢木组合模板施工，插入式振捣器振捣施工。

单价：730.16 元　　　　　　　　　　　　单位：m³

编号	名称及规格	单位	数量	单价（元）	合价（元）
一	直接费				52014.58
1	基本直接费				48725.60
（1）	人工费				3030.92
	高级熟练工	工时	20.60	10.26	211.36
	熟练工	工时	136.60	7.61	1039.53

编号	名称及规格	单位	数量	单价（元）	合价（元）
	半熟练工	工时	192.60	5.95	1145.97
	普工	工时	129.40	4.90	634.06
（2）	材料费				22985.62
	综合水价	m³	100.60	2.84	285.70
	C20 SN42.5 级配 2	m³	114.00	198.28	22603.92
	其他材料费	元	96.00	1.00	96.00
（3）	机械使用费				697.65
	振捣器插入式功率 2.2kW	台时	19.03	3.57	67.92
	振捣器变频机组功率 4.5kW	台时	9.19	5.19	47.69
	风水枪耗风量 2～6m³/min	台时	14.27	39.12	558.24
	其他机械使用费	元	19.80	1.00	19.80
	其他机械使用费	元	4.00	1.00	4.00
（4）	混凝土拌制　混凝土系统	m³	110.60	16.66	1842.60
	混凝土运　6m³ 搅拌车 1.2km 溜槽	m³	110.60	21.27	2352.46
	基础、镇墩、底板、趾板及回填混凝土厚度≤1m	m²	5.20	73.54	382.41
	混凝土墙模板 0.5m	m²	241.20	72.28	17433.94
2	其他直接费	%	6.75		3288.98
二	间接费	%	16.90		8790.46
三	利润	%	7.00		4256.35
四	价差	元			1926.14
五	税金	%	9.00		6028.88
	合计				73016.41

76. 量水堰 C15 三级配

建 筑 工 程 单 价 表

项目：量水堰 C15 三级配

定额编号：40185×0.7，40211×0.3　　　　定额单位：100m³

施工方法：混凝土拌和系统，采用 6m³ 混凝土搅拌运输车运混凝土，运距 1.2km，溜槽入仓，钢木组合模板施工，插入式振捣器振捣施工。

单价：710.27 元　　　　　　　　　　　单位：m³

编号	名称及规格	单位	数量	单价（元）	合价（元）
一	直接费				50936.45
1	基本直接费				47715.64

编号	名称及规格	单位	数量	单价（元）	合价（元）
（1）	人工费				3012.74
	高级熟练工	工时	21.20	10.26	217.51
	熟练工	工时	142.70	7.61	1085.95
	半熟练工	工时	195.20	5.95	1161.44
	普工	工时	111.80	4.90	547.82
（2）	材料费				19298.75
	综合水价	m³	98.20	2.84	278.89
	C15 SN32.5 级配 3	m³	111.50	169.64	18914.86
	其他材料费	元	105.00	1.00	105.00
（3）	机械使用费				673.72
	振捣器插入式功率 2.2kW	台时	22.20	3.57	79.24
	振捣器变频机组功率 4.5kW	台时	6.89	5.19	35.76
	风水枪耗风量 2～6m³/min	台时	13.62	39.12	532.62
	其他机械使用费	元	23.10	1.00	23.10
	其他机械使用费	元	3.00	1.00	3.00
（4）	混凝土拌制　混凝土系统	m³	108.20	16.66	1802.61
	混凝土运　6m³ 搅拌车 1.2km 溜槽	m³	108.20	21.27	2301.41
	基础、镇墩、底板、趾板及回填混凝土厚度≤1m	m²	3.90	73.54	286.81
	混凝土墙模板 0.5m	m²	281.40	72.28	20339.59
2	其他直接费	%	6.75		3220.81
二	间接费	%	16.90		8608.26
三	利润	%	7.00		4168.13
四	价差	元			1449.72
五	税金	%	9.00		5864.63
	合计				71027.18

77. 路肩混凝土 C25 二级配

建 筑 工 程 单 价 表

项目：路肩混凝土 C25 二级配

定额编号：40269×1 定额单位：100m³

施工方法：混凝土拌和系统，采用 6m³ 混凝土搅拌运输车运混凝土，运距 1.2km，溜槽入仓，钢木组合模板施工，插入式振捣器振捣施工。

单价：753.77 元 单位：m³

编号	名称及规格	单位	数量	单价（元）	合价（元）
一	直接费				53734.26
1	基本直接费				50336.54
(1)	人工费				1999.61
	高级熟练工	工时	15.00	10.26	153.90
	熟练工	工时	76.00	7.61	578.36
	半熟练工	工时	115.00	5.95	684.25
	普工	工时	119.00	4.90	583.10
(2)	材料费				22308.31
	综合水价	m³	104.00	2.84	295.36
	C25 SN42.5 级配 2	m³	105.00	208.79	21922.95
	其他材料费	元	90.00	1.00	90.00
(3)	机械使用费				97.76
	振捣器插入式功率 2.2kW	台时	20.94	3.57	74.76
	其他机械使用费	元	23.00	1.00	23.00
(4)	混凝土拌制　混凝土系统	m³	102.00	16.66	1699.32
	混凝土运　6m³ 搅拌车 1.2km 溜槽	m³	102.00	21.27	2169.54
	基础、镇墩、底板、趾板及回填混凝土厚度≤1m	m²	300.00	73.54	22062.00
2	其他直接费	%	6.75		3397.72
二	间接费	%	16.90		9081.09
三	利润	%	7.00		4397.07
四	价差	元			1940.40
五	税金	%	9.00		6223.75
	合计				75376.57

78. 路肩混凝土 C20 二级配

建 筑 工 程 单 价 表

项目：路肩混凝土 C20 二级配

定额编号：40269×1 定额单位：100m³

施工方法：混凝土拌和系统，采用 6m³ 混凝土搅拌运输车运混凝土，运距 1.2km，溜槽入仓，钢木组合模板施工，插入式振捣器振捣施工。

单价：735.89 元 单位：m³

编号	名称及规格	单位	数量	单价（元）	合价（元）
一	直接费				52556.22
1	基本直接费				49232.99
(1)	人工费				1999.61
	高级熟练工	工时	15.00	10.26	153.90
	熟练工	工时	76.00	7.61	578.36
	半熟练工	工时	115.00	5.95	684.25
	普工	工时	119.00	4.90	583.10
(2)	材料费				21204.76
	综合水价	m³	104.00	2.84	295.36
	C20 SN42.5 级配 2	m³	105.00	198.28	20819.40
	其他材料费	元	90.00	1.00	90.00
(3)	机械使用费				97.76
	振捣器插入式功率 2.2kW	台时	20.94	3.57	74.76
	其他机械使用费	元	23.00	1.00	23.00
(4)	混凝土拌制　混凝土系统	m³	102.00	16.66	1699.32
	混凝土运　6m³ 搅拌车 1.2km 溜槽	m³	102.00	21.27	2169.54
	基础、镇墩、底板、趾板及回填混凝土厚度≤1m	m²	300.00	73.54	22062.00
2	其他直接费	%	6.75		3323.23
二	间接费	%	16.90		8882.00
三	利润	%	7.00		4300.68
四	价差	元			1774.08
五	税金	%	9.00		6076.17
	合计				73589.14

79. 断层处理 C20 二级配（回填）

建 筑 工 程 单 价 表

项目：断层处理 C20 二级配（回填）

定额编号：40270×1 定额单位：100m³

施工方法：混凝土拌和系统，采用 6m³ 混凝土搅拌运输车运混凝土，运距 1.2km，溜槽入仓，钢木组合模板施工，插入式振捣器振捣施工。

单价：414.25 元 单位：m³

编号	名称及规格	单位	数量	单价（元）	合价（元）
一	直接费				28992.09
1	基本直接费				27158.87
（1）	人工费				1253.36
	高级熟练工	工时	10.00	10.26	102.60
	熟练工	工时	51.00	7.61	388.11
	半熟练工	工时	59.00	5.95	351.05
	普工	工时	84.00	4.90	411.60
（2）	材料费				20583.48
	综合水价	m³	46.00	2.84	130.64
	C20 SN42.5 级配 2	m³	103.00	198.28	20422.84
	其他材料费	元	30.00	1.00	30.00
（3）	机械使用费				58.23
	振捣器插入式功率 2.2kW	台时	14.07	3.57	50.23
	其他机械使用费	元	8.00	1.00	8.00
（4）	混凝土拌制　混凝土系统	m³	100.00	16.66	1666.00
	混凝土运　6m³ 搅拌车 1.2km 溜槽	m³	100.00	21.27	2127.00
	基础、镇墩、底板、趾板及回填混凝土厚度≤1m	m²	20.00	73.54	1470.80
2	其他直接费	％	6.75		1833.22
二	间接费	％	16.90		4899.66
三	利润	％	7.00		2372.42
四	价差	元			1740.29
五	税金	％	9.00		3420.40
	合计				41424.87

80. 基础混凝土 C15 三级配

建 筑 工 程 单 价 表

项目：基础混凝土 C15 三级配

定额编号：40212×1 定额单位：100m³

施工方法：混凝土拌和系统，采用 6m³ 混凝土搅拌运输车运混凝土，运距 1.2km，溜槽入仓，钢木组合模板施工，插入式振捣器振捣施工。

单价：306.24 元 单位：m³

编号	名称及规格	单位	数量	单价（元）	合价（元）
一	直接费				22127.23
1	基本直接费				20728.08
（1）	人工费				2221.30
	高级熟练工	工时	15.00	10.26	153.90
	熟练工	工时	90.00	7.61	684.90
	半熟练工	工时	136.00	5.95	809.20
	普工	工时	117.00	4.90	573.30
（2）	材料费				12792.40
	综合水价	m³	103.00	2.84	292.52
	C15 级配 3 碾压	m³	116.00	107.43	12461.88
	其他材料费	元	38.00	1.00	38.00
（3）	机械使用费				472.27
	振捣器变频机组功率 4.5kW	台时	20.67	5.19	107.28
	风水枪耗风量 2～6m³/min	台时	9.10	39.12	355.99
	其他机械使用费	元	9.00	1.00	9.00
（4）	混凝土拌制　混凝土系统	m³	113.00	16.66	1882.58
	混凝土运　6m³ 搅拌车 1.2km 溜槽	m³	113.00	21.27	2403.51
	基础、镇墩、底板、趾板及回填混凝土厚度≤1m	m²	13.00	73.54	956.02
2	其他直接费	％	6.75		1399.15
二	间接费	％	16.90		3739.50
三	利润	％	7.00		1810.67
四	价差	元			417.64
五	税金	％	9.00		2528.55
	合计				30623.59

81. 基础混凝土 C20 三级配

建筑工程单价表

项目：基础混凝土 C20 三级配

定额编号：40212×1　　　　　　　　　　　定额单位：100m³

施工方法：混凝土拌和系统，采用 6m³ 混凝土搅拌运输车运混凝土，运距 1.2km，溜槽入仓，钢木组合模板施工，插入式振捣器振捣施工。

单价：436.85 元　　　　　　　　　　　　　　　单位：m³

编号	名称及规格	单位	数量	单价（元）	合价（元）
一	直接费				30737.13
1	基本直接费				28793.56
(1)	人工费				2221.30
	高级熟练工	工时	15.00	10.26	153.90
	熟练工	工时	90.00	7.61	684.90
	半熟练工	工时	136.00	5.95	809.20
	普工	工时	117.00	4.90	573.30
(2)	材料费				20857.88
	综合水价	m³	103.00	2.84	292.52
	C20 SN42.5 级配 3	m³	116.00	176.96	20527.36
	其他材料费	元	38.00	1.00	38.00
(3)	机械使用费				472.27
	振捣器变频机组功率 4.5kW	台时	20.67	5.19	107.28
	风水枪耗风量 2～6m³/min	台时	9.10	39.12	355.99
	其他机械使用费	元	9.00	1.00	9.00
(4)	混凝土拌制　混凝土系统	m³	113.00	16.66	1882.58
	混凝土运　6m³ 搅拌车 1.2km 溜槽	m³	113.00	21.27	2403.51
	基础、镇墩、底板、趾板及回填混凝土厚度≤1m	m²	13.00	73.54	956.02
2	其他直接费	%	6.75		1943.57
二	间接费	%	16.90		5194.57
三	利润	%	7.00		2515.22
四	价差	元			1630.73
五	税金	%	9.00		3606.99
	合计				43684.64

82. 上游防渗混凝土 C20 二级配

建筑工程单价表

项目：上游防渗混凝土 C20 二级配

定额编号：40007×1　　　　　　　　　　　定额单位：100m³

施工方法：混凝土拌和系统，采用 6m³ 混凝土搅拌运输车运混凝土，运距 1.2km，门机入仓，钢木组合模板施工，插入式振捣器振捣施工。

单价：293.43 元　　　　　　　　　　　　　　　单位：m³

编号	名称及规格	单位	数量	单价（元）	合价（元）
一	直接费				21119.23
1	基本直接费				19783.82
(1)	人工费				336.35
	高级熟练工	工时	1.00	10.26	10.26
	熟练工	工时	9.00	7.61	68.49
	半熟练工	工时	12.00	5.95	71.40
	普工	工时	38.00	4.90	186.20
(2)	材料费				13893.16
	综合水价	m³	93.00	2.84	264.12
	C20 SN42.5 碾压	m³	103.00	128.84	13270.52
	砌筑砂浆 C75	m³	1.00	207.52	207.52
	其他材料费	元	151.00	1.00	151.00
(3)	机械使用费				1197.66
	混凝土平仓机 D31P-20	台时	2.17	272.66	591.67
	混凝土振动碾 BW202AD	台时	2.09	194.91	407.36
	混凝土振动碾 BW-75S	台时	0.90	89.78	80.80
	五头刷毛机 BW103A	台时	0.21	133.19	27.97
	混凝土冲毛机 GCHJ-50	台时	0.71	73.04	51.86
	其他机械使用费	元	38.00	1.00	38.00
(4)	混凝土运　6m³ 搅拌车 1.2km 门机	m³	101.00	25.65	2590.65
	碾压混凝土大坝模板	m²	11.00	79.47	874.17
	碾压混凝土拌和系统	m³	101.00	8.83	891.83
2	其他直接费	%	6.75		1335.41
二	间接费	%	16.90		3569.15
三	利润	%	7.00		1728.19

编号	名称及规格	单位	数量	单价（元）	合价（元）
四	价差	元			504.06
五	税金	%	9.00		2422.86
	合计				29343.48

83. 碾压砂浆垫层 C15

建 筑 工 程 单 价 表

项目：碾压砂浆垫层

定额编号：40015×1　　　　　　　　　　　　定额单位：100m³

施工方法：混凝土拌和系统，自卸车运输 1.2km。施工准备、人工摊铺、碾压。

单价：337.09 元　　　　　　　　　　　　　　单位：m³

编号	名称及规格	单位	数量	单价（元）	合价（元）
一	直接费				24427.87
1	基本直接费				22883.25
(1)	人工费				8467.41
	高级熟练工	工时	55.00	10.26	564.30
	熟练工	工时	166.00	7.61	1263.26
	半熟练工	工时	663.00	5.95	3944.85
	普工	工时	550.00	4.90	2695.00
(2)	材料费				11387.57
	综合水价	m³	92.00	2.84	261.28
	C15 级配 3 碾压	m³	103.00	107.43	11065.29
	其他材料费	元	61.00	1.00	61.00
(3)	机械使用费				829.27
	振动碾斜坡重量 10t	台时	6.90	95.31	657.64
	卷扬机　5t	台时	6.90	22.70	156.63
	其他机械使用费	元	15.00	1.00	15.00
(4)	砂浆运输 1.2km	m³	100.00	9.74	974.00
	砂浆拌和	m³	100.00	12.25	1225.00
2	其他直接费	%	6.75		1544.62
二	间接费	%	16.90		4128.31
三	利润	%	7.00		1998.93
四	价差	元			370.84
五	税金	%	9.00		2783.34
	合计				33709.29

84. 碾压砂浆 M5 C50

建 筑 工 程 单 价 表

项目：碾压砂浆 M5

定额编号：40015×1　　　　　　　　　　　　定额单位：100m²

施工方法：施工准备、人工摊铺、碾压。抹面水泥砂浆：清洗、拌和、抹面。

单价：470.61 元　　　　　　　　　　　　　　单位：m³

编号	名称及规格	单位	数量	单价（元）	合价（元）
一	直接费				33307.63
1	基本直接费				31201.53
(1)	人工费				8467.41
	高级熟练工	工时	55.00	10.26	564.30
	熟练工	工时	166.00	7.61	1263.26
	半熟练工	工时	663.00	5.95	3944.85
	普工	工时	550.00	4.90	2695.00
(2)	材料费				19705.85
	综合水价	m³	92.00	2.84	261.28
	砂浆 C50	m³	103.00	188.19	19383.57
	其他材料费	元	61.00	1.00	61.00
(3)	机械使用费				829.27
	振动碾斜坡重量 10t	台时	6.90	95.31	657.64
	卷扬机　5t	台时	6.90	22.70	156.63
	其他机械使用费	元	15.00	1.00	15.00
(4)	砂浆运输 1.2km	m³	100.00	9.74	974.00
	砂浆拌和	m³	100.00	12.25	1225.00
2	其他直接费	%	6.75		2106.10
二	间接费	%	16.90		5628.99
三	利润	%	7.00		2725.56
四	价差	元			1512.86
五	税金	%	9.00		3885.75
	合计				47060.80

85. 基础处理混凝土 C15 二级配

建 筑 工 程 单 价 表

项目：库盆基础处理混凝土 C15　二级配

定额编号：40270×1　　　　　　　　　　定额单位：100m³

施工方法：混凝土拌和系统，采用 6m³ 混凝土搅拌运输车运混凝土，运距 1.2km，溜槽入仓，钢木组合模板施工，插入式振捣器振捣施工。

单价：401.36 元　　　　　　　　　　　　单位：m³

编号	名称及规格	单位	数量	单价（元）	合价（元）
一	直接费				28149.86
1	基本直接费				26369.89
（1）	人工费				1253.36
	高级熟练工	工时	10.00	10.26	102.60
	熟练工	工时	51.00	7.61	388.11
	半熟练工	工时	59.00	5.95	351.05
	普工	工时	84.00	4.90	411.60
（2）	材料费				19794.5
	综合水价	m³	46.00	2.84	130.64
	C15 SN32.5 级配 2	m³	103.00	190.62	19633.86
	其他材料费	元	30.00	1.00	30.00
（3）	机械使用费				58.23
	振捣器插入式功率 2.2kW	台时	14.07	3.57	50.23
	其他机械使用费	元	8.00	1.00	8.00
（4）	混凝土拌制　混凝土系统	m³	100.00	16.66	1666.00
	混凝土运　6m³ 搅拌车 1.2km 溜槽	m³	100.00	21.27	2127.00
	基础、镇墩、底板、趾板及回填混凝土厚度≤1m	m²	20.00	73.54	1470.80
2	其他直接费	%	6.75		1779.97
二	间接费	%	16.90		4757.33
三	利润	%	7.00		2303.5
四	价差	元			1611.13
五	税金	%	9.00		3313.96
	合计				40135.78

86. 闸墩混凝土 C25 二级配

建 筑 工 程 单 价 表

项目：闸墩混凝土 C25 二级配

定额编号：40208×1　　　　　　　　　　定额单位：100m³

施工方法：混凝土拌和系统，采用 6m³ 混凝土搅拌运输车运混凝土，运距 1.2km，溜槽入仓，钢木组合模板施工，插入式振捣器振捣施工。

单价：562.85 元　　　　　　　　　　　　单位：m³

编号	名称及规格	单位	数量	单价（元）	合价（元）
一	直接费				39745.91
1	基本直接费				37232.70
（1）	人工费				3180.65
	高级熟练工	工时	21.00	10.26	215.46
	熟练工	工时	109.00	7.61	829.49
	半熟练工	工时	158.00	5.95	940.10
	普工	工时	244.00	4.90	1195.60
（2）	材料费				22154.12
	综合水价	m³	94.00	2.84	266.96
	C25 SN42.5 级配 2	m³	104.00	208.79	21714.16
	其他材料费	元	173.00	1.00	173.00
（3）	机械使用费				642.36
	振捣器变频机组功率 4.5kW	台时	20.00	5.19	103.80
	风水枪耗风量 2~6m³/min	台时	13.00	39.12	508.56
	其他机械使用费	元	30.00	1.00	30.00
（4）	混凝土拌制　混凝土系统	m³	101.00	16.66	1682.66
	混凝土运　6m³ 搅拌车 1.2km 溜槽	m³	101.00	21.27	2148.27
	墩模板	m²	72.00	103.12	7424.64
2	其他直接费	%	6.75		2513.21
二	间接费	%	16.90		6717.06
三	利润	%	7.00		3252.41
四	价差	元			1921.92
五	税金	%	9.00		4647.36
	合计				56284.65

87. 工作桥混凝土 C30 二级配

建 筑 工 程 单 价 表

项目：工作桥混凝土 C30　二级配

定额编号：40227×1　　　　　　　　　　　定额单位：100m²

施工方法：混凝土拌和系统，采用 6m³ 混凝土搅拌运输车运混凝土，运距 1.2km，溜槽入仓，钢木组合模板施工，插入式振捣器振捣施工。

单价：799.53 元　　　　　　　　　　　　单位：m³

编号	名称及规格	单位	数量	单价（元）	合价（元）
一	直接费				56968.13
1	基本直接费				53365.93
(1)	人工费				2716.34
	高级熟练工	工时	21.00	10.26	215.46
	熟练工	工时	123.00	7.61	936.03
	半熟练工	工时	193.00	5.95	1148.35
	普工	工时	85.00	4.90	416.50
(2)	材料费				23759.40
	综合水价	m³	100.00	2.84	284.00
	C30 SN42.5 级配 2	m³	103.00	220.80	22742.40
	其他材料费	元	733.00	1.00	733.00
(3)	机械使用费				226.25
	振捣器插入式功率 2.2kW	台时	28.36	3.57	101.25
	其他机械使用费	元	125.00	1.00	125.00
(4)	混凝土拌制　混凝土系统	m³	100.00	16.66	1666.00
	混凝土运　6m³ 搅拌车 1.2km 溜槽	m³	100.00	21.27	2127.00
	工作桥模板	m²	311.00	73.54	22870.94
2	其他直接费	%	6.75		3602.20
二	间接费	%	16.90		9627.61
三	利润	%	7.00		4661.70
四	价差	元			2093.78
五	税金	%	9.00		6601.61
	合计				79952.84

88. 灌浆衬砌混凝土 C20 二级配

建 筑 工 程 单 价 表

项目：灌浆衬砌混凝土 C20 二级配

定额编号：40088×0.7，40090×0.3　　　　定额单位：100m³

施工方法：混凝土拌和系统，采用 3m³ 混凝土搅拌运输车运混凝土，洞内运距 0.5km，洞外运距 1.2km，泵送入仓，钢木组合模板施工，插入式振捣器振捣施工。

单价：784.52 元　　　　　　　　　　　　单位：m³

编号	名称及规格	单位	数量	单价（元）	合价（元）
一	直接费				55349.55
1	基本直接费				51849.70
(1)	人工费				4576.65
	高级熟练工	工时	33.70	10.26	345.76
	熟练工	工时	202.10	7.61	1537.98
	半熟练工	工时	245.80	5.95	1462.51
	普工	工时	251.10	4.90	1230.39
(2)	材料费				29950.87
	综合水价	m³	59.70	2.84	169.55
	泵送 C20 SN42.5 级配 2	m³	134.40	221.23	29733.31
	其他材料费	元	48.00	1.00	48.00
(3)	机械使用费				404.46
	振捣器插入式功率 2.2kW	台时	44.95	3.57	160.48
	风水枪耗风量 2～6m³/min	台时	5.93	39.12	231.98
	其他机械使用费	元	12.00	1.00	12.00
(4)	混凝土拌制　混凝土系统	m³	130.40	16.66	2172.46
	模板平洞衬砌 13m²	m²	180.00	64.43	11597.40
	混凝土运 3m³ 搅拌车洞内 0.5km，洞外 1.2km　泵送	m³	130.40	24.14	3147.86
2	其他直接费	%	6.75		3499.85
二	间接费	%	16.90		9354.07
三	利润	%	7.00		4529.25
四	价差	元			2741.76
五	税金	%	9.00		6477.72
	合计				78452.36

89. 灌浆衬砌混凝土 C25 二级配

建 筑 工 程 单 价 表

项目：灌浆衬砌混凝土 C25 二级配

定额编号：40088×0.7，40090×0.3　　　　　　　定额单位：100m³

施工方法：混凝土拌和系统，采用 3m³ 混凝土搅拌运输车运混凝土，洞内运距 0.5km，洞外运距 1.2km，泵送入仓，钢木组合模板施工，插入式振捣器振捣施工。

单价：838.91 元　　　　　　　　　　　　　　　　单位：m³

编号	名称及规格	单位	数量	单价（元）	合价（元）
一	直接费				58944.96
1	基本直接费				55217.76
(1)	人工费				4576.65
	高级熟练工	工时	33.70	10.26	345.76
	熟练工	工时	202.10	7.61	1537.98
	半熟练工	工时	245.80	5.95	1462.51
	普工	工时	251.10	4.90	1230.39
(2)	材料费				33318.93
	综合水价	m³	59.70	2.84	169.55
	泵送 C25 SN32.5 级配 2	m³	134.40	246.29	33101.38
	其他材料费	元	48.00	1.00	48.00
(3)	机械使用费				404.46
	振捣器插入式功率 2.2kW	台时	44.95	3.57	160.48
	风水枪耗风量 2~6m³/min	台时	5.93	39.12	231.98
	其他机械使用费	元	12.00	1.00	12.00
(4)	混凝土拌制　混凝土系统	m³	130.40	16.66	2172.46
	模板平洞衬砌 13m²	m²	180.00	64.43	11597.40
	混凝土运 3m³ 搅拌车洞内 0.5km，洞外 1.2km　泵送	m³	130.40	24.14	3147.86
2	其他直接费	％	6.75		3727.20
二	间接费	％	16.90		9961.70
三	利润	％	7.00		4823.47
四	价差	元			3233.66
五	税金	％	9.00		6926.74
	合计				83890.52

90. 边坡支护混凝土 C20 二级配

建 筑 工 程 单 价 表

项目：边坡支护混凝土 C20 二级配

定额编号：40197×1　　　　　　　　　　　　　　定额单位：100m³

施工方法：混凝土拌和系统，采用 6m³ 混凝土搅拌运输车运混凝土，运距 1.2km，溜槽入仓，钢木组合模板施工，插入式振捣器振捣施工。

单价：582.38 元　　　　　　　　　　　　　　　　单位：m³

编号	名称及规格	单位	数量	单价（元）	合价（元）
一	直接费				41174.98
1	基本直接费				38571.41
(1)	人工费				2951.59
	高级熟练工	工时	23.00	10.26	235.98
	熟练工	工时	156.00	7.61	1187.16
	半熟练工	工时	205.00	5.95	1219.75
	普工	工时	63.00	4.90	308.70
(2)	材料费				23020.08
	综合水价	m³	99.00	2.84	281.16
	C20 SN42.5 级配 2	m³	114.00	198.28	22603.92
	其他材料费	元	135.00	1.00	135.00
(3)	机械使用费				595.04
	振捣器插入式功率 2.2kW	台时	30.70	3.57	109.60
	风水枪耗风量 2~6m³/min	台时	11.54	39.12	451.44
	其他机械使用费	元	34.00	1.00	34.00
(4)	混凝土拌制　混凝土系统	m³	110.00	16.66	1832.60
	混凝土运　6m³ 搅拌车 1.2km 溜槽	m³	110.00	21.27	2339.70
	模板混凝土墙 1m	m²	107.00	73.20	7832.40
2	其他直接费	％	6.75		2603.57
二	间接费	％	16.90		6958.57
三	利润	％	7.00		3369.35
四	价差	元			1926.14
五	税金	％	9.00		4808.61
	合计				58237.65

91. 电缆沟混凝土 C20 二级配

建 筑 工 程 单 价 表

项目：电缆沟混凝土 C20 二级配

定额编号：40211×0.3，40185×0.7   定额单位：100m³

施工方法：混凝土拌和系统，采用 6m³ 混凝土搅拌运输车运混凝土，运距 1.2km，溜槽入仓，钢木组合模板施工，插入式振捣器振捣施工。

单价：761.18 元   单位：m³

编号	名称及规格	单位	数量	单价（元）	合价（元）
一	直接费				54323.56
1	基本直接费				50888.58
（1）	人工费				3012.74
	高级熟练工	工时	21.20	10.26	217.51
	熟练工	工时	142.70	7.61	1085.95
	半熟练工	工时	195.20	5.95	1161.44
	普工	工时	111.80	4.90	547.82
（2）	材料费				22492.11
	综合水价	m³	98.20	2.84	278.89
	C20 SN42.5 级配 2	m³	111.50	198.28	22108.22
	其他材料费	元	105.00	1.00	105.00
（3）	机械使用费				653.30
	振捣器平板式功率 2.2kW	台时	22.20	2.65	58.82
	振捣器变频机组功率 4.5kW	台时	6.89	5.19	35.76
	风水枪耗风量 2～6m³/min	台时	13.62	39.12	532.62
	其他机械使用费	元	23.10	1.00	23.10
	其他机械使用费	元	3.00	1.00	3.00
（4）	混凝土拌制　混凝土系统	m³	108.20	16.66	1802.61
	混凝土运　6m³ 搅拌车 1.2km 溜槽	m³	108.20	21.27	2301.41
	基础、镇墩、底板、趾板及回填混凝土厚度≤1m	m²	3.90	73.54	286.81
	混凝土墙模板 0.5m	m²	281.40	72.28	20339.59
2	其他直接费	％	6.75		3434.98
二	间接费	％	16.90		9180.68

续表

编号	名称及规格	单位	数量	单价（元）	合价（元）
三	利润	％	7.00		4445.30
四	价差	元			1883.90
五	税金	％	9.00		6285.01
	合计				76118.45

92. 排水沟混凝土 C25 二级配

建 筑 工 程 单 价 表

项目：排水沟混凝土 C25 二级配

定额编号：40213×0.7，40185×0.3   定额单位：100m³

施工方法：混凝土拌和系统，采用 6m³ 混凝土搅拌运输车运混凝土，运距 1.2km，溜槽入仓，钢木组合模板施工，插入式振捣器振捣施工。

单价：590.07 元   单位：m³

编号	名称及规格	单位	数量	单价（元）	合价（元）
一	直接费				41680.51
1	基本直接费				39044.97
（1）	人工费				2176.53
	高级熟练工	工时	16.70	10.26	171.34
	熟练工	工时	107.80	7.61	820.36
	半熟练工	工时	144.20	5.95	857.99
	普工	工时	66.70	4.90	326.83
（2）	材料费				22928.23
	综合水价	m³	95.90	2.84	272.36
	C25 SN42.5 级配 2	m³	108.20	208.79	22591.08
	其他材料费	元	64.80	1.00	64.80
（3）	机械使用费				390.90
	振捣器插入式功率 2.2kW	台时	9.51	3.57	33.96
	振捣器变频机组功率 4.5kW	台时	13.72	5.19	71.21
	风水枪耗风量 2～6m³/min	台时	6.89	39.12	269.54
	其他机械使用费	元	9.90	1.00	9.90
	其他机械使用费	元	6.30	1.00	6.30
（4）	混凝土拌制　混凝土系统	m³	105.20	16.66	1752.63
	混凝土运　6m³ 搅拌车 1.2km 溜槽	m³	105.20	21.27	2237.60

続表

編号	名称及規格	単位	数量	単价（元）	合价（元）
	基础、镇墩、底板、趾板及回填厚度≥1m	m²	9.10	92.54	842.11
	混凝土墙模板 0.5m	m²	120.60	72.28	8716.97
2	其他直接费	%	6.75		2635.54
二	间接费	%	16.90		7044.01
三	利润	%	7.00		3410.72
四	价差	元			1999.54
五	税金	%	9.00		4872.13
	合计				59006.90

93. 导流底孔封堵混凝土 C20 二级配

建 筑 工 程 单 价 表

项目：导流底孔封堵混凝土 C20 二级配

定额编号：40178×0.6，40179×0.4　　　　　定额单位：100m³

施工方法：混凝土拌和系统，采用 6m³ 混凝土搅拌运输车运混凝土，洞外运距 1.2km，泵送入仓，钢木组合模板施工，插入式振捣器振捣施工。

单价：492.56 元　　　　　　　　　　　　　单位：m³

编号	名称及规格	单位	数量	单价（元）	合价（元）
一	直接费				34336.30
1	基本直接费				32165.15
（1）	人工费				2062.24
	高级熟练工	工时	29.60	10.26	303.70
	熟练工	工时	117.40	7.61	893.41
	半熟练工	工时	117.40	5.95	698.53
	普工	工时	34.00	4.90	166.60
（2）	材料费				24462.39
	综合水价	m³	49.20	2.84	139.73
	泵送 C20 SN42.5 级配 2	m³	109.80	221.23	24291.05
	其他材料费	元	31.60	1.00	31.60
（3）	机械使用费				304.09
	振捣器平板式功率 2.2kW	台时	20.27	2.65	53.73
	风水枪耗风量 2～6m³/min	台时	6.18	39.12	241.76

続表

编号	名称及规格	单位	数量	单价（元）	合价（元）
	其他机械使用费	元	8.60	1.00	8.60
（4）	混凝土拌制　混凝土系统	m³	106.80	16.66	1779.29
	混凝土运　6m³ 搅拌车 1.2km 泵送	m³	106.80	24.98	2667.86
	封堵模板 42m²	m²	16.00	55.58	889.28
2	其他直接费	%	6.75		2171.15
二	间接费	%	16.90		5802.83
三	利润	%	7.00		2809.74
四	价差	元			2239.92
五	税金	%	9.00		4066.99
	合计				49255.78

94. 过流抗冲耐磨钢纤维混凝土 C40 二级配

建 筑 工 程 单 价 表

项目：过流抗冲耐磨钢纤维混凝土 C40 二级配

定额编号：40225×1　　　　　　　　　　　定额单位：100m³

施工方法：混凝土拌和系统，采用 6m³ 混凝土搅拌运输车运混凝土，运距 1.2km，溜槽入仓，钢木组合模板施工，插入式振捣器振捣施工。

单价：1037.30 元　　　　　　　　　　　　单位：m³

编号	名称及规格	单位	数量	单价（元）	合价（元）
一	直接费				73994.58
1	基本直接费				69315.77
（1）	人工费				2804.55
	高级熟练工	工时	18.00	10.26	184.68
	熟练工	工时	92.00	7.61	700.12
	半熟练工	工时	195.00	5.95	1160.25
	普工	工时	155.00	4.90	759.50
（2）	材料费				56699.47
	综合水价	m³	102.00	2.84	289.68
	钢纤维	kg	5000.00	6.00	30000.00
	C40 SN42.5 级配 2	m³	103.00	255.93	26360.79
	其他材料费	元	49.00	1.00	49.00

编号	名称及规格	单位	数量	单价（元）	合价（元）
（3）	机械使用费				545.83
	振捣器变频机组功率 4.5kW	台时	25.00	5.19	129.75
	风水枪耗风量 2~6m³/min	台时	9.00	39.12	352.08
	其他机械使用费	元	64.00	1.00	64.00
（4）	混凝土拌制　混凝土系统	m³	100.00	16.66	1666.00
	混凝土运　6m³搅拌车 1.2km 溜槽	m³	100.00	21.27	2127.00
	溢流堰模板	m²	61.00	89.72	5472.92
2	其他直接费	%	6.75		4678.81
二	间接费	%	16.90		12505.08
三	利润	%	7.00		6054.98
四	价差	元			2610.43
五	税金	%	9.00		8564.86
	合计				103729.93

95. 廊道混凝土 C25 二级配

建 筑 工 程 单 价 表

项目：廊道混凝土 C25 二级配

定额编号：40243×1　　　　　　　　定额单位：100m²

施工方法：混凝土拌和系统，采用 6m³ 混凝土搅拌运输车运混凝土，运距 1.2km，溜槽入仓，钢木组合模板施工，插入式振捣器振捣施工。

单价：648.80 元　　　　　　　　　　　　　　单位：m³

编号	名称及规格	单位	数量	单价（元）	合价（元）
一	直接费				45961.61
1	基本直接费				43055.37
（1）	人工费				3366.26
	高级熟练工	工时	28.00	10.26	287.28
	熟练工	工时	163.00	7.61	1240.43
	半熟练工	工时	225.00	5.95	1338.75
	普工	工时	102.00	4.90	499.80
（2）	材料费				23277.18
	综合水价	m³	92.00	2.84	261.28

编号	名称及规格	单位	数量	单价（元）	合价（元）
	C25 SN42.5 级配 2	m³	110.00	208.79	22966.90
	其他材料费	元	49.00	1.00	49.00
（3）	机械使用费				806.22
	振捣器插入式功率 2.2kW	台时	37.33	3.57	133.27
	风水枪耗风量 2~6m³/min	台时	16.87	39.12	659.95
	其他机械使用费	元	13.00	1.00	13.00
（4）	混凝土拌制　混凝土系统	m³	107.00	16.66	1782.62
	混凝土运　6m³搅拌车 1.2km 溜槽	m³	107.00	21.27	2275.89
	箱式涵洞模板	m²	140.00	82.48	11547.20
2	其他直接费	%	6.75		2906.24
二	间接费	%	16.90		7767.51
三	利润	%	7.00		3761.04
四	价差	元			2032.80
五	税金	%	9.00		5357.07
	合计				64880.02

96. 溢洪道边墙混凝土 C25 二级配

建 筑 工 程 单 价 表

项目：溢洪道边墙混凝土 C25 二级配

定额编号：40197×1　　　　　　　　定额单位：100m³

施工方法：混凝土拌和系统，采用 6m³ 混凝土搅拌运输车运混凝土，运距 1.2km，溜槽入仓，钢木组合模板施工，插入式振捣器振捣施工。

单价：601.78 元　　　　　　　　　　　　　　单位：m³

编号	名称及规格	单位	数量	单价（元）	合价（元）
一	直接费				42453.99
1	基本直接费				39769.55
（1）	人工费				2951.59
	高级熟练工	工时	23.00	10.26	235.98
	熟练工	工时	156.00	7.61	1187.16
	半熟练工	工时	205.00	5.95	1219.75
	普工	工时	63.00	4.90	308.70

编号	名称及规格	单位	数量	单价（元）	合价（元）
（2）	材料费				24218.22
	综合水价	m³	99.00	2.84	281.16
	C25 SN42.5 级配 2	m³	114.00	208.79	23802.06
	其他材料费	元	135.00	1.00	135.00
（3）	机械使用费				595.04
	振捣器插入式功率 2.2kW	台时	30.70	3.57	109.60
	风水枪耗风量 2～6m³/min	台时	11.54	39.12	451.44
	其他机械使用费	元	34.00	1.00	34.00
（4）	混凝土拌制混凝土系统	m³	110.00	16.66	1832.60
	混凝土运　6m³ 搅拌车 1.2km 溜槽	m³	110.00	21.27	2339.70
	模板混凝土墙 1m	m²	107.00	73.20	7832.40
2	其他直接费	％	6.75		2684.44
二	间接费	％	16.90		7174.73
三	利润	％	7.00		3474.01
四	价差	元			2106.72
五	税金	％	9.00		4968.85
	合计				60178.30

97. 溢洪道底板混凝土 C25 二级配

建 筑 工 程 单 价 表

项目：溢洪道底板混凝土 C25 二级配

定额编号：40212×1　　　　　　　　　　　定额单位：100m³

施工方法：混凝土拌和系统，采用 6m³ 混凝土搅拌运输车运混凝土，运距 1.2km，溜槽入仓，钢木组合模板施工，插入式振捣器振捣施工。

单价：496.18 元　　　　　　　　　　　　　　　　单位：m³

编号	名称及规格	单位	数量	单价（元）	合价（元）
一	直接费				34678.63
1	基本直接费				32485.84
（1）	人工费				2221.30
	高级熟练工	工时	15.00	10.26	153.90
	熟练工	工时	90.00	7.61	684.90

编号	名称及规格	单位	数量	单价（元）	合价（元）
	半熟练工	工时	136.00	5.95	809.20
	普工	工时	117.00	4.90	573.30
（2）	材料费				24550.16
	综合水价	m³	103.00	2.84	292.52
	C25 SN42.5 级配 2	m³	116.00	208.79	24219.64
	其他材料费	元	38.00	1.00	38.00
（3）	机械使用费				472.27
	振捣器变频机组功率 4.5kW	台时	20.67	5.19	107.28
	风水枪耗风量 2～6m³/min	台时	9.10	39.12	355.99
	其他机械使用费	元	9.00	1.00	9.00
（4）	混凝土拌制　混凝土系统	m³	113.00	16.66	1882.58
	混凝土运　6m³ 搅拌车 1.2km 溜槽	m³	113.00	21.27	2403.51
	基础、镇墩、底板、趾板及回填混凝土厚度≤1m	m²	13.00	73.54	956.02
2	其他直接费	％	6.75		2192.79
二	间接费	％	16.90		5860.69
三	利润	％	7.00		2837.75
四	价差	元			2143.68
五	税金	％	9.00		4096.87
	合计				49617.62

98. 泄槽表层混凝土 C25 二级配

建 筑 工 程 单 价 表

项目：泄槽表层混凝土 C25 二级配

定额编号：40211×1　　　　　　　　　　　定额单位：100m³

施工方法：混凝土拌和系统，采用 6m³ 混凝土搅拌运输车运混凝土，运距 1.2km，溜槽入仓，钢木组合模板施工，插入式振捣器振捣施工。

单价：564.22 元　　　　　　　　　　　　　　　　单位：m³

编号	名称及规格	单位	数量	单价（元）	合价（元）
一	直接费				39477.26
1	基本直接费				36981.04
（1）	人工费				3140.07

编号	名称及规格	单位	数量	单价（元）	合价（元）
	高级熟练工	工时	17.00	10.26	174.42
	熟练工	工时	100.00	7.61	761.00
	半熟练工	工时	177.00	5.95	1053.15
	普工	工时	235.00	4.90	1151.50
（2）	材料费				27302.51
	综合水价	m³	115.00	2.84	326.60
	C25 SN42.5 级配 2	m³	129.00	208.79	26933.91
	其他材料费	元	42.00	1.00	42.00
（3）	机械使用费				841.19
	振捣器变频机组功率 4.5kW	台时	22.97	5.19	119.21
	风水枪耗风量 2～6m³/min	台时	18.20	39.12	711.98
	其他机械使用费	元	10.00	1.00	10.00
（4）	混凝土拌制　混凝土系统	m³	125.00	16.66	2082.50
	混凝土运　6m³搅拌车 1.2km 溜槽	m³	125.00	21.27	2658.75
	基础、镇墩、底板、趾板及回填混凝土厚度≤1m	m²	13.00	73.54	956.02
2	其他直接费	％		6.75	2496.22
二	间接费	％		16.90	6671.66
三	利润	％		7.00	3230.42
四	价差	元			2383.92
五	税金	％		9.00	4658.69
	合计				56421.95

99. 溢流堰混凝土 C25 二级配

建 筑 工 程 单 价 表

项目：溢流堰混凝土 C25 二级配

定额编号：40226×1　　　　　　　　　　　　　定额单位：100m²

施工方法：混凝土拌和系统，采用 6m³ 混凝土搅拌运输车运混凝土，运距 1.2km，溜槽入仓，钢木组合模板施工，插入式振捣器振捣施工。

单价：489.33 元　　　　　　　　　　　　　　　　单位：m³

编号	名称及规格	单位	数量	单价（元）	合价（元）
一	直接费				34368.62
1	基本直接费				32195.43
（1）	人工费				1514.83
	高级熟练工	工时	12.00	10.26	123.12

编号	名称及规格	单位	数量	单价（元）	合价（元）
	熟练工	工时	61.00	7.61	464.21
	半熟练工	工时	90.00	5.95	535.50
	普工	工时	80.00	4.90	392.00
（2）	材料费				21824.05
	综合水价	m³	102.00	2.84	289.68
	C25 SN42.5 级配 2	m³	103.00	208.79	21505.37
	其他材料费	元	29.00	1.00	29.00
（3）	机械使用费				577.55
	振捣器变频机组功率 4.5kW	台时	17.00	5.19	88.23
	风水枪耗风量 2～6m³/min	台时	11.00	39.12	430.32
	其他机械使用费	元	59.00	1.00	59.00
（4）	混凝土拌制　混凝土系统	m³	100.00	16.66	1666.00
	混凝土运　6m³搅拌车 1.2km 溜槽	m³	100.00	21.27	2127.00
	溢流堰模板	m²	50.00	89.72	4486.00
2	其他直接费	％		6.75	2173.19
二	间接费	％		16.90	5808.30
三	利润	％		7.00	2812.38
四	价差	元			1903.44
五	税金	％		9.00	4040.35
	合计				48933.09

100. 溢洪道挡墙/隔墙混凝土 C25 二级配

建 筑 工 程 单 价 表

项目：溢洪道挡墙/隔墙混凝土 C25 二级配

定额编号：40197×1　　　　　　　　　　　　　定额单位：100m³

施工方法：混凝土拌和系统，采用 6m³ 混凝土搅拌运输车运混凝土，运距 1.2km，溜槽入仓，钢木组合模板施工，插入式振捣器振捣施工。

单价：601.78 元　　　　　　　　　　　　　　　　单位：m³

编号	名称及规格	单位	数量	单价（元）	合价（元）
一	直接费				42453.99
1	基本直接费				39769.55
（1）	人工费				2951.59
	高级熟练工	工时	23.00	10.26	235.98

编号	名称及规格	单位	数量	单价（元）	合价（元）
	熟练工	工时	156.00	7.61	1187.16
	半熟练工	工时	205.00	5.95	1219.75
	普工	工时	63.00	4.90	308.70
（2）	材料费				24218.22
	综合水价	m³	99.00	2.84	281.16
	C25 SN42.5 级配 2	m³	114.00	208.79	23802.06
	其他材料费	元	135.00	1.00	135.00
（3）	机械使用费				595.04
	振捣器插入式功率 2.2kW	台时	30.70	3.57	109.60
	风水枪耗风量 2～6m³/min	台时	11.54	39.12	451.44
	其他机械使用费	元	34.00	1.00	34.00
（4）	混凝土拌制 混凝土系统	m³	110.00	16.66	1832.60
	混凝土运 6m³ 搅拌车 1.2km 溜槽	m³	110.00	21.27	2339.70
	模板混凝土墙 1m	m²	107.00	73.20	7832.40
2	其他直接费	％	6.75		2684.44
二	间接费	％	16.90		7174.73
三	利润	％	7.00		3474.01
四	价差	元			2106.72
五	税金	％	9.00		4968.85
	合计				60178.30

101. 溢洪道通气管 C25 混凝土二级配

建筑工程单价表

项目：溢洪道通气管 C25 混凝土二级配

定额编号：40061×1　　　　　　　　　　定额单位：100m³

施工方法：混凝土拌和系统，采用 6m³ 混凝土搅拌运输车运混凝土，洞外运距 1.2km，泵送入仓，组合刚模施工，插入式振捣器振捣施工。

单价：938.88 元　　　　　　　　　　　　单位：m³

编号	名称及规格	单位	数量	单价（元）	合价（元）
一	直接费				65881.30
1	基本直接费				61715.50
（1）	人工费				5284.07

编号	名称及规格	单位	数量	单价（元）	合价（元）
	高级熟练工	工时	39.00	10.26	400.14
	熟练工	工时	233.00	7.61	1773.13
	半熟练工	工时	284.00	5.95	1689.80
	普工	工时	290.00	4.90	1421.00
（2）	材料费				38426.91
	综合水价	m³	69.00	2.84	195.96
	泵送 C25 SN32.5 级配 2	m³	155.00	246.29	38174.95
	其他材料费	元	56.00	1.00	56.00
（3）	机械使用费				547.70
	振捣器插入式功率 2.2kW	台时	51.86	3.57	185.14
	风水枪耗风量 2～6m³/min	台时	8.91	39.12	348.56
	其他机械使用费	元	14.00	1.00	14.00
（4）	混凝土拌制 混凝土系统	m³	150.00	16.66	2499.00
	混凝土运洞外 1.2km 泵送	m³	150.00	24.98	3747.00
	模板 13m²	m²	174.00	64.43	11210.82
2	其他直接费	％	6.75		4165.80
二	间接费	％	16.90		11133.94
三	利润	％	7.00		5391.07
四	价差	元			3729.30
五	税金	％	9.00		7752.20
	合计				93887.81

102. 溢洪道竖井钢纤维硅粉混凝土 C40 二级配

建筑工程单价表

项目：溢洪道竖井钢纤维硅粉混凝土 C40 二级配

定额编号：40124×1　　　　　　　　　　定额单位：100m³

施工方法：混凝土拌和系统，采用 3m³ 混凝土搅拌运输车运混凝土，洞内运距 0.5km，洞外运距 1.2km，泵送入仓，滑模板施工，插入式振捣器振捣施工。

单价：1513.46 元　　　　　　　　　　　　单位：m³

编号	名称及规格	单位	数量	单价（元）	合价（元）
一	直接费				108616.19
1	基本直接费				101748.19

编号	名称及规格	单位	数量	单价（元）	合价（元）
（1）	人工费				4812.27
	高级熟练工	工时	38.00	10.26	389.88
	熟练工	工时	224.00	7.61	1704.64
	半熟练工	工时	311.00	5.95	1850.45
	普工	工时	177.00	4.90	867.30
（2）	材料费				83513.60
	综合水价	m³	64.00	2.84	181.76
	钢纤维	kg	5000.00	6.00	30000.00
	C40 SN42.5 级配 2 硅粉	m³	144.00	370.11	53295.84
	其他材料费	元	36.00	1.00	36.00
（3）	机械使用费				559.56
	振捣器插入式功率 2.2kW	台时	48.86	3.57	174.43
	风水枪耗风量 2～6m³/min	台时	5.51	39.12	215.55
	卷扬机 10t	台时	4.72	33.81	159.58
	其他机械使用费	元	10.00	1.00	10.00
（4）	混凝土拌制 混凝土系统	m³	139.00	16.66	2315.74
	模板竖井滑模 10m²	m²	163.00	44.12	7191.56
	混凝土运 3m³ 搅拌车洞内 0.5km，洞外 1.2km 泵送	m³	139.00	24.14	3355.46
2	其他直接费	%	6.75		6868.00
二	间接费	%	16.90		18356.14
三	利润	%	7.00		8888.06
四	价差	元			2989.44
五	税金	%	9.00		12496.48
	合计				151346.32

103. 溢洪道泄槽及消力池混凝土 C25 二级配

建 筑 工 程 单 价 表

项目：溢洪道泄槽及消力池混凝土 C25 二级配

定额编号：40211×0.3，40186×0.7　　　　定额单位：100m³

施工方法：混凝土拌和系统，采用 6m³ 混凝土搅拌运输车运混凝土，运距 1.2km，溜槽入仓，钢木组合模板施工，插入式振捣器振捣施工。

单价：633.11 元　　　　　　　　　　　　单位：m³

编号	名称及规格	单位	数量	单价（元）	合价（元）
一	直接费				44788.41
1	基本直接费				41956.36
（1）	人工费				2841.90
	高级熟练工	工时	19.80	10.26	203.15
	熟练工	工时	130.80	7.61	995.39
	半熟练工	工时	184.70	5.95	1098.97
	普工	工时	111.10	4.90	544.39
（2）	材料费				23658.37
	综合水价	m³	98.20	2.84	278.89
	C25 SN42.5 级配 2	m³	111.50	208.79	23280.09
	其他材料费	元	99.40	1.00	99.40
（3）	机械使用费				663.53
	振捣器插入式功率 2.2kW	台时	19.73	3.57	70.45
	振捣器变频机组功率 4.5kW	台时	6.89	5.19	35.76
	风水枪耗风量 2～6m³/min	台时	13.62	39.12	532.62
	其他机械使用费	元	21.70	1.00	21.70
	其他机械使用费	元	3.00	1.00	3.00
（4）	混凝土拌制 混凝土系统	m³	108.20	16.66	1802.61
	混凝土运 6m³ 搅拌车 1.2km 溜槽	m³	108.20	21.27	2301.41
	模板混凝土墙 1m	m²	142.10	73.20	10401.72
	基础、镇墩、底板、趾板及回填混凝土厚度≤1m	m²	3.90	73.54	286.81
2	其他直接费	%	6.75		2832.05
二	间接费	%	16.90		7569.24

编号	名称及规格	单位	数量	单价（元）	合价（元）
三	利润	％	7.00		3665.04
四	价差	元			2060.52
五	税金	％	9.00		5227.49
	合计				63310.70

104. 溢洪道护坦混凝土 C20 二级配

建 筑 工 程 单 价 表

项目：溢洪道护坦混凝土 C20 二级配

定额编号：40212×1　　　　　　　　　　定额单位：100m³

施工方法：混凝土拌和系统，采用 6m³ 混凝土搅拌运输车运混凝土，运距 1.2km，溜槽入仓，钢木组合模板施工，插入式振捣器振捣施工。

单价：476.43 元　　　　　　　　　　　　单位：m³

编号	名称及规格	单位	数量	单价（元）	合价（元）
一	直接费				33377.18
1	基本直接费				31266.68
（1）	人工费				2221.30
	高级熟练工	工时	15.00	10.26	153.90
	熟练工	工时	90.00	7.61	684.90
	半熟练工	工时	136.00	5.95	809.20
	普工	工时	117.00	4.90	573.30
（2）	材料费				23331.00
	综合水价	m³	103.00	2.84	292.52
	C20 SN42.5 级配 2	m³	116.00	198.28	23000.48
	其他材料费	元	38.00	1.00	38.00
（3）	机械使用费				472.27
	振捣器变频机组功率 4.5kW	台时	20.67	5.19	107.28
	风水枪耗风量 2～6m³/min	台时	9.10	39.12	355.99
	其他机械使用费	元	9.00	1.00	9.00
（4）	混凝土拌制　混凝土系统	m³	113.00	16.66	1882.58
	混凝土运　6m³ 搅拌车 1.2km 溜槽	m³	113.00	21.27	2403.51

编号	名称及规格	单位	数量	单价（元）	合价（元）
	基础、镇墩、底板、趾板及回填混凝土厚度≤1m	m²	13.00	73.54	956.02
2	其他直接费	％	6.75		2110.50
二	间接费	％	16.90		5640.74
三	利润	％	7.00		2731.25
四	价差	元			1959.94
五	税金	％	9.00		3933.82
	合计				47642.94

105. 溢洪道基础处理混凝土 C20 二级配

建 筑 工 程 单 价 表

项目：溢洪道基础处理混凝土 C20 二级配

定额编号：40270×1　　　　　　　　　　定额单位：100m³

施工方法：混凝土拌和系统，采用 6m³ 混凝土搅拌运输车运混凝土，运距 1.2km，溜槽入仓，钢木组合模板施工，插入式振捣器振捣施工。

单价：414.25 元　　　　　　　　　　　　单位：m³

编号	名称及规格	单位	数量	单价（元）	合价（元）
一	直接费				28992.09
1	基本直接费				27158.87
（1）	人工费				1253.36
	高级熟练工	工时	10.00	10.26	102.60
	熟练工	工时	51.00	7.61	388.11
	半熟练工	工时	59.00	5.95	351.05
	普工	工时	84.00	4.90	411.60
（2）	材料费				20583.48
	综合水价	m³	46.00	2.84	130.64
	C20 SN42.5 级配 2	m³	103.00	198.28	20422.84
	其他材料费	元	30.00	1.00	30.00
（3）	机械使用费				58.23
	振捣器插入式功率 2.2kW	台时	14.07	3.57	50.23
	其他机械使用费	元	8.00	1.00	8.00
（4）	混凝土拌制　混凝土系统	m³	100.00	16.66	1666.00

编号	名称及规格	单位	数量	单价（元）	合价（元）
	混凝土运　6m³搅拌车 1.2km 溜槽	m³	100.00	21.27	2127.00
	基础、镇墩、底板、趾板及回填 混凝土厚度≤1m	m²	20.00	73.54	1470.80
2	其他直接费	%	6.75		1833.22
二	间接费	%	16.90		4899.66
三	利润	%	7.00		2372.42
四	价差	元			1740.29
五	税金	%	9.00		3420.40
	合计				41424.87

106. 溢洪道混凝土 C25 二级配

建 筑 工 程 单 价 表

项目：溢洪道混凝土 C25 二级配

定额编号：40212×0.3，40188×0.7　　　　　定额单位：100m³

施工方法：混凝土拌和系统，采用 6m³ 混凝土搅拌运输车运混凝土，运距 1.2km，溜槽入仓，钢木组合模板施工，插入式振捣器振捣施工。

单价：543.82 元　　　　　　　　　　　　　　单位：m³

编号	名称及规格	单位	数量	单价（元）	合价（元）
一	直接费				38297.56
1	基本直接费				35875.93
(1)	人工费				2293.45
	高级熟练工	工时	17.10	10.26	175.45
	熟练工	工时	113.10	7.61	860.69
	半熟练工	工时	150.70	5.95	896.67
	普工	工时	73.60	4.90	360.64
(2)	材料费				22820.77
	综合水价	m³	94.60	2.84	268.66
	C25 SN42.5 级配 2	m³	107.60	208.79	22465.80
	其他材料费	元	86.30	1.00	86.30
(3)	机械使用费				540.15
	振捣器插入式功率 2.2kW	台时	16.96	3.57	60.55

编号	名称及规格	单位	数量	单价（元）	合价（元）
	振捣器变频机组功率 4.5kW	台时	6.20	5.19	32.18
	风水枪耗风量 2～6m³/min	台时	10.89	39.12	425.82
	其他机械使用费	元	18.90	1.00	18.90
	其他机械使用费	元	2.70	1.00	2.70
(4)	混凝土拌制　混凝土系统	m³	104.60	16.66	1742.64
	混凝土运　6m³搅拌车 1.2km 溜槽	m³	104.60	21.27	2224.84
	基础、镇墩、底板、趾板及回填 混凝土厚度≤1m	m²	3.90	73.54	286.81
	混凝土墙模板 2m	m²	74.90	79.67	5967.28
2	其他直接费	%	6.75		2421.63
二	间接费	%	16.90		6472.29
三	利润	%	7.00		3133.89
四	价差	元			1988.45
五	税金	%	9.00		4490.30
	合计				54382.48

107. 溢洪道混凝土 C30 二级配

建 筑 工 程 单 价 表

项目：溢洪道混凝土 C30 二级配

定额编号：40212×0.3，40188×0.7　　　　　定额单位：100m³

施工方法：混凝土拌和系统，采用 6m³ 混凝土搅拌运输车运混凝土，运距 1.2km，溜槽入仓，钢木组合模板施工，插入式振捣器振捣施工。

单价：564.80 元　　　　　　　　　　　　　　单位：m³

编号	名称及规格	单位	数量	单价（元）	合价（元）
一	直接费				39677.06
1	基本直接费				37168.21
(1)	人工费				2293.45
	高级熟练工	工时	17.10	10.26	175.45

编号	名称及规格	单位	数量	单价（元）	合价（元）
	熟练工	工时	113.10	7.61	860.69
	半熟练工	工时	150.70	5.95	896.67
	普工	工时	73.60	4.90	360.64
（2）	材料费				24113.05
	综合水价	m³	94.60	2.84	268.66
	C30 SN42.5 级配 2	m³	107.60	220.80	23758.08
	其他材料费	元	86.30	1.00	86.30
（3）	机械使用费				540.15
	振捣器插入式功率 2.2kW	台时	16.96	3.57	60.55
	振捣器变频机组功率 4.5kW	台时	6.20	5.19	32.18
	风水枪耗风量 2~6m³/min	台时	10.89	39.12	425.82
	其他机械使用费	元	18.90	1.00	18.90
	其他机械使用费	元	2.70	1.00	2.70
（4）	混凝土拌制 混凝土系统	m³	104.60	16.66	1742.64
	混凝土运 6m³ 搅拌车 1.2km 溜槽	m³	104.60	21.27	2224.84
	基础、镇墩、底板、趾板及回填混凝土厚度≤1m	m²	3.90	73.54	286.81
	混凝土墙模板 2m	m²	74.90	79.67	5967.28
2	其他直接费	％	6.75		2508.85
二	间接费	％	16.90		6705.42
三	利润	％	7.00		3246.77
四	价差	元			2187.29
五	税金	％	9.00		4663.49
	合计				56480.04

108. 溢洪道抗冲耐磨混凝土 C50 二级配

建 筑 工 程 单 价 表

项目：溢洪道抗冲耐磨混凝土 C50 二级配

定额编号：40212×1　　　　　　　　　定额单位：100m³

施工方法：混凝土拌和系统，采用 6m³ 混凝土搅拌运输车运混凝土，运距 1.2km，溜槽入仓，钢木组合模板施工，插入式振捣器振捣施工。

单价：975.21 元　　　　　　　　　　　　　　单位：m³

编号	名称及规格	单位	数量	单价（元）	合价（元）
一	直接费				68890.39
1	基本直接费				64534.32
（1）	人工费				2221.30
	高级熟练工	工时	15.00	10.26	153.90
	熟练工	工时	90.00	7.61	684.90
	半熟练工	工时	136.00	5.95	809.20
	普工	工时	117.00	4.90	573.30
（2）	材料费				56598.64
	综合水价	m³	103.00	2.84	292.52
	C50 SN42.5 级配 2	m³	116.00	485.07	56268.12
	其他材料费	元	38.00	1.00	38.00
（3）	机械使用费				472.27
	振捣器变频机组功率 4.5kW	台时	20.67	5.19	107.28
	风水枪耗风量 2~6m³/min	台时	9.10	39.12	355.99
	其他机械使用费	元	9.00	1.00	9.00
（4）	混凝土拌制 混凝土系统	m³	113.00	16.66	1882.58
	混凝土运 6m³ 搅拌车 1.2km 溜槽	m³	113.00	21.27	2403.51
	基础、镇墩、底板、趾板及回填混凝土厚度≤1m	m²	13.00	73.54	956.02
2	其他直接费	％	6.75		4356.07
二	间接费	％	16.90		11642.48
三	利润	％	7.00		5637.30
四	价差	元			3299.05
五	税金	％	9.00		8052.23
	合计				97521.44

109. 溢洪道竖井 C25 混凝土二级配

建 筑 工 程 单 价 表

项目：溢洪道竖井 C25 混凝土二级配

定额编号：40124×1　　　　　　　　定额单位：100m³

施工方法：混凝土拌和系统，采用 3m³ 混凝土搅拌运输车运混凝土，洞内运距 0.5km，洞外运距 1.2km，泵送入仓，滑模板施工，插入式振捣器振捣施工。

单价：822.51 元　　　　　　　　　　单位：m³

编号	名称及规格	单位	数量	单价（元）	合价（元）
一	直接费				57557.58
1	基本直接费				53918.11
（1）	人工费				4812.27
	高级熟练工	工时	38.00	10.26	389.88
	熟练工	工时	224.00	7.61	1704.64
	半熟练工	工时	311.00	5.95	1850.45
	普工	工时	177.00	4.90	867.30
（2）	材料费				35683.52
	综合水价	m³	64.00	2.84	181.76
	泵送 C25 SN32.5 级配 2	m³	144.00	246.29	35465.76
	其他材料费	元	36.00	1.00	36.00
（3）	机械使用费				559.56
	振捣器插入式功率 2.2kW	台时	48.86	3.57	174.43
	风水枪耗风量 2～6m³/min	台时	5.51	39.12	215.55
	卷扬机　10t	台时	4.72	33.81	159.58
	其他机械使用费	元	10.00	1.00	10.00
（4）	混凝土拌制　混凝土系统	m³	139.00	16.66	2315.74
	模板竖井滑模 10m²	m²	163.00	44.12	7191.56
	混凝土运 3m³ 搅拌车洞内 0.5km，洞外 1.2km　泵送	m³	139.00	24.14	3355.46
2	其他直接费	％	6.75		3639.47
二	间接费	％	16.90		9727.23
三	利润	％	7.00		4709.94
四	价差	元			3464.64
五	税金	％	9.00		6791.35
	合计				82250.74

110. 溢流堰混凝土 C25 二级配

建 筑 工 程 单 价 表

项目：溢流堰混凝土 C25 二级配

定额编号：40226×1　　　　　　　　定额单位：100m²

施工方法：混凝土拌和系统，采用 6m³ 混凝土搅拌运输车运混凝土，运距 1.2km，溜槽入仓，钢木组合模板施工，插入式振捣器振捣施工。

单价：489.33 元　　　　　　　　　　单位：m³

编号	名称及规格	单位	数量	单价（元）	合价（元）
一	直接费				34368.62
1	基本直接费				32195.43
（1）	人工费				1514.83
	高级熟练工	工时	12.00	10.26	123.12
	熟练工	工时	61.00	7.61	464.21
	半熟练工	工时	90.00	5.95	535.50
	普工	工时	80.00	4.90	392.00
（2）	材料费				21824.05
	综合水价	m³	102.00	2.84	289.68
	C25 SN42.5 级配 2	m³	103.00	208.79	21505.37
	其他材料费	元	29.00	1.00	29.00
（3）	机械使用费				577.55
	振捣器变频机组功率 4.5kW	台时	17.00	5.19	88.23
	风水枪耗风量 2～6m³/min	台时	11.00	39.12	430.32
	其他机械使用费	元	59.00	1.00	59.00
（4）	混凝土拌制　混凝土系统	m³	100.00	16.66	1666.00
	混凝土运　6m³ 搅拌车 1.2km 溜槽	m³	100.00	21.27	2127.00
	溢流堰模板	m²	50.00	89.72	4486.00
2	其他直接费	％	6.75		2173.19
二	间接费	％	16.90		5808.30
三	利润	％	7.00		2812.38
四	价差	元			1903.44
五	税金	％	9.00		4040.35
	合计				48933.09

111. 溢洪道退水隧洞配钢纤维硅粉混凝土 C40 二级

建 筑 工 程 单 价 表

项目：溢洪道退水隧洞配钢纤维硅粉混凝土 C40 二级

定额编号：40090×0.5，40088×0.5　　　　　定额单位：100m³

施工方法：混凝土拌和系统，采用 3m³ 混凝土搅拌运输车运混凝土，洞内运距 0.5km，洞外运距 1.2km，泵送入仓，组合钢模板施工，插入式振捣器振捣施工。

单价：1501.31 元　　　　　　　　　　　　　　单位：m³

编号	名称及规格	单位	数量	单价（元）	合价（元）
一	直接费				107890.82
1	基本直接费				101068.68
(1)	人工费				4562.34
	高级熟练工	工时	33.50	10.26	343.71
	熟练工	工时	201.50	7.61	1533.42
	半熟练工	工时	245.00	5.95	1457.75
	普工	工时	250.50	4.90	1227.45
(2)	材料费				79811.73
	综合水价	m³	59.50	2.84	168.98
	钢纤维	kg	5000.00	6.00	30000.00
	C40 SN42.5 级配 2 硅粉	m³	134.00	370.11	49594.74
	其他材料费	元	48.00	1.00	48.00
(3)	机械使用费				403.97
	振捣器插入式功率 2.2kW	台时	44.82	3.57	159.99
	风水枪耗风量 2～6m³/min	台时	5.93	39.12	231.98
	其他机械使用费	元	12.00	1.00	12.00
(4)	混凝土拌制　混凝土系统	m³	130.00	16.66	2165.80
	模板平洞衬砌 20m²	m²	184.00	59.71	10986.64
	混凝土运　3m³ 搅拌车洞内 0.5km，洞外 1.2km　泵送	m³	130.00	24.14	3138.20
2	其他直接费	%	6.75		6822.14
二	间接费	%	16.90		18233.55
三	利润	%	7.00		8828.71
四	价差	元			2781.84
五	税金	%	9.00		12396.14
	合计				150131.05

112. 泄洪放空洞/排沙混凝土衬砌 C30 二级配

建 筑 工 程 单 价 表

项目：泄洪放空洞/排沙混凝土衬砌 C30 二级配

定额编号：40088×0.6，40090×0.4　　　　　定额单位：100m³

施工方法：混凝土拌和系统，采用 3m³ 混凝土搅拌运输车运混凝土，洞内运距 0.5km，洞外运距 1.2km，溜槽入仓，钢木组合模板施工，插入式振捣器振捣施工。

单价：784.55 元　　　　　　　　　　　　　　单位：m³

编号	名称及规格	单位	数量	单价（元）	合价（元）
一	直接费				55362.73
1	基本直接费				51862.04
(1)	人工费				4569.48
	高级熟练工	工时	33.60	10.26	344.74
	熟练工	工时	201.80	7.61	1535.70
	半熟练工	工时	245.40	5.95	1460.13
	普工	工时	250.80	4.90	1228.92
(2)	材料费				29848.62
	综合水价	m³	59.60	2.84	169.26
	C30 SN42.5 级配 2	m³	134.20	220.80	29631.36
	其他材料费	元	48.00	1.00	48.00
(3)	机械使用费				404.21
	振捣器插入式功率 2.2kW	台时	44.88	3.57	160.24
	风水枪耗风量 2～6m³/min	台时	5.93	39.12	231.98
	其他机械使用费	元	12.00	1.00	12.00
(4)	混凝土拌制　混凝土系统	m³	130.20	16.66	2169.13
	模板平洞衬砌 13m²	m²	182.00	64.43	11726.26
	混凝土运　3m³ 搅拌车洞外 1.2km 洞内 0.5km 溜槽	m³	130.20	24.15	3144.33
2	其他直接费	%	6.75		3500.69
二	间接费	%	16.90		9356.30
三	利润	%	7.00		4530.33
四	价差	元			2728.02
五	税金	%	9.00		6477.96
	合计				78455.34

113. 泄洪放空洞/排沙混凝土衬砌 C25 二级配

建筑工程单价表

项目：泄洪放空洞/排沙混凝土衬砌 C25 二级配

定额编号：40088×0.6，40090×0.4　　　　　　定额单位：100m³

施工方法：混凝土拌和系统，采用 3m³ 混凝土搅拌运输车运混凝土，洞内运距 0.5km，洞外运距 1.2km，溜槽入仓，钢木组合模板施工，插入式振捣器振捣施工。

单价：758.39 元　　　　　　　　　　　　　　单位：m³

编号	名称及规格	单位	数量	单价（元）	合价（元）
一	直接费				53642.20
1	基本直接费				50250.30
（1）	人工费				4569.48
	高级熟练工	工时	33.60	10.26	344.74
	熟练工	工时	201.80	7.61	1535.70
	半熟练工	工时	245.40	5.95	1460.13
	普工	工时	250.80	4.90	1228.92
（2）	材料费				28236.88
	综合水价	m³	59.60	2.84	169.26
	C25 SN42.5 级配 2	m³	134.20	208.79	28019.62
	其他材料费	元	48.00	1.00	48.00
（3）	机械使用费				404.21
	振捣器插入式功率 2.2kW	台时	44.88	3.57	160.24
	风水枪耗风量 2～6m³/min	台时	5.93	39.12	231.98
	其他机械使用费	元	12.00	1.00	12.00
（4）	混凝土拌制　混凝土系统	m³	130.20	16.66	2169.13
	模板平洞衬砌 13m²	m²	182.00	64.43	11726.26
	混凝土运　3m³ 搅拌车洞外 1.2km 洞内 0.5km 溜槽	m³	130.20	24.15	3144.33
2	其他直接费	%	6.75		3391.90
二	间接费	%	16.90		9065.53
三	利润	%	7.00		4389.54
四	价差	元			2480.02
五	税金	%	9.00		6261.96
	合计				75839.24

114. 泄洪放空洞/排沙混凝土衬砌抗冲耐磨 C50 二级配

建筑工程单价表

项目：泄洪放空洞/排沙混凝土衬砌抗冲耐磨 C50 二级配

定额编号：40088×0.6，40090×0.4　　　　　　定额单位：100m³

施工方法：混凝土拌和系统，采用 3m³ 混凝土搅拌运输车运混凝土，洞内运距 0.5km，洞外运距 1.2km，溜槽入仓，钢木组合模板施工，插入式振捣器振捣施工。

单价：1312.59 元　　　　　　　　　　　　　单位：m³

编号	名称及规格	单位	数量	单价（元）	合价（元）
一	直接费				93221.65
1	基本直接费				87327.07
（1）	人工费				4569.48
	高级熟练工	工时	33.60	10.26	344.74
	熟练工	工时	201.80	7.61	1535.70
	半熟练工	工时	245.40	5.95	1460.13
	普工	工时	250.80	4.90	1228.92
（2）	材料费				65313.65
	综合水价	m³	59.60	2.84	169.26
	C50 SN42.5 级配 2	m³	134.20	485.07	65096.39
	其他材料费	元	48.00	1.00	48.00
（3）	机械使用费				404.21
	振捣器插入式功率 2.2kW	台时	44.88	3.57	160.24
	风水枪耗风量 2～6m³/min	台时	5.93	39.12	231.98
	其他机械使用费	元	12.00	1.00	12.00
（4）	混凝土拌制　混凝土系统	m³	130.20	16.66	2169.13
	模板平洞衬砌 13m²	m²	182.00	64.43	11726.26
	混凝土运　3m³ 搅拌车洞外 1.2km 洞内 0.5km 溜槽	m³	130.20	24.15	3144.33
2	其他直接费	%	6.75		5894.58
二	间接费	%	16.90		15754.46
三	利润	%	7.00		7628.33
四	价差	元			3816.66
五	税金	%	9.00		10837.90
	合计				131258.99

115. 泄洪放空洞/排沙二期混凝土 C30 二级配

建 筑 工 程 单 价 表

项目：泄洪放空洞/排沙二期混凝土 C30 二级配

定额编号：40120（04）×1　　　　　　　　　　定额单位：100m³

施工方法：混凝土拌和系统，采用 6m³ 混凝土搅拌运输车运混凝土，运距 1.2km，溜槽入仓，钢木组合模板施工，插入式振捣器振捣施工。

单价：612.67 元　　　　　　　　　　　　　　　　单位：m³

编号	名称及规格	单位	数量	单价（元）	合价（元）
一	直接费				43262.62
1	基本直接费				40527.04
(1)	人工费				12175.19
	高级熟练工	工时	84.00	10.26	861.84
	熟练工	工时	335.00	7.61	2549.35
	半熟练工	工时	488.00	5.95	2903.60
	普工	工时	1196.00	4.90	5860.40
(2)	材料费				23526.40
	综合水价	m³	100.00	2.84	284.00
	C30 SN42.5 级配 2	m³	103.00	220.80	22742.40
	其他材料费	元	500.00	1.00	500.00
(3)	机械使用费				1032.45
	振捣器插入式功率 2.2kW	台时	57.82	3.57	206.42
	风水枪耗风量 2~6m³/min	台时	17.92	39.12	701.03
	其他机械使用费	元	125.00	1.00	125.00
(4)	混凝土拌制　混凝土系统	m³	100.00	16.66	1666.00
	混凝土运　6m³ 搅拌车 1.2km 溜槽	m³	100.00	21.27	2127.00
2	其他直接费	%	6.75		2735.58
二	间接费	%	16.90		7311.38
三	利润	%	7.00		3540.18
四	价差	元			2093.78
五	税金	%	9.00		5058.72
	合计				61266.67

116. 泄洪放空洞泄槽混凝土 C25 二级配

建 筑 工 程 单 价 表

项目：泄洪放空洞泄槽混凝土 C25 二级配

定额编号：40211×0.3，40186×0.7　　　　　　　定额单位：100m³

施工方法：混凝土拌和系统，采用 6m³ 混凝土搅拌运输车运混凝土，运距 1.2km，溜槽入仓，钢木组合模板施工，插入式振捣器振捣施工。

单价：633.11 元　　　　　　　　　　　　　　　　单位：m³

编号	名称及规格	单位	数量	单价（元）	合价（元）
一	直接费				44788.41
1	基本直接费				41956.36
(1)	人工费				2841.90
	高级熟练工	工时	19.80	10.26	203.15
	熟练工	工时	130.80	7.61	995.39
	半熟练工	工时	184.70	5.95	1098.97
	普工	工时	111.10	4.90	544.39
(2)	材料费				23658.37
	综合水价	m³	98.20	2.84	278.89
	C25 SN42.5 级配 2	m³	111.50	208.79	23280.09
	其他材料费	元	99.40	1.00	99.40
(3)	机械使用费				663.53
	振捣器插入式功率 2.2kW	台时	19.73	3.57	70.45
	振捣器变频机组功率 4.5kW	台时	6.89	5.19	35.76
	风水枪耗风量 2~6m³/min	台时	13.62	39.12	532.62
	其他机械使用费	元	21.70	1.00	21.70
	其他机械使用费	元	3.00	1.00	3.00
(4)	混凝土拌制　混凝土系统	m³	108.20	16.66	1802.61
	混凝土运　6m³ 搅拌车 1.2km 溜槽	m³	108.20	21.27	2301.41
	模板混凝土墙 1m	m²	142.10	73.20	10401.72
	基础、镇墩、底板、趾板及回填混凝土厚度≤1m	m²	3.90	73.54	286.81
2	其他直接费	%	6.75		2832.05
二	间接费	%	16.90		7569.24

编号	名称及规格	单位	数量	单价（元）	合价（元）
三	利润	%	7.00		3665.04
四	价差	元			2060.52
五	税金	%	9.00		5227.49
	合计				63310.70

117. 泄洪放空洞消力池混凝土 C25 二级配

建 筑 工 程 单 价 表

项目：泄洪放空洞消力池混凝土 C25 二级配

定额编号：40211×0.3，40186×0.7　　　　　定额单位：100m³

施工方法：混凝土拌和系统，采用 6m³ 混凝土搅拌运输车运混凝土，运距 1.2km，溜槽入仓，钢木组合模板施工，插入式振捣器振捣施工。

单价：633.11 元　　　　　　　　　　　　　　单位：m³

编号	名称及规格	单位	数量	单价（元）	合价（元）
一	直接费				44788.41
1	基本直接费				41956.36
(1)	人工费				2841.90
	高级熟练工	工时	19.80	10.26	203.15
	熟练工	工时	130.80	7.61	995.39
	半熟练工	工时	184.70	5.95	1098.97
	普工	工时	111.10	4.90	544.39
(2)	材料费				23658.37
	综合水价	m³	98.20	2.84	278.89
	C25 SN42.5 级配 2	m³	111.50	208.79	23280.09
	其他材料费	元	99.40	1.00	99.40
(3)	机械使用费				663.53
	振捣器插入式功率 2.2kW	台时	19.73	3.57	70.45
	振捣器变频机组功率 4.5kW	台时	6.89	5.19	35.76
	风水枪耗风量 2~6m³/min	台时	13.62	39.12	532.62
	其他机械使用费	元	21.70	1.00	21.70
	其他机械使用费	元	3.00	1.00	3.00
(4)	混凝土拌制　混凝土系统	m³	108.20	16.66	1802.61

编号	名称及规格	单位	数量	单价（元）	合价（元）
	混凝土运　6m³ 搅拌车 1.2km 溜槽	m³	108.20	21.27	2301.41
	模板混凝土墙 1m	m²	142.10	73.20	10401.72
	基础、镇墩、底板、趾板及回填混凝土厚度≤1m	m²	3.90	73.54	286.81
2	其他直接费	%	6.75		2832.05
二	间接费	%	16.90		7569.24
三	利润	%	7.00		3665.04
四	价差	元			2060.52
五	税金	%	9.00		5227.49
	合计				63310.70

118. 泄洪放空洞洞外钢纤维硅粉混凝土 C30 二级配

建 筑 工 程 单 价 表

项目：泄洪放空洞洞外钢纤维硅粉混凝土 C30 二级配

定额编号：40211×1　　　　　　　　定额单位：100m³

施工方法：混凝土拌和系统，采用 6m³ 混凝土搅拌运输车运混凝土，运距 1.2km，溜槽入仓，钢木组合模板施工，插入式振捣器振捣施工。

单价：1198.66 元　　　　　　　　　　　　　单位：m³

编号	名称及规格	单位	数量	单价（元）	合价（元）
一	直接费				86202.54
1	基本直接费				80751.79
(1)	人工费				3140.07
	高级熟练工	工时	17.00	10.26	174.42
	熟练工	工时	100.00	7.61	761.00
	半熟练工	工时	177.00	5.95	1053.15
	普工	工时	235.00	4.90	1151.50
(2)	材料费				71073.26
	综合水价	m³	115.00	2.84	326.60
	钢纤维	kg	5000.00	6.00	30000.00
	C30 SN42.5 级配 2 硅粉	m³	129.00	315.54	40704.66
	其他材料费	元	42.00	1.00	42.00
(3)	机械使用费				841.19

编号	名称及规格	单位	数量	单价（元）	合价（元）
	振捣器变频机组功率 4.5kW	台时	22.97	5.19	119.21
	风水枪耗风量 2～6m³/min	台时	18.20	39.12	711.98
	其他机械使用费	元	10.00	1.00	10.00
（4）	混凝土拌制　混凝土系统	m³	125.00	16.66	2082.50
	混凝土运　6m³ 搅拌车 1.2km 溜槽	m³	125.00	21.27	2658.75
	基础、镇墩、底板、趾板及回填混凝土厚度≤1m	m²	13.00	73.54	956.02
2	其他直接费	%	6.75		5450.75
二	间接费	%	16.90		14568.23
三	利润	%	7.00		7053.95
四	价差	元			2144.07
五	税金	%	9.00		9897.19
	合计				119865.98

119. 泄洪放空洞/排沙混凝土衬砌钢纤维硅粉 C30 二级配

建 筑 工 程 单 价 表

项目：泄洪放空洞/排沙混凝土衬砌钢纤维硅粉 C30 二级配

定额编号：40088×0.6，40090×0.4　　　　　　定额单位：100m³

施工方法：混凝土拌和系统，采用 3m³ 混凝土搅拌运输车运混凝土，洞内运距 0.5km，洞外运距 1.2km，溜槽入仓，钢木组合模板施工，插入式振捣器振捣施工。

单价：1329.60 元　　　　　　　　　　　　　　单位：m³

编号	名称及规格	单位	数量	单价（元）	合价（元）
一	直接费				95579.66
1	基本直接费				89535.98
（1）	人工费				4569.48
	高级熟练工	工时	33.60	10.26	344.74
	熟练工	工时	201.80	7.61	1535.70
	半熟练工	工时	245.40	5.95	1460.13
	普工	工时	250.80	4.90	1228.92
（2）	材料费				67522.56
	综合水价	m³	59.60	2.84	169.26

编号	名称及规格	单位	数量	单价（元）	合价（元）
	钢纤维	kg	5000.00	6.00	30000.00
	C30 SN42.5 级配 2	m³	53.20	220.80	11746.56
	C30 SN42.5 级配 2 硅粉	m³	81.00	315.54	25558.74
	其他材料费	元	48.00	1.00	48.00
（3）	机械使用费				404.21
	振捣器插入式功率 2.2kW	台时	44.88	3.57	160.24
	风水枪耗风量 2～6m³/min	台时	5.93	39.12	231.98
	其他机械使用费	元	12.00	1.00	12.00
（4）	混凝土拌制　混凝土系统	m³	130.20	16.66	2169.13
	模板平洞衬砌 13m²	m²	182.00	64.43	11726.26
	混凝土运　3m³ 搅拌车洞外 1.2km，洞内 0.5km 溜槽	m³	130.20	24.15	3144.33
2	其他直接费	%	6.75		6043.68
二	间接费	%	16.90		16152.96
三	利润	%	7.00		7821.28
四	价差	元			2427.73
五	税金	%	9.00		10978.35
	合计				132959.98

120. 泄洪放空洞挑坎混凝土 C25 二级配

建 筑 工 程 单 价 表

项目：泄洪放空洞挑坎混凝土 C25 二级配

定额编号：40237×1　　　　　　　　　　　　定额单位：100m³

施工方法：混凝土拌和系统，采用 6m³ 混凝土搅拌运输车运混凝土，运距 1.2km，溜槽入仓，钢木组合模板施工，插入式振捣器振捣施工。

单价：492.04 元　　　　　　　　　　　　　　单位：m³

编号	名称及规格	单位	数量	单价（元）	合价（元）
一	直接费				34493.73
1	基本直接费				32312.63
（1）	人工费				2444.47
	高级熟练工	工时	24.00	10.26	246.24
	熟练工	工时	118.00	7.61	897.98

编号	名称及规格	单位	数量	单价（元）	合价（元）
	半熟练工	工时	165.00	5.95	981.75
	普工	工时	65.00	4.90	318.50
（2）	材料费				23089.68
	综合水价	m³	129.00	2.84	366.36
	C25 SN42.5 级配 2	m³	108.00	208.79	22549.32
	其他材料费	元	174.00	1.00	174.00
（3）	机械使用费				1217.68
	振捣器插入式功率 2.2kW	台时	32.46	3.57	115.88
	风水枪耗风量 2～6m³/min	台时	27.04	39.12	1057.80
	其他机械使用费	元	44.00	1.00	44.00
（4）	混凝土拌制　混凝土系统	m³	105.00	16.66	1749.30
	混凝土运　6m³搅拌车 1.2km 溜槽	m³	105.00	21.27	2233.35
	消力坎模板	m²	21.00	75.15	1578.15
2	其他直接费	%	6.75		2181.10
二	间接费	%	16.90		5829.44
三	利润	%	7.00		2822.62
四	价差	元			1995.84
五	税金	%	9.00		4062.75
	合计				49204.38

121. 泄洪放空洞启闭排架混凝土 C25 二级配

建 筑 工 程 单 价 表

项目：泄洪放空洞启闭排架混凝土 C25 二级配

定额编号：40264×1　　　　　　　　　定额单位：100m³

施工方法：混凝土拌和系统，采用 6m³ 混凝土搅拌运输车运混凝土，运距 1.2km，溜槽入仓，钢木组合模板施工，插入式振捣器振捣施工。

单价：891.42 元　　　　　　　　　　　单位：m³

编号	名称及规格	单位	数量	单价（元）	合价（元）
一	直接费				63860.29
1	基本直接费				59822.29
（1）	人工费				3102.00

编号	名称及规格	单位	数量	单价（元）	合价（元）
	高级熟练工	工时	38.00	10.26	389.88
	熟练工	工时	152.00	7.61	1156.72
	半熟练工	工时	198.00	5.95	1178.10
	普工	工时	77.00	4.90	377.30
（2）	材料费				21877.37
	综合水价	m³	100.00	2.84	284.00
	C25 SN42.5 级配 2	m³	103.00	208.79	21505.37
	其他材料费	元	88.00	1.00	88.00
（3）	机械使用费				204.76
	振捣器插入式功率 2.2kW	台时	26.21	3.57	93.57
	风水枪耗风量 2～6m³/min	台时	2.28	39.12	89.19
	其他机械使用费	元	22.00	1.00	22.00
（4）	混凝土拌制　混凝土系统	m³	100.00	16.66	1666.00
	混凝土运　6m³搅拌车 1.2km 溜槽	m³	100.00	21.27	2127.00
	排架模板	m²	423.00	72.92	30845.16
2	其他直接费	%	6.75		4038.00
二	间接费	%	16.90		10792.39
三	利润	%	7.00		5225.69
四	价差	元			1903.44
五	税金	%	9.00		7360.36
	合计				89142.18

122. 泄洪放空/排沙洞进口明渠混凝土 C25 二级配

建 筑 工 程 单 价 表

项目：泄洪放空/排沙洞进口明渠混凝土 C25 二级配

定额编号：40211×0.3，40186×0.7　　　定额单位：100m³

施工方法：混凝土拌和系统，采用 6m³ 混凝土搅拌运输车运混凝土，运距 1.2km，溜槽入仓，钢木组合模板施工，插入式振捣器振捣施工。

单价：633.11 元　　　　　　　　　　　单位：m³

编号	名称及规格	单位	数量	单价（元）	合价（元）
一	直接费				44788.41
1	基本直接费				41956.36
（1）	人工费				2841.90

编号	名称及规格	单位	数量	单价（元）	合价（元）
	高级熟练工	工时	19.80	10.26	203.15
	熟练工	工时	130.80	7.61	995.39
	半熟练工	工时	184.70	5.95	1098.97
	普工	工时	111.10	4.90	544.39
（2）	材料费				23658.37
	综合水价	m³	98.20	2.84	278.89
	C25 SN42.5 级配 2	m³	111.50	208.79	23280.09
	其他材料费	元	99.40	1.00	99.40
（3）	机械使用费				663.53
	振捣器插入式功率 2.2kW	台时	19.73	3.57	70.45
	振捣器变频机组功率 4.5kW	台时	6.89	5.19	35.76
	风水枪耗风量 2～6m³/min	台时	13.62	39.12	532.62
	其他机械使用费	元	21.70	1.00	21.70
	其他机械使用费	元	3.00	1.00	3.00
（4）	混凝土拌制　混凝土系统	m³	108.20	16.66	1802.61
	混凝土运　6m³ 搅拌车 1.2km 溜槽	m³	108.20	21.27	2301.41
	模板混凝土墙 1m	m²	142.10	73.20	10401.72
	基础、镇墩、底板、趾板及回填混凝土厚度≤1m	m²	3.90	73.54	286.81
2	其他直接费	％	6.75		2832.05
二	间接费	％	16.90		7569.24
三	利润	％	7.00		3665.04
四	价差	元			2060.52
五	税金	％	9.00		5227.49
	合计				63310.70

123. 泄洪放空洞回填混凝土 C20 二级配

建 筑 工 程 单 价 表

项目：泄洪放空洞回填混凝土 C20 二级配

定额编号：40183×1　　　　　　　　　　　定额单位：100m³

施工方法：混凝土拌和系统，采用 3m³ 混凝土搅拌运输车运混凝土，洞内运距 0.5km，洞外运距 1.2km，溜槽入仓。

单价：403.84 元　　　　　　　　　　　　　　　　　单位：m³

编号	名称及规格	单位	数量	单价（元）	合价（元）
一	直接费				28228.65
1	基本直接费				26443.70
（1）	人工费				1558.82
	高级熟练工	工时	22.00	10.26	225.72
	熟练工	工时	90.00	7.61	684.90
	半熟练工	工时	90.00	5.95	535.50
	普工	工时	23.00	4.90	112.70
（2）	材料费				20580.48
	综合水价	m³	46.00	2.84	130.64
	C20 SN42.5 级配 2	m³	103.00	198.28	20422.84
	其他材料费	元	27.00	1.00	27.00
（3）	机械使用费				223.40
	振捣器插入式功率 2.2kW	台时	15.47	3.57	55.23
	风水枪耗风量 2～6m³/min	台时	4.12	39.12	161.17
	其他机械使用费	元	7.00	1.00	7.00
（4）	混凝土拌制　混凝土系统	m³	100.00	16.66	1666.00
	混凝土运　3m³ 混凝土搅拌车洞外 1.2km，洞内 0.5km 溜槽	m³	100.00	24.15	2415.00
2	其他直接费	％	6.75		1784.95
二	间接费	％	16.90		4770.64
三	利润	％	7.00		2309.95
四	价差	元			1740.29
五	税金	％	9.00		3334.46
	合计				40383.99

124. 下游护岸埋石混凝土 C10 三级配

建 筑 工 程 单 价 表

项目：下游护岸埋石混凝土 C10 三级配

定额编号：40211×1，30333×0.2575，30357×0，30356×0.2575

定额单位：100m³

施工方法：混凝土拌和系统，采用 6m³ 混凝土搅拌运输车运混凝土，运距 1.2km，溜槽入仓，钢木组合模板施工，插入式振捣器振捣施工。装、运、卸、堆放、空回。

单价：478.31 元

单位：m³

编号	名称及规格	单位	数量	单价（元）	合价（元）
一	直接费				33917.72
1	基本直接费				31773.04
（1）	人工费				3986.40
	高级熟练工	工时	17.00	10.26	174.42
	熟练工	工时	100.00	7.61	761.00
	半熟练工	工时	177.00	5.95	1053.15
	普工	工时	407.72	4.90	1997.83
（2）	材料费				20780.77
	综合水价	m³	115.00	2.84	326.60
	C10 级配 3	m³	129.00	158.17	20403.93
	零星材料费	元	4.12	1.00	4.12
	其他材料费	元	46.12	1.00	46.12
（3）	机械使用费				1308.60
	振捣器变频机组功率 4.5kW	台时	22.97	5.19	119.21
	风水枪耗风量 2～6m³/min	台时	18.20	39.12	711.98
	自卸汽车柴油型 8t	台时	4.11	113.59	467.41
	其他机械使用费	元	10.00	1.00	10.00
（4）	混凝土拌制 混凝土系统	m³	125.00	16.66	2082.50
	混凝土运 6m³ 搅拌车 1.2km 溜槽	m³	125.00	21.27	2658.75
	基础、镇墩、底板、趾板及回填混凝土厚度≤1m	m²	13.00	73.54	956.02
2	其他直接费	％	6.75		2144.68
二	间接费	％	16.90		5732.09

续表

编号	名称及规格	单位	数量	单价（元）	合价（元）
三	利润	％	7.00		2775.49
四	价差	元			1455.89
五	税金	％	9.00		3949.31
	合计				47830.50

125. 下游护岸混凝土堰 C20 二级配

建 筑 工 程 单 价 表

项目：下游护岸混凝土堰 C20 二级配

定额编号：40226×1

定额单位：100m³

施工方法：混凝土拌和系统，采用 6m³ 混凝土搅拌运输车运混凝土，运距 1.2km，溜槽入仓，钢木组合模板施工，插入式振捣器振捣施工。

单价：471.80 元

单位：m³

编号	名称及规格	单位	数量	单价（元）	合价（元）
一	直接费				33213.02
1	基本直接费				31112.90
（1）	人工费				1514.83
	高级熟练工	工时	12.00	10.26	123.12
	熟练工	工时	61.00	7.61	464.21
	半熟练工	工时	90.00	5.95	535.50
	普工	工时	80.00	4.90	392.00
（2）	材料费				20741.52
	综合水价	m³	102.00	2.84	289.68
	C20 SN42.5 级配 2	m³	103.00	198.28	20422.84
	其他材料费	元	29.00	1.00	29.00
（3）	机械使用费				577.55
	振捣器变频机组功率 4.5kW	台时	17.00	5.19	88.23
	风水枪耗风量 2～6m³/min	台时	11.00	39.12	430.32
	其他机械使用费	元	59.00	1.00	59.00
（4）	混凝土拌制 混凝土系统	m³	100.00	16.66	1666.00
	混凝土运 6m³ 搅拌车 1.2km 溜槽	m³	100.00	21.27	2127.00

编号	名称及规格	单位	数量	单价（元）	合价（元）
	溢流堰模板	m²	50.00	89.72	4486.00
2	其他直接费	％	6.75		2100.12
二	间接费	％	16.90		5613.00
三	利润	％	7.00		2717.82
四	价差	元			1740.29
五	税金	％	9.00		3895.57
	合计				47179.70

126. 探洞回填混凝土 C15 三级配

建 筑 工 程 单 价 表

项目：探洞回填混凝土 C15 三级配

定额编号：40270×1　　　　　　　　　　　　　　定额单位：100m³

施工方法：混凝土拌和系统，采用 6m³ 混凝土搅拌运输车运混凝土，运距 1.2km，溜槽入仓，钢木组合模板施工，插入式振捣器振捣施工。

单价：366.94 元　　　　　　　　　　　　　　　　　　　　单位：m³

编号	名称及规格	单位	数量	单价（元）	合价（元）
一	直接费				25843.05
1	基本直接费				24208.95
（1）	人工费				1253.36
	高级熟练工	工时	10.00	10.26	102.60
	熟练工	工时	51.00	7.61	388.11
	半熟练工	工时	59.00	5.95	351.05
	普工	工时	84.00	4.90	411.60
（2）	材料费				17633.56
	综合水价	m³	46.00	2.84	130.64
	C15 SN32.5 级配 3	m³	103.00	169.64	17472.92
	其他材料费	元	30.00	1.00	30.00
（3）	机械使用费				58.23
	振捣器插入式功率 2.2kW	台时	14.07	3.57	50.23
	其他机械使用费	元	8.00	1.00	8.00
（4）	混凝土拌制　混凝土系统	m³	100.00	16.66	1666.00
	混凝土运　6m³ 搅拌车 1.2km 溜槽	m³	100.00	21.27	2127.00

编号	名称及规格	单位	数量	单价（元）	合价（元）
	基础、镇墩、底板、趾板及回填混凝土厚度≤1m	m²	20.00	73.54	1470.80
2	其他直接费	％	6.75		1634.10
二	间接费	％	16.90		4367.48
三	利润	％	7.00		2114.74
四	价差	元			1339.21
五	税金	％	9.00		3029.80
	合计				36694.28

127. 下游护岸混凝土 C20 二级配

建 筑 工 程 单 价 表

项目：下游护岸混凝土 C20 二级配

定额编号：40249×1　　　　　　　　　　　　　　定额单位：100m³

施工方法：混凝土拌和系统，采用 6m³ 混凝土搅拌运输车运混凝土，运距 1.2km，溜槽入仓，钢木组合模板施工，插入式振捣器振捣施工。

单价：545.45 元　　　　　　　　　　　　　　　　　　　　单位：m³

编号	名称及规格	单位	数量	单价（元）	合价（元）
一	直接费				38480.12
1	基本直接费				36046.95
（1）	人工费				1626.19
	高级熟练工	工时	12.00	10.26	123.12
	熟练工	工时	72.00	7.61	547.92
	半熟练工	工时	107.00	5.95	636.65
	普工	工时	65.00	4.90	318.50
（2）	材料费				22722.48
	综合水价	m³	101.00	2.84	286.84
	C20 SN42.5 级配 2	m³	113.00	198.28	22405.64
	其他材料费	元	30.00	1.00	30.00
（3）	机械使用费				67.19
	振捣器插入式功率 2.2kW	台时	16.58	3.57	59.19
	其他机械使用费	元	8.00	1.00	8.00
（4）	混凝土拌制　混凝土系统	m³	113.00	16.66	1882.58

编号	名称及规格	单位	数量	单价（元）	合价（元）
	混凝土运　6m³搅拌车 1.2km 溜槽	m³	113.00	21.27	2403.51
	护坡模板	m²	125.00	58.76	7345.00
2	其他直接费	％	6.75		2433.17
二	间接费	％	16.90		6503.14
三	利润	％	7.00		3148.83
四	价差	元			1909.25
五	税金	％	9.00		4503.72
	合计				54545.06

128. 压脚、护坡混凝土 C15 三级配

建 筑 工 程 单 价 表

项目：压脚、护坡混凝土 C15 三级配

定额编号：40249×1　　　　　　　　定额单位：100m³

施工方法：混凝土拌和系统，采用 6m³ 混凝土搅拌运输车运混凝土，运距 1.2km，溜槽入仓，钢木组合模板施工，插入式振捣器振捣施工。

单价：493.55 元　　　　　　　　　　单位：m³

编号	名称及规格	单位	数量	单价（元）	合价（元）
一	直接费				35025.35
1	基本直接费				32810.63
(1)	人工费				1626.19
	高级熟练工	工时	12.00	10.26	123.12
	熟练工	工时	72.00	7.61	547.92
	半熟练工	工时	107.00	5.95	636.65
	普工	工时	65.00	4.90	318.50
(2)	材料费				19486.16
	综合水价	m³	101.00	2.84	286.84
	C15 SN32.5 级配 3	m³	113.00	169.64	19169.32
	其他材料费	元	30.00	1.00	30.00
(3)	机械使用费				67.19
	振捣器插入式功率2.2kW	台时	16.58	3.57	59.19
	其他机械使用费	元	8.00	1.00	8.00

编号	名称及规格	单位	数量	单价（元）	合价（元）
(4)	混凝土拌制　混凝土系统	m³	113.00	16.66	1882.58
	混凝土运　6m³搅拌车 1.2km 溜槽	m³	113.00	21.27	2403.51
	护坡模板	m²	125.00	58.76	7345.00
2	其他直接费	％	6.75		2214.72
二	间接费	％	16.90		5919.28
三	利润	％	7.00		2866.12
四	价差	元			1469.23
五	税金	％	9.00		4075.20
	合计				49355.18

129. 防护工程混凝土 C20 二级配

建 筑 工 程 单 价 表

项目：防护工程混凝土 C20 二级配

定额编号：40197×1　　　　　　　　定额单位：100m³

施工方法：混凝土拌和系统，采用 6m³ 混凝土搅拌运输车运混凝土，运距 1.2km，溜槽入仓，钢木组合模板施工，插入式振捣器振捣施工。

单价：582.38 元　　　　　　　　　　单位：m³

编号	名称及规格	单位	数量	单价（元）	合价（元）
一	直接费				41174.98
1	基本直接费				38571.41
(1)	人工费				2951.59
	高级熟练工	工时	23.00	10.26	235.98
	熟练工	工时	156.00	7.61	1187.16
	半熟练工	工时	205.00	5.95	1219.75
	普工	工时	63.00	4.90	308.70
(2)	材料费				23020.08
	综合水价	m³	99.00	2.84	281.16
	C20 SN42.5 级配 2	m³	114.00	198.28	22603.92
	其他材料费	元	135.00	1.00	135.00
(3)	机械使用费				595.04
	振捣器插入式功率2.2kW	台时	30.70	3.57	109.60

编号	名称及规格	单位	数量	单价（元）	合价（元）
	风水枪耗风量 2～6m³/min	台时	11.54	39.12	451.44
	其他机械使用费	元	34.00	1.00	34.00
（4）	混凝土拌制　混凝土系统	m³	110.00	16.66	1832.60
	混凝土运　6m³ 搅拌车 1.2km 溜槽	m³	110.00	21.27	2339.70
	模板混凝土墙 1m	m²	107.00	73.20	7832.40
2	其他直接费	%	6.75		2603.57
二	间接费	%	16.90		6958.57
三	利润	%	7.00		3369.35
四	价差	元			1926.14
五	税金	%	9.00		4808.61
	合计				58237.65

130. 无砂混凝土 C10 三级配

建筑工程单价表

项目：无砂混凝土 C10 三级配

定额编号：40212×1　　　　　　　　　　定额单位：100m³

施工方法：混凝土拌和系统，采用 6m³ 混凝土搅拌运输车运混凝土，运距 1.2km，溜槽入仓，钢木组合模板施工，插入式振捣器振捣施工。

单价：390.33 元　　　　　　　　　　　　单位：m³

编号	名称及规格	单位	数量	单价（元）	合价（元）
一	直接费				27178.25
1	基本直接费				25459.72
（1）	人工费				2221.30
	高级熟练工	工时	15.00	10.26	153.90
	熟练工	工时	90.00	7.61	684.90
	半熟练工	工时	136.00	5.95	809.20
	普工	工时	117.00	4.90	573.30
（2）	材料费				17524.04
	综合水价	m³	103.00	2.84	292.52
	无砂混凝土 C10 级配 3	m³	116.00	148.22	17193.52
	其他材料费	元	38.00	1.00	38.00

编号	名称及规格	单位	数量	单价（元）	合价（元）
（3）	机械使用费				472.27
	振捣器变频机组功率 4.5kW	台时	20.67	5.19	107.28
	风水枪耗风量 2～6m³/min	台时	9.10	39.12	355.99
	其他机械使用费	元	9.00	1.00	9.00
（4）	混凝土拌制　混凝土系统	m³	113.00	16.66	1882.58
	混凝土运　6m³ 搅拌车 1.2km 溜槽	m³	113.00	21.27	2403.51
	基础、镇墩、底板、趾板及回填混凝土厚度≤1m	m²	13.00	73.54	956.02
2	其他直接费	%	6.75		1718.53
二	间接费	%	16.90		4593.12
三	利润	%	7.00		2224.00
四	价差	元			1814.47
五	税金	%	9.00		3222.89
	合计				39032.73

131. 三道止水

建筑工程单价表

项目：三道止水

定额编号：40285×1　　　　　　　　　　定额单位：100 延米

施工方法：底座清刷、烘干、涂料、嵌缝、固定扣板、沥青杉板制作安装、橡胶止水带铺设和铜止水制作安装。

单价：1709.27 元　　　　　　　　　　　　单位：m

编号	名称及规格	单位	数量	单价（元）	合价（元）
一	直接费				125367.51
1	基本直接费				117440.29
（1）	人工费				11818.18
	高级熟练工	工时	80.00	10.26	820.80
	熟练工	工时	338.00	7.61	2572.18
	半熟练工	工时	464.00	5.95	2760.80
	普工	工时	1156.00	4.90	5664.40
（2）	材料费				97272.48
	铜焊条	kg	3.18	32.53	103.45
	PVC 垫片 6mm	m	105.00	15.00	1575.00

编号	名称及规格	单位	数量	单价（元）	合价（元）
	硼砂	kg	10.61	10.00	106.10
	铜丝	kg	15.91	30.00	477.30
	紫铜片厚1mm	kg	572.00	65.00	37180.00
	橡胶止水带	m	105.00	100.00	10500.00
	沥青	t	1.73	5085.39	8797.72
	乙炔	kg	49.57	16.00	793.12
	氧气	m³	17.34	3.50	60.69
	镀锌膨胀螺栓 ϕ10×75@40	套	512.00	1.80	921.60
	ϕ12氯丁橡胶棒	m	105.00	10.00	1050.00
	PVC遮盖带	m	105.00	1.50	157.50
	镀锌角钢L50×5	kg	711.00	4.00	2844.00
	填料	m³	3.21	10000.00	32100.00
	其他材料费	元	606.00	1.00	606.00
（3）	机械使用费				8349.63
	胶轮车	台时	10.92	0.53	5.79
	载重汽车5t	台时	55.83	140.45	7841.32
	电焊机直流30kVA	台时	13.88	25.83	358.52
	其他机械使用费	元	144.00	1.00	144.00
2	其他直接费	%	6.75		7927.22
二	间接费	%	16.90		21187.11
三	利润	%	7.00		10258.82
四	价差	元			
五	税金	%	9.00		14113.21
	合计				170926.65

132. 两道止水

建筑工程单价表

项目：两道止水

定额编号：40286×1　　　　　　　　定额单位：100延米

施工方法：底座清刷、烘干、涂料、嵌缝、固定扣板、沥青杉板制作安装、橡胶止水带铺设和铜止水制作安装。

单价：1540.99元　　　　　　　　　　单位：m

编号	名称及规格	单位	数量	单价（元）	合价（元）
一	直接费				113025.03

编号	名称及规格	单位	数量	单价（元）	合价（元）
1	基本直接费				105878.25
（1）	人工费				10789.14
	高级熟练工	工时	72.00	10.26	738.72
	熟练工	工时	282.00	7.61	2146.02
	半熟练工	工时	416.00	5.95	2475.20
	普工	工时	1108.00	4.90	5429.20
（2）	材料费				86745.48
	铜焊条	kg	3.18	32.53	103.45
	PVC垫片6mm	m	105.00	15.00	1575.00
	硼砂	kg	10.61	10.00	106.10
	铜丝	kg	15.91	30.00	477.30
	紫铜片厚1mm	kg	572.00	65.00	37180.00
	沥青	t	1.73	5085.39	8797.72
	乙炔	kg	49.57	16.00	793.12
	氧气	m³	17.34	3.50	60.69
	镀锌膨胀螺栓 ϕ10×75@40	套	512.00	1.80	921.60
	ϕ12氯丁橡胶棒	m	105.00	10.00	1050.00
	PVC遮盖带	m	105.00	1.50	157.50
	镀锌角钢L50×5	kg	711.00	4.00	2844.00
	填料	m³	3.21	10000.00	32100.00
	其他材料费	元	579.00	1.00	579.00
（3）	机械使用费				8343.63
	胶轮车	台时	10.92	0.53	5.79
	载重汽车5t	台时	55.83	140.45	7841.32
	电焊机直流30kVA	台时	13.88	25.83	358.52
	其他机械使用费	元	138.00	1.00	138.00
2	其他直接费	%	6.75		7146.78
二	间接费	%	16.90		19101.23
三	利润	%	7.00		9248.84
四	价差	元			
五	税金	%	9.00		12723.76
	合计				154098.86

133. 一道止水

建 筑 工 程 单 价 表
项目：一道止水

定额编号：40287×1　　　　　　　　　　　　　定额单位：100 延米

施工方法：底座清刷、烘干、涂料、嵌缝、固定扣板、沥青杉板制作安装、橡胶止水带铺设和铜止水制作安装。

单价：873.90 元　　　　　　　　　　　　　　　　单位：m

编号	名称及规格	单位	数量	单价（元）	合价（元）
一	直接费				64096.78
1	基本直接费				60043.82
(1)	人工费				3771.16
	高级熟练工	工时	31.00	10.26	318.06
	熟练工	工时	175.00	7.61	1331.75
	半熟练工	工时	177.00	5.95	1053.15
	普工	工时	218.00	4.90	1068.20
(2)	材料费				49201.93
	PVC 垫片 6mm	m	105.00	15.00	1575.00
	硼砂	kg	10.61	10.00	106.10
	铜丝	kg	15.91	30.00	477.30
	紫铜片厚 1mm	kg	572.00	65.00	37180.00
	沥青	t	1.73	5085.39	8797.72
	乙炔	kg	49.57	16.00	793.12
	氧气	m³	17.34	3.50	60.69
	其他材料费	元	212.00	1.00	212.00
(3)	机械使用费				7070.73
	胶轮车	台时	9.06	0.53	4.80
	载重汽车 5t	台时	50.06	140.45	7030.93
	其他机械使用费	元	35.00	1.00	35.00
2	其他直接费	％	6.75		4052.96
二	间接费	％	16.90		10832.36
三	利润	％	7.00		5245.04

续表

编号	名称及规格	单位	数量	单价（元）	合价（元）
四	价差	元			
五	税金	％	9.00		7215.68
	合计				87389.85

134. 橡胶止水

建 筑 工 程 单 价 表
项目：橡胶止水

定额编号：40283×1　　　　　　　　　　　　　定额单位：100 延米

施工方法：清洗缝面、弯制、安装、熔涂沥青砂柱止水的烤砂、拌和、洗模、拆模、安装。

单价：166.29 元　　　　　　　　　　　　　　　　单位：m

编号	名称及规格	单位	数量	单价（元）	合价（元）
一	直接费				12196.32
1	基本直接费				11425.12
(1)	人工费				992.12
	高级熟练工	工时	8.00	10.26	82.08
	熟练工	工时	54.00	7.61	410.94
	半熟练工	工时	46.00	5.95	273.70
	普工	工时	46.00	4.90	225.40
(2)	材料费				10426.00
	橡胶止水带	m	103.00	100.00	10300.00
	其他材料费	元	126.00	1.00	126.00
(3)	机械使用费				7.00
	其他机械使用费	元	7.00	1.00	7.00
2	其他直接费	％	6.75		771.20
二	间接费	％	16.90		2061.18
三	利润	％	7.00		998.02
四	价差	元			
五	税金	％	9.00		1373.00
	合计				16628.51

135. 铜止水

建 筑 工 程 单 价 表
项目：铜止水

定额编号：40273×1　　　　　　　　　　　　定额单位：100 延米

施工方法：清洗缝面、弯制、安装、熔涂沥青砂柱止水的烤砂、拌和、洗模、拆模、安装。

单价：589.08 元　　　　　　　　　　　　　　单位：m

编号	名称及规格	单位	数量	单价（元）	合价（元）
一	直接费				43206.82
1	基本直接费				40474.77
（1）	人工费				3139.26
	高级熟练工	工时	24.00	10.26	246.24
	熟练工	工时	172.00	7.61	1308.92
	半熟练工	工时	146.00	5.95	868.70
	普工	工时	146.00	4.90	715.40
（2）	材料费				37149.77
	硼砂	kg	5.30	10.00	53.00
	白铁皮 0.82mm	kg		5.50	
	黑铁皮 1.5mm	kg		7.00	
	铜丝	kg	7.96	30.00	238.80
	铜电焊条	kg	1.59	50.00	79.50
	沥青	t	1.61	5085.39	8187.48
	乙炔	kg	24.79	16.00	396.64
	氧气	m³	8.67	3.50	30.35
	焊锡	kg		40.80	
	电焊条	kg		7.50	
	紫铜片（厚1.5mm）	kg	561.00	50.00	28050.00
	其他材料费	元	114.00	1.00	114.00
（3）	机械使用费				185.74
	胶轮车	台时	9.06	0.53	4.80
	电焊机直流 30kVA	台时	6.85	25.83	176.94
	其他机械使用费	元	4.00	1.00	4.00
2	其他直接费	％	6.75		2732.05

续表

编号	名称及规格	单位	数量	单价（元）	合价（元）
二	间接费	％	16.90		7301.95
三	利润	％	7.00		3535.61
四	价差	元			
五	税金	％	9.00		4863.99
	合计				58908.38

136. 地面钢筋制作安装

建 筑 工 程 单 价 表
项目：地面钢筋制作安装

定额编号：40272×1　　　　　　　　　　　　定额单位：t

施工方法：回直、除锈、切断、焊接、弯割、绑扎、加工场到施工现场场内运输及转运。

单价：6289.22 元　　　　　　　　　　　　　　单位：t

编号	名称及规格	单位	数量	单价（元）	合价（元）
一	直接费				4405.10
1	基本直接费				4126.56
（1）	人工费				366.32
	高级熟练工	工时	2.40	10.26	24.62
	熟练工	工时	14.40	7.61	109.58
	半熟练工	工时	23.20	5.95	138.04
	普工	工时	19.20	4.90	94.08
（2）	材料费				3544.50
	钢筋	t	1.02	3400.00	3468.00
	铁丝	kg	5.00	6.50	32.50
	电焊条	kg	4.00	7.50	30.00
	其他材料费	元	14.00	1.00	14.00
（3）	机械使用费				215.74
	风水枪耗风量 2~6m³/min	台时	0.76	39.12	29.73
	载重汽车 5t	台时	0.29	140.45	40.73
	塔式起重机 10t	台时	0.07	89.91	6.29
	电焊机直流 30kVA	台时	3.46	25.83	89.37
	对焊机电阻 150kVA	台时	0.25	82.24	20.56

编号	名称及规格	单位	数量	单价（元）	合价（元）
	钢筋弯曲机 φ6～40	台时	0.66	18.62	12.29
	钢筋切断机功率 20kW	台时	0.25	28.43	7.11
	钢筋调直机功率 4～14kW	台时	0.38	16.99	6.46
	其他机械使用费	元	3.20	1.00	3.20
2	其他直接费	％	6.75		278.54
二	间接费	％	8.41		370.47
三	利润	％	7.00		334.29
四	价差	元			660.07
五	税金	％	9.00		519.29
	合计				6289.23

137. 地下钢筋制作安装

建 筑 工 程 单 价 表

项目：地下钢筋制作安装

定额编号：40271×1　　　　　　　　　　定额单位：t

施工方法：回直、除锈、切断、焊接、弯割、绑扎、加工场到施工现场场内运输及转运。

单价：6429.15 元　　　　　　　　　　单位：t

编号	名称及规格	单位	数量	单价（元）	合价（元）
一	直接费				4515.76
1	基本直接费				4230.22
(1)	人工费				440.87
	高级熟练工	工时	2.40	10.26	24.62
	熟练工	工时	16.80	7.61	127.85
	半熟练工	工时	32.00	5.95	190.40
	普工	工时	20.00	4.90	98.00
(2)	材料费				3544.50
	钢筋	t	1.02	3400.00	3468.00
	铁丝	kg	5.00	6.50	32.50
	电焊条	kg	4.00	7.50	30.00
	其他材料费	元	14.00	1.00	14.00
(3)	机械使用费				244.85

编号	名称及规格	单位	数量	单价（元）	合价（元）
	风水枪耗风量 2～6m³/min	台时	0.76	39.12	29.73
	载重汽车 5t	台时	0.34	140.45	47.75
	汽车起重机柴油型 8t	台时	0.09	117.38	10.56
	电焊机直流 30kVA	台时	4.15	25.83	107.19
	对焊机电阻 150kVA	台时	0.25	82.24	20.56
	钢筋弯曲机 φ6～40	台时	0.66	18.62	12.29
	钢筋切断机功率 20kW	台时	0.25	28.43	7.11
	钢筋调直机功率 4～14kW	台时	0.38	16.99	6.46
	其他机械使用费	元	3.20	1.00	3.20
2	其他直接费	％	6.75		285.54
二	间接费	％	8.41		379.78
三	利润	％	7.00		342.69
四	价差	元			660.07
五	税金	％	9.00		530.85
	合计				6429.14

138. 帷幕灌浆钻孔（洞内）

建 筑 工 程 单 价 表

项目：帷幕灌浆钻孔（洞内）

定额编号：70031×0，70027×1　　　　　　定额单位：100m

施工方法：地质钻机钻钻岩石孔，孔深≤50m，洞内工作高度≤5m。

单价：328.59 元　　　　　　　　　　单位：m

编号	名称及规格	单位	数量	单价（元）	合价（元）
一	直接费				23667.68
1	基本直接费				22171.13
(1)	人工费				3039.77
	高级熟练工	工时	20.52	10.26	210.54
	熟练工	工时	76.68	7.61	583.53
	半熟练工	工时	208.44	5.95	1240.22
	普工	工时	205.20	4.90	1005.48
(2)	材料费				10926.88
	金刚石钻头	个	5.50	1200.00	6600.00

编号	名称及规格	单位	数量	单价（元）	合价（元）
	金刚石钻头 φ91	个		578.00	
	岩芯管	m	9.14	70.00	639.80
	地质钻机钻杆 φ50	m		84.00	
	钻杆	m	6.77	60.00	406.20
	钻杆接头	个	6.50	70.00	455.00
	扩孔器	个	2.03	500.00	1015.00
	扩孔器 φ91	个		483.00	
	综合水价	m³	507.00	2.84	1439.88
	岩芯箱	个	2.04	50.00	102.00
	其他材料费	元	269.00	1.00	269.00
(3)	机械使用费				8204.48
	地质钻机 150 型	台时	159.02	42.40	6742.45
	地质钻机 300 型	台时		49.01	
	载重汽车 5t	台时	7.95	140.45	1116.58
	其他机械使用费	元	345.45	1.00	345.45
2	其他直接费	％	6.75		1496.55
二	间接费	％	19.04		4506.33
三	利润	％	7.00		1972.18
四	价差	元			
五	税金	％	9.00		2713.16
	合计				32859.35

139. 帷幕灌浆

建 筑 工 程 单 价 表

项目：帷幕灌浆

定额编号：70121×1　　　　　　　　　　　　　定额单位：t

施工方法：帷幕灌浆自下而上，水泥单位注入量 50kg/m，洞内工作高度≤5m。

单价：6058.75 元　　　　　　　　　　　　　　　　单位：t

编号	名称及规格	单位	数量	单价（元）	合价（元）
一	直接费				4302.47
1	基本直接费				4030.42
(1)	人工费				506.06

编号	名称及规格	单位	数量	单价（元）	合价（元）
	高级熟练工	工时	4.00	10.26	41.04
	熟练工	工时	17.00	7.61	129.37
	半熟练工	工时	21.00	5.95	124.95
	普工	工时	43.00	4.90	210.70
(2)	材料费				1136.08
	水泥 42.5	t	1.25	440.00	550.00
	综合水价	m³	162.00	2.84	460.08
	其他材料费	元	126.00	1.00	126.00
(3)	机械使用费				2388.28
	地质钻机 300 型	台时	10.00	49.01	490.10
	灌浆泵中低压泥浆	台时	26.19	39.14	1025.08
	灰浆搅拌机 1000L	台时	3.91	21.80	85.24
	灰浆搅拌机 200L	台时	15.64	16.93	264.79
	灌浆自动记录仪	台时	13.30	11.05	146.97
	载重汽车 5t	台时	0.67	140.45	94.10
	其他机械使用费	元	282.00	1.00	282.00
2	其他直接费	％	6.75		272.05
二	间接费	％	19.04		819.19
三	利润	％	7.00		358.52
四	价差	元			78.31
五	税金	％	9.00		500.26
	合计				6058.75

140. 露天固结灌浆钻孔（潜孔钻）

建 筑 工 程 单 价 表

项目：露天固结灌浆钻孔（潜孔钻）

定额编号：70010×1　　　　　　　　　　　　　定额单位：100m

施工方法：潜孔钻钻岩石孔，孔深 12m 以内。

单价：50.96 元　　　　　　　　　　　　　　　　单位：m

编号	名称及规格	单位	数量	单价（元）	合价（元）
一	直接费				3670.26
1	基本直接费				3438.18

编号	名称及规格	单位	数量	单价（元）	合价（元）
（1）	人工费				496.95
	高级熟练工	工时	8.00	10.26	82.08
	熟练工	工时	22.00	7.61	167.42
	半熟练工	工时	21.00	5.95	124.95
	普工	工时	25.00	4.90	122.50
（2）	材料费				791.54
	潜孔钻钻头 80 型	个	1.54	220.00	338.80
	钻杆	kg	3.39	14.00	47.46
	冲击器	套	0.19	1712.00	325.28
	其他材料费	元	80.00	1.00	80.00
（3）	机械使用费				2149.69
	潜孔钻高风压 QZJ-100B	台时	29.34	71.53	2098.69
	其他机械使用费	元	51.00	1.00	51.00
2	其他直接费	％	6.75		232.08
二	间接费	％	19.04		698.82
三	利润	％	7.00		305.84
四	价差	元			
五	税金	％	9.00		420.74
	合计				5095.65

141. 露天固结灌浆（40kg/m）

建 筑 工 程 单 价 表

项目：露天固结灌浆（40kg/m）

定额编号：70085×0.5，70084×0.5　　　　　　定额单位：t

施工方法：露天岩石固结灌浆，自下而上，水泥单位注入量 40kg/m。

单价：4533.64 元　　　　　　　　　　　　单位：t

编号	名称及规格	单位	数量	单价（元）	合价（元）
一	直接费				3204.96
1	基本直接费				3002.30
（1）	人工费				439.11
	高级熟练工	工时	4.50	10.26	46.17
	熟练工	工时	15.00	7.61	114.15

编号	名称及规格	单位	数量	单价（元）	合价（元）
	半熟练工	工时	20.50	5.95	121.98
	普工	工时	32.00	4.90	156.80
（2）	材料费				1092.68
	水泥 42.5	t	1.23	440.00	539.00
	综合水价	m³	152.00	2.84	431.68
	其他材料费	元	122.00	1.00	122.00
（3）	机械使用费				1470.51
	地质钻机 300 型	台时	0.41	49.01	20.09
	灌浆泵中低压泥浆	台时	18.29	39.14	715.67
	灰浆搅拌机 200L	台时	17.59	16.93	297.71
	灌浆自动记录仪	台时	14.92	11.05	164.81
	载重汽车 5t	台时	0.66	140.45	92.70
	其他机械使用费	元	179.50	1.00	179.50
2	其他直接费	％	6.75		202.66
二	间接费	％	19.04		610.22
三	利润	％	7.00		267.06
四	价差	元			77.06
五	税金	％	9.00		374.34
	合计				4533.64

142. 洞内固结灌浆钻孔（风钻）

建 筑 工 程 单 价 表

项目：洞内固结灌浆钻孔（风钻）

定额编号：70007×1　　　　　　　　　　　　定额单位：100m

施工方法：气腿钻钻孔，孔深 5m 以内。

单价：28.07 元　　　　　　　　　　　　　　单位：m

编号	名称及规格	单位	数量	单价（元）	合价（元）
一	直接费				2021.83
1	基本直接费				1893.99
（1）	人工费				674.13
	熟练工	工时	23.00	7.61	175.03
	半熟练工	工时	46.00	5.95	273.70

编号	名称及规格	单位	数量	单价（元）	合价（元）
	普工	工时	46.00	4.90	225.40
（2）	材料费				238.92
	合金钻头	个	3.44	50.00	172.00
	风钻钻杆	kg	1.54	7.00	10.78
	综合水价	m³	12.00	2.84	34.08
	其他材料费	元	22.06	1.00	22.06
（3）	机械使用费				980.94
	风钻气腿式	台时	25.87	36.14	934.94
	其他机械使用费	元	46.00	1.00	46.00
2	其他直接费	％	6.75		127.84
二	间接费	％	19.04		384.96
三	利润	％	7.00		168.48
四	价差	元			
五	税金	％	9.00		231.77
	合计				2807.04

143. 隧洞固结灌浆（40kg/m）

建 筑 工 程 单 价 表

项目：隧洞固结灌浆（40kg/m）

定额编号：70106×0.5，70107×0.5　　　　　　　定额单位：t

施工方法：隧洞固结灌浆，水泥单位注入量40kg/m。

单价：4338.42元　　　　　　　　　　　　　　　单位：t

编号	名称及规格	单位	数量	单价（元）	合价（元）
一	直接费				3064.34
1	基本直接费				2870.58
（1）	人工费				455.69
	高级熟练工	工时	4.50	10.26	46.17
	熟练工	工时	15.50	7.61	117.96
	半熟练工	工时	21.00	5.95	124.95
	普工	工时	34.00	4.90	166.60
（2）	材料费				1000.38
	水泥 42.5	t	1.23	440.00	539.00

编号	名称及规格	单位	数量	单价（元）	合价（元）
	综合水价	m³	119.50	2.84	339.38
	其他材料费	元	122.00	1.00	122.00
（3）	机械使用费				1414.51
	地质钻机 300 型	台时	0.41	49.01	20.09
	灌浆泵中低压泥浆	台时	17.57	39.14	687.49
	灰浆搅拌机 200L	台时	16.87	16.93	285.52
	灌浆自动记录仪	台时	14.34	11.05	158.40
	载重汽车 5t	台时	0.84	140.45	117.98
	其他机械使用费	元	145.00	1.00	145.00
2	其他直接费	％	6.75		193.76
二	间接费	％	19.04		583.45
三	利润	％	7.00		255.35
四	价差	元			77.06
五	税金	％	9.00		358.22
	合计				4338.42

144. 隧洞回填灌浆

建 筑 工 程 单 价 表

项目：隧洞回填灌浆

定额编号：70117×1　　　　　　　　　　　　　定额单位：100m²

施工方法：风钻钻孔，灌浆泵灌浆。

单价：106.37元　　　　　　　　　　　　　　　单位：m²

编号	名称及规格	单位	数量	单价（元）	合价（元）
一	直接费				7321.89
1	基本直接费				6858.91
（1）	人工费				989.57
	高级熟练工	工时	7.00	10.26	71.82
	熟练工	工时	50.00	7.61	380.50
	半熟练工	工时	45.00	5.95	267.75
	普工	工时	55.00	4.90	269.50
（2）	材料费				3772.00
	水泥 42.5	t	6.90	440.00	3036.00

编号	名称及规格	单位	数量	单价（元）	合价（元）
	综合水价	m³	50.00	2.84	142.00
	灌浆管 25~38mm	m	14.40	15.00	216.00
	其他材料费	元	378.00	1.00	378.00
（3）	机械使用费				2097.34
	风钻手持式	台时	15.67	25.40	398.02
	灌浆泵中低压泥浆	台时	26.83	39.14	1050.13
	灰浆搅拌机 200L	台时	26.83	16.93	454.23
	载重汽车 5t	台时	0.79	140.45	110.96
	其他机械使用费	元	84.00	1.00	84.00
2	其他直接费	％	6.75		462.98
二	间接费	％	19.04		1394.09
三	利润	％	7.00		610.12
四	价差	元			432.29
五	税金	％	9.00		878.25
	合计				10636.64

145. 露天排水孔 5m 以内

建 筑 工 程 单 价 表

项目：露天排水孔 5m 以内

定额编号：70057×1　　　　　　　　　　定额单位：100m

施工方法：手风钻钻孔，孔深5m以内。钻孔，冲洗，记录，孔位转移等。

单价：19.86 元　　　　　　　　　　　　　单位：m

编号	名称及规格	单位	数量	单价（元）	合价（元）
一	直接费				1430.14
1	基本直接费				1339.71
（1）	人工费				538.43
	熟练工	工时	18.00	7.61	136.98
	半熟练工	工时	37.00	5.95	220.15
	普工	工时	37.00	4.90	181.30
（2）	材料费				229.37
	合金钻头	个	3.28	50.00	164.00
	风钻钻杆	kg	1.47	7.00	10.29

编号	名称及规格	单位	数量	单价（元）	合价（元）
	综合水价	m³	12.00	2.84	34.08
	其他材料费	元	21.00	1.00	21.00
（3）	机械使用费				571.91
	风钻手持式	台时	21.02	25.40	533.91
	其他机械使用费	元	38.00	1.00	38.00
2	其他直接费	％	6.75		90.43
二	间接费	％	19.04		272.30
三	利润	％	7.00		119.17
四	价差	元			
五	税金	％	9.00		163.94
	合计				1985.55

146. 洞内排水孔 5m 以内

建 筑 工 程 单 价 表

项目：洞内排水孔 5m 以内

定额编号：70069×0，70061×1　　　　　　　定额单位：100m

施工方法：手风钻钻孔，孔深5m以内。

单价：26.81 元　　　　　　　　　　　　　单位：m

编号	名称及规格	单位	数量	单价（元）	合价（元）
一	直接费				1930.77
1	基本直接费				1808.68
（1）	人工费				644.82
	高级熟练工	工时		10.26	
	熟练工	工时	22.00	7.61	167.42
	半熟练工	工时	44.00	5.95	261.80
	普工	工时	44.00	4.90	215.60
（2）	材料费				229.37
	合金钻头	个	3.28	50.00	164.00
	潜孔钻钻头 80 型	个		220.00	
	钻杆	kg		14.00	
	风钻钻杆	kg	1.47	7.00	10.29
	冲击器	套		1712.00	

编号	名称及规格	单位	数量	单价（元）	合价（元）
	综合水价	m³	12.00	2.84	34.08
	其他材料费	元	21.00	1.00	21.00
（3）	机械使用费				934.49
	风钻气腿式	台时	24.64	36.14	890.49
	潜孔钻高风压 QZJ-100B	台时		71.53	
	其他机械使用费	元	44.00	1.00	44.00
2	其他直接费	％	6.75		122.09
二	间接费	％	19.04		367.62
三	利润	％	7.00		160.89
四	价差	元			
五	税金	％	9.00		221.33
	合计				2680.60

147. 接触灌浆

建 筑 工 程 单 价 表

项目：接触灌浆

定额编号：70152×1　　　　　　　　定额单位：100m²

施工方法：镀锌钢管。

单价：110.88 元　　　　　　　　　　　单位：m²

编号	名称及规格	单位	数量	单价（元）	合价（元）
一	直接费				7912.57
1	基本直接费				7412.24
（1）	人工费				929.05
	高级熟练工	工时	7.00	10.26	71.82
	熟练工	工时	38.00	7.61	289.18
	半熟练工	工时	65.00	5.95	386.75
	普工	工时	37.00	4.90	181.30
（2）	材料费				5678.77
	水泥 42.5	t	1.50	440.00	660.00
	镀锌钢管 φ40	m	147.00	20.00	2940.00
	灌浆盒	个	21.00	10.50	220.50
	金刚石钻头 φ91	个	0.09	578.00	52.02

编号	名称及规格	单位	数量	单价（元）	合价（元）
	岩芯管	m	0.14	70.00	9.80
	地质钻机钻杆 φ50	m	0.11	84.00	9.24
	钻杆接头	个	0.10	70.00	7.00
	扩孔器 φ91	个	0.05	483.00	24.15
	管件	个	58.00	6.00	348.00
	综合水价	m³	209.00	2.84	593.56
	岩芯箱	个	0.41	50.00	20.50
	其他材料费	元	794.00	1.00	794.00
（3）	机械使用费				804.42
	地质钻机 300 型	台时	3.27	49.01	160.26
	灌浆泵中低压泥浆	台时	14.00	39.14	547.96
	灰浆搅拌机 200L	台时	1.52	16.93	25.73
	载重汽车 5t	台时	0.16	140.45	22.47
	其他机械使用费	元	48.00	1.00	48.00
2	其他直接费	％	6.75		500.33
二	间接费	％	19.04		1506.55
三	利润	％	7.00		659.34
四	价差	元			93.98
五	税金	％	9.00		915.52
	合计				11087.96

148. 露天排水孔 30m 以内

建 筑 工 程 单 价 表

项目：露天排水孔 30m 以内

定额编号：70072×1　　　　　　　　定额单位：100m

施工方法：地质钻钻孔，孔深 30m 以内。

单价：205.02 元　　　　　　　　　　单位：m

编号	名称及规格	单位	数量	单价（元）	合价（元）
一	直接费				14767.25
1	基本直接费				13833.49
（1）	人工费				1919.29
	高级熟练工	工时	12.00	10.26	123.12

编号	名称及规格	单位	数量	单价（元）	合价（元）
	熟练工	工时	47.00	7.61	357.67
	半熟练工	工时	124.00	5.95	737.80
	普工	工时	143.00	4.90	700.70
（2）	材料费				6899.80
	金刚石钻头	个	3.49	1200.00	4188.00
	岩芯管	m	5.85	70.00	409.50
	钻杆	m	4.32	60.00	259.20
	钻杆接头	个	4.15	70.00	290.50
	扩孔器	个	1.22	500.00	610.00
	综合水价	m³	340.00	2.84	965.60
	其他材料费	元	177.00	1.00	177.00
（3）	机械使用费				5014.40
	地质钻机 150 型	台时	97.01	42.40	4113.22
	载重汽车 5t	台时	4.85	140.45	681.18
	其他机械使用费	元	220.00	1.00	220.00
2	其他直接费	％	6.75		933.76
二	间接费	％	19.04		2811.68
三	利润	％	7.00		1230.53
四	价差	元			
五	税金	％	9.00		1692.85
	合计				20502.31

149. 混凝土防渗墙

建 筑 工 程 单 价 表

项目：混凝土防渗墙敦化

定额编号：70184×1，70231×1　　　　　定额单位：100m²

施工方法：砾石层冲击钻成孔，钻凿法浇筑，墙厚 1m。

单价：1596.84 元　　　　　　　　　　　单位：m²

编号	名称及规格	单位	数量	单价（元）	合价（元）
一	直接费				113251.69
1	基本直接费				106090.58
（1）	人工费				11396.34

编号	名称及规格	单位	数量	单价（元）	合价（元）
	高级熟练工	工时	147.00	10.26	1508.22
	熟练工	工时	452.00	7.61	3439.72
	半熟练工	工时	644.00	5.95	3831.80
	普工	工时	534.00	4.90	2616.60
（2）	材料费				40783.32
	钢导管	kg	13.60	5.50	74.80
	板枋材	m³	1.80	2098.85	3777.93
	黏土	m³	125.00	29.00	3625.00
	橡皮板	kg	27.10	12.00	325.20
	综合水价	m³	844.00	2.84	2396.96
	电焊条	kg	113.70	7.50	852.75
	碱粉	kg	874.00	2.50	2185.00
	钢材（综合）	kg	124.90	5.60	699.44
	C20 SN42.5 级配 2	m³	133.00	198.28	26371.24
	其他材料费	元	475.00	1.00	475.00
（3）	机械使用费				49051.10
	装载机侧卸 1.5m³	台时	10.92	278.33	3039.36
	冲击钻机型号 CZ-22	台时	399.84	74.60	29828.06
	泥浆搅拌机 2m³	台时	186.84	25.02	4674.74
	泥浆泵功率 3PN	台时	93.42	25.40	2372.87
	载重汽车 5t	台时	2.57	140.45	360.96
	自卸汽车汽油型 3.5t	台时	43.69	95.37	4166.72
	汽车起重机柴油型 16t	台时	1.38	187.29	258.46
	空气压缩机电动移动式排气量 6m³/min	台时	21.29	46.47	989.35
	电焊机直流 30kVA	台时	114.85	25.83	2966.58
	其他机械使用费	元	53.00	1.00	53.00
	其他机械使用费	元	341.00	1.00	341.00
（4）	混凝土拌制 混凝土系统	m³	133.00	16.66	2215.78
	混凝土运 6m³搅拌车 1.2km	m³	133.00	19.88	2644.04
2	其他直接费	％	6.75		7161.11

続表

编号	名称及规格	单位	数量	单价（元）	合价（元）
二	间接费	％	19.04		21563.12
三	利润	％	7.00		9437.04
四	价差	元			2247.17
五	税金	％	9.00		13184.91
	合计				159683.94

150. 基础振冲处理（回填碎石层）

建筑工程单价表

项目：基础振冲处理（回填碎石层）

定额编号：70265×1　　　　　定额单位：100m

施工方法：中粗砂孔深8m以内。

单价：218.51元

单位：m

编号	名称及规格	单位	数量	单价（元）	合价（元）
一	直接费				15738.84
1	基本直接费				14743.64
(1)	人工费				810.03
	高级熟练工	工时	7.00	10.26	71.82
	熟练工	工时	11.00	7.61	83.71
	半熟练工	工时	54.00	5.95	321.30
	普工	工时	68.00	4.90	333.20
(2)	材料费				4327.20
	碎石	m³	92.00	40.85	3758.20
	综合水价	m³	150.00	2.84	426.00
	其他材料费	元	143.00	1.00	143.00
(3)	机械使用费				9606.41
	装载机侧卸 1.5m³	台时	15.99	278.33	4450.50
	振冲器 ZCQ-30型	台时	17.55	35.57	624.25
	汽车起重机柴油型 16t	台时	18.78	187.29	3517.31
	离心水泵多级功率14kW	台时	17.55	20.51	359.95
	潜水泵功率7kW	台时	11.47	20.88	239.49
	污水泵功率4kW	台时	17.55	13.67	239.91
	其他机械使用费	元	175.00	1.00	175.00

续表

编号	名称及规格	单位	数量	单价（元）	合价（元）
2	其他直接费	％	6.75		995.20
二	间接费	％	19.04		2996.67
三	利润	％	7.00		1311.49
四	价差	元			
五	税金	％	9.00		1804.23
	合计				21851.23

151. 露天排水孔 10m 以内

建筑工程单价表

项目：露天排水孔 10m 以内

定额编号：70064×1　　　　　定额单位：100m

施工方法：潜孔钻钻孔，孔深10m以内。

单价：48.52元

单位：m

编号	名称及规格	单位	数量	单价（元）	合价（元）
一	直接费				3494.91
1	基本直接费				3273.92
(1)	人工费				473.59
	高级熟练工	工时	8.00	10.26	82.08
	熟练工	工时	21.00	7.61	159.81
	半熟练工	工时	20.00	5.95	119.00
	普工	工时	23.00	4.90	112.70
(2)	材料费				752.78
	潜孔钻钻头 80型	个	1.47	220.00	323.40
	钻杆	kg	3.23	14.00	45.22
	冲击器	套	0.18	1712.00	308.16
	其他材料费	元	76.00	1.00	76.00
(3)	机械使用费				2047.55
	潜孔钻高风压 QZJ-100B	台时	27.94	71.53	1998.55
	其他机械使用费	元	49.00	1.00	49.00
2	其他直接费	％	6.75		220.99
二	间接费	％	19.04		665.43
三	利润	％	7.00		291.22

编号	名称及规格	单位	数量	单价（元）	合价（元）
四	价差	元			
五	税金	%	9.00		400.64
	合计				4852.20

152. 帷幕灌浆钻孔（露天）

建 筑 工 程 单 价 表

项目：帷幕灌浆钻孔（露天）

定额编号：70027×0，70026×1　　　　定额单位：100m

施工方法：地质钻机钻岩石孔，孔深≤0m，洞内工作高度≤5m。

单价：236.84 元　　　　　　　　　　单位：m

编号	名称及规格	单位	数量	单价（元）	合价（元）
一	直接费				17058.88
1	基本直接费				15980.22
(1)	人工费				2238.34
	高级熟练工	工时	14.00	10.26	143.64
	熟练工	工时	55.00	7.61	418.55
	半熟练工	工时	145.00	5.95	862.75
	普工	工时	166.00	4.90	813.40
(2)	材料费				7915.56
	金刚石钻头	个	3.94	1200.00	4728.00
	岩芯管	m	6.54	70.00	457.80
	钻杆	m	4.85	60.00	291.00
	钻杆接头	个	4.66	70.00	326.20
	扩孔器	个	1.45	500.00	725.00
	综合水价	m³	384.00	2.84	1090.56
	岩芯箱	个	2.04	50.00	102.00
	其他材料费	元	195.00	1.00	195.00
(3)	机械使用费				5826.32
	地质钻机 150 型	台时	112.99	42.40	4790.78
	载重汽车 5t	台时	5.65	140.45	793.54
	其他机械使用费	元	242.00	1.00	242.00
2	其他直接费	%	6.75		1078.66

编号	名称及规格	单位	数量	单价（元）	合价（元）
二	间接费	%	19.04		3248.01
三	利润	%	7.00		1421.48
四	价差	元			
五	税金	%	9.00		1955.55
	合计				23683.93

153. 露天锚杆 φ28 L＝4.5m（风钻）

建 筑 工 程 单 价 表

项目：露天锚杆 φ28 L＝4.5m（风钻）

定额编号：50006×0.75，50010×0.25　　　　定额单位：100 根

施工方法：风钻钻孔。

单价：228.05 元　　　　　　　　　　单位：根

编号	名称及规格	单位	数量	单价（元）	合价（元）
一	直接费				16083.92
1	基本直接费				15066.90
(1)	人工费				2393.90
	高级熟练工	工时	9.75	10.26	100.04
	熟练工	工时	64.75	7.61	492.75
	半熟练工	工时	127.50	5.95	758.63
	普工	工时	212.75	4.90	1042.48
(2)	材料费				10456.58
	合金钻头	个	11.95	50.00	597.38
	风钻钻杆	kg	5.50	7.00	38.47
	锚杆 φ28	kg	2332.75	4.06	9470.97
	接缝砂浆 C30	m³	0.51	344.35	174.76
	其他材料费	元	175.00	1.00	175.00
(3)	机械使用费				2216.42
	风钻手持式	台时	80.58	25.40	2046.67
	其他机械使用费	元	169.75	1.00	169.75
2	其他直接费	%	6.75		1017.02
二	间接费	%	21.46		3451.61
三	利润	%	7.00		1367.49

编号	名称及规格	单位	数量	单价（元）	合价（元）
四	价差	元			19.13
五	税金	%	9.00		1882.99
	合计				22805.13

154. 露天锚杆 $\phi28$ $L=9m$（潜孔钻）

建 筑 工 程 单 价 表

项目：露天锚杆 $\phi28$ $L=9m$（潜孔钻）

定额编号：50042×0.33，50046×0.67　　　　　　定额单位：100 根

施工方法：潜孔钻钻孔。

单价：985.23 元　　　　　　　　　　　　　　　单位：根

编号	名称及规格	单位	数量	单价（元）	合价（元）
一	直接费				69296.36
1	基本直接费				64914.62
(1)	人工费				11167.33
	高级熟练工	工时	160.54	10.26	1647.14
	熟练工	工时	514.04	7.61	3911.84
	半熟练工	工时	431.34	5.95	2566.47
	普工	工时	620.79	4.90	3041.87
(2)	材料费				29646.52
	定位钢筋	kg	273.36	3.40	929.42
	钻杆	kg	29.65	13.77	408.27
	锚杆 $\phi28$	kg	4620.07	4.06	18757.48
	冲击器	套	1.66	1712.00	2839.35
	电焊条	kg	58.20	7.50	436.47
	接缝砂浆 C30	m³	4.32	344.35	1489.24
	钻头 80 型	个	13.23	230.00	3043.98
	其他材料费	元	1742.30	1.00	1742.30
(3)	机械使用费				24100.77
	潜孔钻低风压 QZJ-100B	台时	271.80	71.53	19442.03
	灌浆泵中低压砂浆	台时	23.04	38.31	882.68
	灰浆搅拌机	台时	23.04	24.86	572.78
	风水枪耗风量 2~6m³/min	台时	7.85	39.12	307.04

编号	名称及规格	单位	数量	单价（元）	合价（元）
	载重汽车 5t	台时	5.15	140.45	722.71
	电焊机交流 50kVA	台时	63.31	28.48	1803.02
	其他机械使用费	元	370.50	1.00	370.50
2	其他直接费	%	6.75		4381.74
二	间接费	%	21.46		14871.00
三	利润	%	7.00		5891.71
四	价差	元			329.13
五	税金	%	9.00		8134.94
	合计				98523.14

155. 露天锚杆 $\phi25$ $L=1.5m$（风钻）

建 筑 工 程 单 价 表

项目：露天锚杆 $\phi25$ $L=1.5m$（风钻）

定额编号：50002×0.75　　　　　　　　　　　定额单位：100 根

施工方法：风钻钻孔。

单价：57.37 元　　　　　　　　　　　　　　　单位：根

编号	名称及规格	单位	数量	单价（元）	合价（元）
一	直接费				4045.27
1	基本直接费				3789.48
(1)	人工费				888.17
	高级熟练工	工时	6.00	10.26	61.56
	熟练工	工时	26.25	7.61	199.76
	半熟练工	工时	51.00	5.95	303.45
	普工	工时	66.00	4.90	323.40
(2)	材料费				2325.20
	合金钻头	个	4.14	50.00	207.00
	风钻钻杆	kg	1.89	7.00	13.23
	锚杆 $\phi25$	kg	492.75	4.06	2000.57
	接缝砂浆 C30	m³	0.17	344.35	59.40
	其他材料费	元	45.00	1.00	45.00
(3)	机械使用费				576.11
	风钻手持式	台时	20.91	25.40	531.11

编号	名称及规格	单位	数量	单价（元）	合价（元）
	其他机械使用费	元	45.00	1.00	45.00
2	其他直接费	%	6.75		255.79
二	间接费	%	21.46		868.11
三	利润	%	7.00		343.94
四	价差	元			6.38
五	税金	%	9.00		473.73
	合计				5737.43

156. 露天锚杆 $\phi22$ $L=3$m（风钻）

建 筑 工 程 单 价 表

项目：露天锚杆 $\phi22$ $L=3$m（风钻）

定额编号：50002×0.5，50006×0.5　　　　定额单位：100 根

施工方法：风钻钻孔。

单价：114.04 元　　　　　　　　　　　　单位：根

编号	名称及规格	单位	数量	单价（元）	合价（元）
一	直接费				8039.97
1	基本直接费				7531.59
(1)	人工费				1629.38
	高级熟练工	工时	8.50	10.26	87.21
	熟练工	工时	46.00	7.61	350.06
	半熟练工	工时	90.00	5.95	535.50
	普工	工时	134.00	4.90	656.60
(2)	材料费				4600.28
	合金钻头	个	8.18	50.00	408.75
	风钻钻杆	kg	3.75	7.00	26.25
	锚杆 $\phi22$	kg	970.00	4.06	3938.20
	接缝砂浆 C30	m³	0.34	344.35	117.08
	其他材料费	元	110.00	1.00	110.00
(3)	机械使用费				1301.93
	风钻手持式	台时	47.32	25.40	1201.93
	其他机械使用费	元	100.00	1.00	100.00
2	其他直接费	%	6.75		508.38

编号	名称及规格	单位	数量	单价（元）	合价（元）
二	间接费	%	21.46		1725.38
三	利润	%	7.00		683.57
四	价差	元			13.13
五	税金	%	9.00		941.58
	合计				11403.64

157. 露天锚杆 $\phi22$ $L=4$m（风钻）

建 筑 工 程 单 价 表

项目：露天锚杆 $\phi22$ $L=4$m（风钻）

定额编号：50006×1　　　　　　　　　　定额单位：100 根

施工方法：风钻钻孔。

单价：151.56 元　　　　　　　　　　　　单位：根

编号	名称及规格	单位	数量	单价（元）	合价（元）
一	直接费				10686.22
1	基本直接费				10010.51
(1)	人工费				2074.51
	高级熟练工	工时	9.00	10.26	92.34
	熟练工	工时	57.00	7.61	433.77
	半熟练工	工时	112.00	5.95	666.40
	普工	工时	180.00	4.90	882.00
(2)	材料费				6100.30
	合金钻头	个	10.83	50.00	541.50
	风钻钻杆	kg	4.98	7.00	34.86
	锚杆 $\phi22$	kg	1283.00	4.06	5208.98
	接缝砂浆 C30	m³	0.45	344.35	154.96
	其他材料费	元	160.00	1.00	160.00
(3)	机械使用费				1835.70
	风钻手持式	台时	66.76	25.40	1695.70
	其他机械使用费	元	140.00	1.00	140.00
2	其他直接费	%	6.75		675.71
二	间接费	%	21.46		2293.26
三	利润	%	7.00		908.56

编号	名称及规格	单位	数量	单价（元）	合价（元）
四	价差	元			16.88
五	税金	%	9.00		1251.44
	合计				15156.37

158. 露天锚杆 φ25 L＝4.5m（风钻）

建 筑 工 程 单 价 表

项目：露天锚杆 φ25 L＝4.5m（风钻）

定额编号：50006×0.75，50010×0.25　　　　　定额单位：100 根

施工方法：风钻钻孔。

单价：198.98 元　　　　　　　　　　　　　　　　单位：根

编号	名称及规格	单位	数量	单价（元）	合价（元）
一	直接费				14031.74
1	基本直接费				13144.49
(1)	人工费				2393.90
	高级熟练工	工时	9.75	10.26	100.04
	熟练工	工时	64.75	7.61	492.75
	半熟练工	工时	127.50	5.95	758.63
	普工	工时	212.75	4.90	1042.48
(2)	材料费				8534.17
	合金钻头	个	11.95	50.00	597.38
	风钻钻杆	kg	5.50	7.00	38.47
	锚杆 φ25	kg	1859.25	4.06	7548.56
	接缝砂浆 C30	m³	0.51	344.35	174.76
	其他材料费	元	175.00	1.00	175.00
(3)	机械使用费				2216.42
	风钻手持式	台时	80.58	25.40	2046.67
	其他机械使用费	元	169.75	1.00	169.75
2	其他直接费	%	6.75		887.25
二	间接费	%	21.46		3011.21
三	利润	%	7.00		1193.01
四	价差	元			19.13

编号	名称及规格	单位	数量	单价（元）	合价（元）
五	税金	%	9.00		1642.96
	合计				19898.05

159. 露天锚杆 φ25 L＝6m（风钻）

建 筑 工 程 单 价 表

项目：露天锚杆 φ25 L＝6m（风钻）

定额编号：50011×0，50010×1　　　　　　　定额单位：100 根

施工方法：风钻钻孔。

单价：272.34 元　　　　　　　　　　　　　　　单位：根

编号	名称及规格	单位	数量	单价（元）	合价（元）
一	直接费				19205.35
1	基本直接费				17990.96
(1)	人工费				3352.00
	高级熟练工	工时	12.00	10.26	123.12
	熟练工	工时	88.00	7.61	669.68
	半熟练工	工时	174.00	5.95	1035.30
	普工	工时	311.00	4.90	1523.90
(2)	材料费				11280.40
	合金钻头	个	15.30	50.00	765.00
	风钻钻杆	kg	7.04	7.00	49.28
	锚杆 φ25	kg	2466.00	4.06	10011.96
	接缝砂浆 C30	m³	0.68	344.35	234.16
	其他材料费	元	220.00	1.00	220.00
(3)	机械使用费				3358.56
	风钻手持式	台时	122.03	25.40	3099.56
	其他机械使用费	元	259.00	1.00	259.00
2	其他直接费	%	6.75		1214.39
二	间接费	%	21.46		4121.47
三	利润	%	7.00		1632.88
四	价差	元			25.50
五	税金	%	9.00		2248.67
	合计				27233.86

160. 洞内锚杆 $\phi25$ $L=3$m（风钻）

建 筑 工 程 单 价 表

项目：洞内锚杆 $\phi25$ $L=3$m（风钻）

定额编号：50155×0.5，50159×0.5 定额单位：100 根

施工方法：风钻钻孔。

单价：156.04 元 单位：根

编号	名称及规格	单位	数量	单价（元）	合价（元）
一	直接费				11004.99
1	基本直接费				10309.12
(1)	人工费				2008.89
	高级熟练工	工时	8.50	10.26	87.21
	熟练工	工时	54.50	7.61	414.75
	半熟练工	工时	107.50	5.95	639.63
	普工	工时	177.00	4.90	867.30
(2)	材料费				5771.77
	合金钻头	个	9.89	50.00	494.50
	风钻钻杆	kg	5.40	7.00	37.77
	锚杆 $\phi25$	kg	1157.00	4.06	4697.42
	接缝砂浆 C30	m³	0.34	344.35	117.08
	其他材料费	元	425.00	1.00	425.00
(3)	机械使用费				2528.46
	风钻气腿式	台时	66.44	36.14	2400.96
	其他机械使用费	元	127.50	1.00	127.50
2	其他直接费	%	6.75		695.87
二	间接费	%	21.46		2361.67
三	利润	%	7.00		935.67
四	价差	元			13.13
五	税金	%	9.00		1288.39
	合计				15603.84

161. 洞内喷混凝土 10cm

建 筑 工 程 单 价 表

项目：洞内喷混凝土 10cm

定额编号：50808×1 定额单位：100m³

施工方法：机械湿喷，平洞支护，有钢筋网。

单价：971.50 元 单位：m³

编号	名称及规格	单位	数量	单价（元）	合价（元）
一	直接费				65964.45
1	基本直接费				61793.40
(1)	人工费				4552.40
	高级熟练工	工时	92.00	10.26	943.92
	熟练工	工时	183.00	7.61	1392.63
	半熟练工	工时	183.00	5.95	1088.85
	普工	工时	230.00	4.90	1127.00
(2)	材料费				37937.96
	水泥 42.5	t	54.27	440.00	23878.80
	砂	m³	72.72	70.00	5090.40
	小石	m³	75.95	40.85	3102.56
	综合水价	m³	55.00	2.84	156.20
	速凝剂	t	1.60	3000.00	4800.00
	其他材料费	元	910.00	1.00	910.00
(3)	机械使用费				17303.84
	混凝土搅拌车 3m³	台时	29.83	164.31	4901.37
	混凝土湿喷机 A90/C	台时	29.83	406.05	12112.47
	其他机械使用费	元	290.00	1.00	290.00
(4)	混凝土拌制 混凝土系统	m³	120.00	16.66	1999.20
2	其他直接费	%	6.75		4171.05
二	间接费	%	21.46		14155.97
三	利润	%	7.00		5608.43
四	价差	元			3400.02
五	税金	%	9.00		8021.60
	合计				97150.48

162. 露天喷混凝土 10cm

建 筑 工 程 单 价 表

项目：露天喷混凝土 10cm

定额编号：50798×1

定额单位：100m³

施工方法：机械湿喷，地面护坡，有钢筋网。

单价：909.32元

单位：m³

编号	名称及规格	单位	数量	单价（元）	合价（元）
一	直接费				61668.70
1	基本直接费				57769.27
(1)	人工费				3988.86
	高级熟练工	工时	80.00	10.26	820.80
	熟练工	工时	161.00	7.61	1225.21
	半熟练工	工时	161.00	5.95	957.95
	普工	工时	201.00	4.90	984.90
(2)	材料费				36728.64
	水泥 42.5	t	52.32	440.00	23020.80
	砂	m³	70.10	70.00	4907.00
	小石	m³	73.22	40.85	2991.04
	综合水价	m³	95.00	2.84	269.80
	速凝剂	t	1.55	3000.00	4650.00
	其他材料费	元	890.00	1.00	890.00
(3)	机械使用费				15119.21
	混凝土搅拌车 3m³	台时	26.14	164.31	4295.06
	混凝土湿喷机 A90/C	台时	26.14	406.05	10614.15
	其他机械使用费	元	210.00	1.00	210.00
(4)	混凝土拌制　混凝土系统	m³	116.00	16.66	1932.56
2	其他直接费	%	6.75		3899.43
二	间接费	%	21.46		13234.10
三	利润	%	7.00		5243.20
四	价差	元			3277.85
五	税金	%	9.00		7508.15
	合计				90931.99

163. 露天锚索 1000kN L＝40m（地质钻机）

建 筑 工 程 单 价 表

项目：露天锚索 1000kN　L＝40m（地质钻机）

定额编号：50523×1

定额单位：束

施工方法：无黏结式岩石预应力锚索，地质钻钻孔。

单价：33943.57 元

单位：束

编号	名称及规格	单位	数量	单价（元）	合价（元）
一	直接费				23907.71
1	基本直接费				22395.98
(1)	人工费				3589.72
	高级熟练工	工时	33.00	10.26	338.58
	熟练工	工时	109.00	7.61	829.49
	半熟练工	工时	225.00	5.95	1338.75
	普工	工时	221.00	4.90	1082.90
(2)	材料费				12410.26
	水泥浆 1：0.32	m³	0.80	608.00	486.40
	钢筋	kg	45.00	3.40	153.00
	预埋钢管 1.5″	m	1.10	40.00	44.00
	定向钢套管 ϕ121×4	m	1.10	170.00	187.00
	金刚石钻头 ϕ130	个	2.16	1045.00	2257.20
	岩芯管	m	3.25	70.00	227.50
	钻杆	m	2.66	60.00	159.60
	钻杆接头	个	2.56	70.00	179.20
	工作锚具	套	1.00	700.00	700.00
	扩孔器 ϕ130	个	0.76	545.00	414.20
	综合水价	m³	334.00	2.84	948.56
	导向帽	个	1.00	30.00	30.00
	混凝土墩钢垫板	kg	12.00	8.50	102.00
	灌浆管聚氯乙烯 3/4″	m	88.00	8.00	704.00
	内外支架	个	58.00	15.00	870.00
	工具锚夹片摊销	付	0.70	60.00	42.00
	无黏结钢绞线	kg	390.00	9.50	3705.00
	C30 SN42.5 级配 2	m³	2.00	220.80	441.60
	其他材料费	元	759.00	1.00	759.00

编号	名称及规格	单位	数量	单价（元）	合价（元）
（3）	机械使用费				6396.00
	地质钻机 300 型	台时	75.37	49.01	3693.88
	灌浆泵中低压泥浆	台时	2.49	39.14	97.46
	灰浆搅拌机	台时	2.49	24.86	61.90
	载重汽车 5t	台时	6.75	140.45	948.04
	汽车起重机柴油型 8t	台时	9.34	117.38	1096.33
	张拉千斤顶 YKD-18	台时	0.65	0.17	0.11
	张拉千斤顶 YCW-150	台时	4.56	3.73	17.01
	电动油泵型号 ZB4-500	台时	5.20	34.10	177.32
	电焊机直流 30kVA	台时	0.54	25.83	13.95
	其他机械使用费	元	290.00	1.00	290.00
2	其他直接费	％	6.75		1511.73
二	间接费	％	21.46		5130.59
三	利润	％	7.00		2032.68
四	价差	元			69.91
五	税金	％	9.00		2802.68
	合计				33943.57

164. 洞内锚杆 $\phi25$ $L=4$（风钻）

建 筑 工 程 单 价 表

项目：洞内锚杆 $\phi25$ $L=4$（风钻）

定额编号：50159×1　　　　　　　　定额单位：100 根

施工方法：风钻钻孔。

单价：215.75 元　　　　　　　　　　单位：根

编号	名称及规格	单位	数量	单价（元）	合价（元）
一	直接费				15217.55
1	基本直接费				14255.32
（1）	人工费				2613.48
	高级熟练工	工时	9.00	10.26	92.34
	熟练工	工时	69.00	7.61	525.09
	半熟练工	工时	137.00	5.95	815.15
	普工	工时	241.00	4.90	1180.90

编号	名称及规格	单位	数量	单价（元）	合价（元）
（2）	材料费				8067.57
	合金钻头	个	13.10	50.00	655.00
	风钻钻杆	kg	7.17	7.00	50.19
	锚杆 $\phi25$	kg	1657.00	4.06	6727.42
	接缝砂浆 C30	m³	0.45	344.35	154.96
	其他材料费	元	480.00	1.00	480.00
（3）	机械使用费				3574.27
	风钻气腿式	台时	93.92	36.14	3394.27
	其他机械使用费	元	180.00	1.00	180.00
2	其他直接费	％	6.75		962.23
二	间接费	％	21.46		3265.69
三	利润	％	7.00		1293.83
四	价差	元			16.88
五	税金	％	9.00		1781.46
	合计				21575.40

165. 露天锚杆 $\phi25$ $L=8$（潜孔钻）

建 筑 工 程 单 价 表

项目：露天锚杆 $\phi25$ $L=8$（潜孔钻）

定额编号：50042×0.67，50046×0.33　　　　定额单位：100 根

施工方法：潜孔钻钻孔。

单价：799.53 元　　　　　　　　　　单位：根

编号	名称及规格	单位	数量	单价（元）	合价（元）
一	直接费				56266.87
1	基本直接费				52709.01
（1）	人工费				9599.03
	高级熟练工	工时	139.46	10.26	1430.86
	熟练工	工时	441.96	7.61	3363.32
	半熟练工	工时	362.66	5.95	2157.83
	普工	工时	540.21	4.90	2647.03
（2）	材料费				22358.83
	定位钢筋	kg	134.64	3.40	457.78

编号	名称及规格	单位	数量	单价（元）	合价（元）
	钻杆	kg	26.29	13.77	362.02
	锚杆 φ25	kg	3270.29	4.06	13277.38
	冲击器	套	1.47	1712.00	2519.21
	电焊条	kg	28.66	7.50	214.98
	接缝砂浆 C30	m³	3.84	344.35	1320.65
	钻头 80 型	个	11.74	230.00	2699.12
	其他材料费	元	1507.70	1.00	1507.70
（3）	机械使用费				20751.15
	潜孔钻低风压 QZJ-100B	台时	241.64	71.53	17284.34
	灌浆泵中低压砂浆	台时	21.30	38.31	815.99
	灰浆搅拌机	台时	21.30	24.86	529.51
	风水枪耗风量 2～6m³/min	台时	6.97	39.12	272.72
	载重汽车 5t	台时	4.56	140.45	641.06
	电焊机交流 50kVA	台时	31.18	28.48	888.05
	其他机械使用费	元	319.50	1.00	319.50
2	其他直接费	%	6.75		3557.86
二	间接费	%	21.46		12074.87
三	利润	%	7.00		4783.92
四	价差	元			225.76
五	税金	%	9.00		6601.63
	合计				79953.05

166. 露天锚杆 φ25 L＝5（风钻）

建 筑 工 程 单 价 表

项目：露天锚杆 φ25 L＝5（风钻）

定额编号：50006×0.5，50010×0.5　　　　　定额单位：100 根

施工方法：风钻钻孔。

单价：223.43 元　　　　　　　　　　　　　　　单位：根

编号	名称及规格	单位	数量	单价（元）	合价（元）
一	直接费				15756.26
1	基本直接费				14759.96
（1）	人工费				2713.26

编号	名称及规格	单位	数量	单价（元）	合价（元）
	高级熟练工	工时	10.50	10.26	107.73
	熟练工	工时	72.50	7.61	551.73
	半熟练工	工时	143.00	5.95	850.85
	普工	工时	245.50	4.90	1202.95
（2）	材料费				9449.57
	合金钻头	个	13.07	50.00	653.25
	风钻钻杆	kg	6.01	7.00	42.07
	锚杆 φ25	kg	2061.50	4.06	8369.69
	接缝砂浆 C30	m³	0.57	344.35	194.56
	其他材料费	元	190.00	1.00	190.00
（3）	机械使用费				2597.13
	风钻手持式	台时	94.40	25.40	2397.63
	其他机械使用费	元	199.50	1.00	199.50
2	其他直接费	%	6.75		996.30
二	间接费	%	21.46		3381.29
三	利润	%	7.00		1339.63
四	价差	元			21.38
五	税金	%	9.00		1844.87
	合计				22343.43

167. 露天锚束 3φ28 L＝15m

建 筑 工 程 单 价 表

项目：露天锚束 3φ28 L＝15m

定额编号：50050×3　　　　　　　　　　　　定额单位：100 根

施工方法：潜孔钻钻孔。

单价：5259.80 元　　　　　　　　　　　　　　单位：根

编号	名称及规格	单位	数量	单价（元）	合价（元）
一	直接费				369738.42
1	基本直接费				346359.18
（1）	人工费				61659.69
	高级熟练工	工时	888.00	10.26	9110.88
	熟练工	工时	2841.00	7.61	21620.01

编号	名称及规格	单位	数量	单价（元）	合价（元）
	半熟练工	工时	2352.00	5.95	13994.40
	普工	工时	3456.00	4.90	16934.40
（2）	材料费				151007.42
	定位钢筋	kg	2001.00	3.40	6803.40
	钻杆	kg	148.08	13.77	2039.06
	锚杆 $\phi28$	kg	22974.00	4.06	93274.44
	冲击器	套	8.28	1712.00	14175.36
	电焊条	kg	424.20	7.50	3181.50
	接缝砂浆 C30	m³	21.60	344.35	7437.96
	钻头 80 型	个	66.09	230.00	15200.70
	其他材料费	元	8895.00	1.00	8895.00
（3）	机械使用费				133692.07
	潜孔钻低风压 QZJ-100B	台时	1529.73	71.53	109421.59
	灌浆泵中低压砂浆	台时	100.29	38.31	3842.11
	灰浆搅拌机	台时	100.29	24.86	2493.21
	风水枪耗风量 2~6m³/min	台时	39.06	39.12	1528.03
	载重汽车 5t	台时	25.65	140.45	3602.54
	电焊机交流 50kVA	台时	377.97	28.48	10764.59
	其他机械使用费	元	2040.00	1.00	2040.00
2	其他直接费	%	6.75		23379.24
二	间接费	%	21.46		79345.87
三	利润	%	7.00		31435.90
四	价差	元			2030.61
五	税金	%	9.00		43429.57
	合计				525980.37

168. 露天锚索 2000kN L＝40m（地质钻机）

建 筑 工 程 单 价 表

项目：露天锚索 2000kN　L＝40m（地质钻机）

定额编号：50537×1　　　　　　　　　　　定额单位：束

施工方法：无黏结式岩石预应力锚索，地质钻钻孔。

单价：46940.67 元　　　　　　　　　　　单位：束

编号	名称及规格	单位	数量	单价（元）	合价（元）
一	直接费				33082.64
1	基本直接费				30990.76

编号	名称及规格	单位	数量	单价（元）	合价（元）
（1）	人工费				4984.06
	高级熟练工	工时	46.00	10.26	471.96
	熟练工	工时	145.00	7.61	1103.45
	半熟练工	工时	311.00	5.95	1850.45
	普工	工时	318.00	4.90	1558.20
（2）	材料费				17116.34
	水泥浆 1：0.32	m³	1.22	608.00	741.76
	钢筋	kg	45.00	3.40	153.00
	预埋钢管 1.5″	m	1.10	40.00	44.00
	定向钢套管 $\phi180\times5$	m	1.10	180.00	198.00
	金刚石钻头 $\phi168$	个	2.16	1450.00	3132.00
	岩芯管	m	3.25	70.00	227.50
	地质钻机钻杆 $\phi50$	m	2.66	84.00	223.44
	钻杆接头	个	2.56	70.00	179.20
	锚具 OVM15~12	套	1.00	853.00	853.00
	扩孔器 $\phi168$	个	0.76	560.00	425.60
	综合水价	m³	436.00	2.84	1238.24
	导向帽	个	1.00	30.00	30.00
	混凝土墩钢垫板	kg	12.00	8.50	102.00
	灌浆管聚氯乙烯 3/4″	m	88.00	8.00	704.00
	内外支架	个	58.00	15.00	870.00
	工具锚夹片摊销	付	1.20	60.00	72.00
	无黏结钢绞线	kg	668.00	9.50	6346.00
	C30 SN42.5 级配 2	m³	2.00	220.80	441.60
	其他材料费	元	1135.00	1.00	1135.00
（3）	机械使用费				8890.36
	地质钻机 300 型	台时	98.40	49.01	4822.58
	灌浆泵中低压泥浆	台时	4.40	39.14	172.22
	灰浆搅拌机	台时	4.40	24.86	109.38
	载重汽车 5t	台时	9.21	140.45	1293.54
	汽车起重机柴油型 8t	台时	15.49	117.38	1818.22
	张拉千斤顶　YKD-18	台时	0.84	0.17	0.14
	张拉千斤顶 YCW-250	台时	5.93	4.69	27.81
	电动油泵型号 ZB4-500	台时	6.76	34.10	230.52

编号	名称及规格	单位	数量	单价（元）	合价（元）
	电焊机直流 30kVA	台时	0.54	25.83	13.95
	其他机械使用费	元	402.00	1.00	402.00
2	其他直接费	%	6.75		2091.88
二	间接费	%	21.46		7099.53
三	利润	%	7.00		2812.75
四	价差	元			69.91
五	税金	%	9.00		3875.83
	合计				46940.67

169. 露天锚索 2000kN $L=20$m（地质钻机）

建 筑 工 程 单 价 表

项目：露天锚索 2000kN　$L=20$m（地质钻机）

定额编号：50534×1　　　　　　　　　　定额单位：束

施工方法：无黏结式岩石预应力锚索，地质钻钻孔。

单价：26210.53 元　　　　　　　　　　　　　单位：束

编号	名称及规格	单位	数量	单价（元）	合价（元）
一	直接费				18448.79
1	基本直接费				17282.24
(1)	人工费				2765.20
	高级熟练工	工时	23.00	10.26	235.98
	熟练工	工时	92.00	7.61	700.12
	半熟练工	工时	174.00	5.95	1035.30
	普工	工时	162.00	4.90	793.80
(2)	材料费				9587.90
	水泥浆 1:0.32	m³	0.61	608.00	370.88
	钢筋	kg	45.00	3.40	153.00
	预埋钢管 1.5″	m	1.10	40.00	44.00
	定向钢套管 ϕ180×5	m	1.10	180.00	198.00
	金刚石钻头 ϕ168	个	1.08	1450.00	1566.00
	岩芯管	m	1.63	70.00	114.10
	钻杆	m	1.33	60.00	79.80
	钻杆接头	个	1.28	70.00	89.60

编号	名称及规格	单位	数量	单价（元）	合价（元）
	工作锚具	套	1.00	700.00	700.00
	扩孔器 ϕ168	个	0.38	560.00	212.80
	综合水价	m³	218.00	2.84	619.12
	导向帽	个	1.00	30.00	30.00
	混凝土墩钢垫板	kg	12.00	8.50	102.00
	灌浆管聚氯乙烯 3/4″	m	45.00	8.00	360.00
	内外支架	个	30.00	15.00	450.00
	工具锚夹片摊销	付	1.20	60.00	72.00
	无黏结钢绞线	kg	350.00	9.50	3325.00
	C30 SN42.5 级配 2	m³	2.00	220.80	441.60
	其他材料费	元	660.00	1.00	660.00
(3)	机械使用费				4929.14
	地质钻机 300 型	台时	49.20	49.01	2411.29
	灌浆泵中低压泥浆	台时	2.19	39.14	85.72
	灰浆搅拌机	台时	2.19	24.86	54.44
	载重汽车 5t	台时	6.40	140.45	898.88
	汽车起重机柴油型 8t	台时	8.46	117.38	993.03
	张拉千斤顶　YKD-18	台时	0.73	0.17	0.12
	张拉千斤顶 YCW-250	台时	5.16	4.69	24.20
	电动油泵型号 ZB4-500	台时	5.88	34.10	200.51
	电焊机直流 30kVA	台时	0.54	25.83	13.95
	其他机械使用费	元	247.00	1.00	247.00
2	其他直接费	%	6.75		1166.55
二	间接费	%	21.46		3959.11
三	利润	%	7.00		1568.55
四	价差	元			69.91
五	税金	%	9.00		2164.17
	合计				26210.54

170. 露天锚索 1000kN $L＝25m$（地质钻机）

建 筑 工 程 单 价 表

项目：露天锚索 1000kN　$L＝25m$（地质钻机）

定额编号：50521×1　　　　　　　　　　　定额单位：束

施工方法：无黏结式岩石预应力锚索，地质钻钻孔。

单价：22629.63 元　　　　　　　　　　　单位：束

编号	名称及规格	单位	数量	单价（元）	合价（元）
一	直接费				15920.95
1	基本直接费				14914.24
（1）	人工费				2422.27
	高级熟练工	工时	21.00	10.26	215.46
	熟练工	工时	81.00	7.61	616.41
	半熟练工	工时	152.00	5.95	904.40
	普工	工时	140.00	4.90	686.00
（2）	材料费				8171.60
	水泥浆 1∶0.32	m³	0.50	608.00	304.00
	钢筋	kg	45.00	3.40	153.00
	预埋钢管 1.5″	m	1.10	40.00	44.00
	定向钢套管 ϕ121×4	m	1.10	170.00	187.00
	金刚石钻头 ϕ130	个	1.35	1045.00	1410.75
	岩芯管	m	2.03	70.00	142.10
	地质钻机钻杆 ϕ50	m	1.66	84.00	139.44
	钻杆接头	个	1.60	70.00	112.00
	锚具 OVM15～7	套	1.00	306.00	306.00
	扩孔器 ϕ130	个	0.47	545.00	256.15
	综合水价	m³	209.00	2.84	593.56
	导向帽	个	1.00	30.00	30.00
	混凝土墩钢垫板	kg	12.00	8.50	102.00
	灌浆管聚氯乙烯 3/4″	m	57.00	8.00	456.00
	内外支架	个	37.00	15.00	555.00
	工具锚夹片摊销	付	0.70	60.00	42.00
	无黏结钢绞线	kg	250.00	9.50	2375.00
	C30 SN42.5 级配 2	m³	2.00	220.80	441.60
	其他材料费	元	522.00	1.00	522.00

续表

编号	名称及规格	单位	数量	单价（元）	合价（元）
（3）	机械使用费				4320.37
	地质钻机 300 型	台时	47.11	49.01	2308.86
	灌浆泵中低压泥浆	台时	1.56	39.14	61.06
	灰浆搅拌机	台时	1.56	24.86	38.78
	载重汽车 5t	台时	5.51	140.45	773.88
	汽车起重机柴油型 8t	台时	6.25	117.38	733.63
	张拉千斤顶 YKD-18	台时	0.59	0.17	0.10
	张拉千斤顶 YCW-150	台时	4.15	3.73	15.48
	电动油泵型号 ZB4-500	台时	4.74	34.10	161.63
	电焊机直流 30kVA	台时	0.54	25.83	13.95
	其他机械使用费	元	213.00	1.00	213.00
2	其他直接费	％	6.75		1006.71
二	间接费	％	21.46		3416.64
三	利润	％	7.00		1353.63
四	价差	元			69.91
五	税金	％	9.00		1868.50
	合计				22629.63

171. 露天锚索 1500kN $L＝30m$（地质钻机）

建 筑 工 程 单 价 表

项目：露天锚索 1500kN $L＝30m$（地质钻机）

定额编号：50529×1　　　　　　　　　　　定额单位：束

施工方法：无黏结式岩石预应力锚索，地质钻钻孔。

单价：31074.65 元　　　　　　　　　　　单位：束

编号	名称及规格	单位	数量	单价（元）	合价（元）
一	直接费				21882.47
1	基本直接费				20498.80
（1）	人工费				3242.01
	高级熟练工	工时	29.00	10.26	297.54
	熟练工	工时	102.00	7.61	776.22
	半熟练工	工时	203.00	5.95	1207.85
	普工	工时	196.00	4.90	960.40

编号	名称及规格	单位	数量	单价（元）	合价（元）
（2）	材料费				11375.65
	水泥浆 1：0.32	m³	0.77	608.00	468.16
	钢筋	kg	45.00	3.40	153.00
	预埋钢管 1.5″	m	1.10	40.00	44.00
	定向钢套管 φ168×5	m	1.10	175.00	192.50
	金刚石钻头 φ130	个	1.62	1045.00	1692.90
	岩芯管	m	2.44	70.00	170.80
	钻杆	m	2.00	60.00	120.00
	钻杆接头	个	1.92	70.00	134.40
	工作锚具	套	1.00	700.00	700.00
	扩孔器 φ130	个	0.57	545.00	310.65
	综合水价	m³	271.00	2.84	769.64
	导向帽	个	1.00	30.00	30.00
	混凝土墩钢垫板	kg	12.00	8.50	102.00
	灌浆管聚氯乙烯 3/4″	m	67.00	8.00	536.00
	内外支架	个	44.00	15.00	660.00
	工具锚夹片摊销	付	1.00	60.00	60.00
	无黏结钢绞线	kg	424.00	9.50	4028.00
	C30 SN42.5 级配 2	m³	2.00	220.80	441.60
	其他材料费	元	762.00	1.00	762.00
（3）	机械使用费				5881.14
	地质钻机 300 型	台时	61.24	49.01	3001.37
	灌浆泵中低压泥浆	台时	2.93	39.14	114.68
	灰浆搅拌机	台时	2.93	24.86	72.84
	载重汽车 5t	台时	7.05	140.45	990.17
	汽车起重机柴油型 8t	台时	10.09	117.38	1184.36
	张拉千斤顶 YKD-18	台时	0.70	0.17	0.12
	张拉千斤顶 YCW-250	台时	4.91	4.69	23.03
	电动油泵型号 ZB4-500	台时	5.59	34.10	190.62
	电焊机直流 30kVA	台时	0.54	25.83	13.95
	其他机械使用费	元	290.00	1.00	290.00
2	其他直接费	％	6.75		1383.67

编号	名称及规格	单位	数量	单价（元）	合价（元）
二	间接费	％	21.46		4695.98
三	利润	％	7.00		1860.49
四	价差	元			69.91
五	税金	％	9.00		2565.80
	合计				31074.64

172. 露天锚索 1000kN L=30m（地质钻机）

建 筑 工 程 单 价 表

项目：露天锚索 1000kN　L=30m（地质钻机）

定额编号：50522×1　　　　　　　　　　定额单位：束

施工方法：无黏结式岩石预应力锚索，地质钻钻孔。

单价：26689.31 元

单位：束

编号	名称及规格	单位	数量	单价（元）	合价（元）
一	直接费				18786.77
1	基本直接费				17598.85
（1）	人工费				2762.43
	高级熟练工	工时	24.00	10.26	246.24
	熟练工	工时	89.00	7.61	677.29
	半熟练工	工时	174.00	5.95	1035.30
	普工	工时	164.00	4.90	803.60
（2）	材料费				9823.65
	水泥浆 1：0.32	m³	0.60	608.00	364.80
	钢筋	kg	45.00	3.40	153.00
	预埋钢管 1.5″	m	1.10	40.00	44.00
	定向钢套管 φ121×4	m	1.10	170.00	187.00
	金刚石钻头 φ130	个	1.62	1045.00	1692.90
	岩芯管	m	2.44	70.00	170.80
	钻杆	m	2.00	60.00	120.00
	钻杆接头	个	1.92	70.00	134.40
	工作锚具	套	1.00	700.00	700.00
	扩孔器 φ130	个	0.57	545.00	310.65
	综合水价	m³	250.00	2.84	710.00
	导向帽	个	1.00	30.00	30.00

编号	名称及规格	单位	数量	单价（元）	合价（元）
	混凝土墩钢垫板	kg	12.00	8.50	102.00
	灌浆管聚氯乙烯 3/4″	m	67.00	8.00	536.00
	内外支架	个	44.00	15.00	660.00
	工具锚夹片摊销	付	0.70	60.00	42.00
	无黏结钢绞线	kg	297.00	9.50	2821.50
	C30 SN42.5级配2	m³	2.00	220.80	441.60
	其他材料费	元	603.00	1.00	603.00
(3)	机械使用费				5012.77
	地质钻机300型	台时	56.53	49.01	2770.54
	灌浆泵中低压泥浆	台时	1.87	39.14	73.19
	灰浆搅拌机	台时	1.87	24.86	46.49
	载重汽车5t	台时	5.92	140.45	831.46
	汽车起重机柴油型8t	台时	7.28	117.38	854.53
	张拉千斤顶 YKD-18	台时	0.61	0.17	0.10
	张拉千斤顶 YCW-150	台时	4.31	3.73	16.08
	电动油泵型号 ZB4-500	台时	4.91	34.10	167.43
	电焊机直流30kVA	台时	0.54	25.83	13.95
	其他机械使用费	元	239.00	1.00	239.00
2	其他直接费	%	6.75		1187.92
二	间接费	%	21.46		4031.64
三	利润	%	7.00		1597.29
四	价差	元			69.91
五	税金	%	9.00		2203.71
	合计				26689.32

编号	名称及规格	单位	数量	单价（元）	合价（元）
1	基本直接费				11440.31
(1)	人工费				2393.90
	高级熟练工	工时	9.75	10.26	100.04
	熟练工	工时	64.75	7.61	492.75
	半熟练工	工时	127.50	5.95	758.63
	普工	工时	212.75	4.90	1042.48
(2)	材料费				6829.99
	合金钻头	个	11.95	50.00	597.38
	风钻钻杆	kg	5.50	7.00	38.47
	锚杆ϕ22	kg	1439.50	4.06	5844.37
	接缝砂浆 C30	m³	0.51	344.35	174.76
	其他材料费	元	175.00	1.00	175.00
(3)	机械使用费				2216.42
	风钻手持式	台时	80.58	25.40	2046.67
	其他机械使用费	元	169.75	1.00	169.75
2	其他直接费	%	6.75		772.22
二	间接费	%	21.46		2620.81
三	利润	%	7.00		1038.33
四	价差	元			19.13
五	税金	%	9.00		1430.17
	合计				17320.98

174. 露天锚杆 ϕ22 L＝2m（风钻）

建 筑 工 程 单 价 表

项目：露天锚杆 ϕ22 L＝2m（风钻）

定额编号：50002×1　　　　　　　　　　　　　定额单位：100 根

施工方法：风钻钻孔。

单价：76.50 元　　　　　　　　　　　　　　　　　　单位：根

编号	名称及规格	单位	数量	单价（元）	合价（元）
一	直接费				5393.69
1	基本直接费				5052.64
(1)	人工费				1184.23

173. 露天锚杆 ϕ22 L＝4.5m（风钻）

建 筑 工 程 单 价 表

项目：露天锚杆 ϕ22 L＝4.5m（风钻）

定额编号：50006×0.75，50010×0.25　　　　　定额单位：100 根

施工方法：风钻钻孔。

单价：173.21 元　　　　　　　　　　　　　　　　　单位：根

编号	名称及规格	单位	数量	单价（元）	合价（元）
一	直接费				12212.53

编号	名称及规格	单位	数量	单价（元）	合价（元）
	高级熟练工	工时	8.00	10.26	82.08
	熟练工	工时	35.00	7.61	266.35
	半熟练工	工时	68.00	5.95	404.60
	普工	工时	88.00	4.90	431.20
（2）	材料费				3100.26
	合金钻头	个	5.52	50.00	276.00
	风钻钻杆	kg	2.52	7.00	17.64
	锚杆 ϕ22	kg	657.00	4.06	2667.42
	接缝砂浆 C30	m³	0.23	344.35	79.20
	其他材料费	元	60.00	1.00	60.00
（3）	机械使用费				768.15
	风钻手持式	台时	27.88	25.40	708.15
	其他机械使用费	元	60.00	1.00	60.00
2	其他直接费	％	6.75		341.05
二	间接费	％	21.46		1157.49
三	利润	％	7.00		458.58
四	价差	元			8.63
五	税金	％	9.00		631.66
	合计				7650.05

175. 露天锚杆 ϕ20 L＝2.5m（风钻）

建 筑 工 程 单 价 表

项目：露天锚杆 ϕ20 L＝2.5m（风钻）

定额编号：50002×0.75，50006×0.25　　　　定额单位：100 根

施工方法：风钻钻孔。

单价：86.73 元　　　　　　　　　　　　　　单位：根

编号	名称及规格	单位	数量	单价（元）	合价（元）
一	直接费				6114.42
1	基本直接费				5727.79
（1）	人工费				1406.80
	高级熟练工	工时	8.25	10.26	84.65
	熟练工	工时	40.50	7.61	308.21

编号	名称及规格	单位	数量	单价（元）	合价（元）
	半熟练工	工时	79.00	5.95	470.05
	普工	工时	111.00	4.90	543.90
（2）	材料费				3285.95
	合金钻头	个	6.85	50.00	342.38
	风钻钻杆	kg	3.14	7.00	21.95
	锚杆 ϕ20	kg	674.50	4.06	2738.47
	接缝砂浆 C30	m³	0.29	344.35	98.14
	其他材料费	元	85.00	1.00	85.00
（3）	机械使用费				1035.04
	风钻手持式	台时	37.60	25.40	955.04
	其他机械使用费	元	80.00	1.00	80.00
2	其他直接费	％	6.75		386.63
二	间接费	％	21.46		1312.15
三	利润	％	7.00		519.86
四	价差	元			10.50
五	税金	％	9.00		716.12
	合计				8673.05

176. 露天锚杆 ϕ25 L＝2.5m（风钻）

建 筑 工 程 单 价 表

项目：露天锚杆 ϕ25 L＝2.5m（风钻）

定额编号：50002×0.75，50006×0.25　　　　定额单位：100 根

施工方法：风钻钻孔。

单价：101.01 元　　　　　　　　　　　　　　单位：根

编号	名称及规格	单位	数量	单价（元）	合价（元）
一	直接费				7122.08
1	基本直接费				6671.74
（1）	人工费				1406.80
	高级熟练工	工时	8.25	10.26	84.65
	熟练工	工时	40.50	7.61	308.21
	半熟练工	工时	79.00	5.95	470.05
	普工	工时	111.00	4.90	543.90

编号	名称及规格	单位	数量	单价（元）	合价（元）
（2）	材料费				4229.90
	合金钻头	个	6.85	50.00	342.38
	风钻钻杆	kg	3.14	7.00	21.95
	锚杆 ϕ25	kg	907.00	4.06	3682.42
	接缝砂浆 C30	m³	0.29	344.35	98.14
	其他材料费	元	85.00	1.00	85.00
（3）	机械使用费				1035.04
	风钻手持式	台时	37.60	25.40	955.04
	其他机械使用费	元	80.00	1.00	80.00
2	其他直接费	％	6.75		450.34
二	间接费	％	21.46		1528.40
三	利润	％	7.00		605.53
四	价差	元			10.50
五	税金	％	9.00		833.99
	合计				10100.50

177. 露天锚杆 ϕ25 L＝10m（潜孔钻）

建 筑 工 程 单 价 表

项目：露天锚杆 ϕ25 L＝10m（潜孔钻）

定额编号：50046×1　　　　　　　　定额单位：100 根

施工方法：潜孔钻钻孔。

单价：1052.06 元　　　　　　　　　　　　单位：根

编号	名称及规格	单位	数量	单价（元）	合价（元）
一	直接费				73936.97
1	基本直接费				69261.80
（1）	人工费				12689.50
	高级熟练工	工时	181.00	10.26	1857.06
	熟练工	工时	584.00	7.61	4444.24
	半熟练工	工时	498.00	5.95	2963.10
	普工	工时	699.00	4.90	3425.10
（2）	材料费				29220.46
	定位钢筋	kg	408.00	3.40	1387.20

编号	名称及规格	单位	数量	单价（元）	合价（元）
	钻杆	kg	32.91	13.77	453.17
	锚杆 ϕ25	kg	4083.00	4.06	16576.98
	冲击器	套	1.84	1712.00	3150.08
	电焊条	kg	86.86	7.50	651.45
	接缝砂浆 C30	m³	4.80	344.35	1652.88
	钻头 80 型	个	14.69	230.00	3378.70
	其他材料费	元	1970.00	1.00	1970.00
（3）	机械使用费				27351.84
	潜孔钻低风压 QZJ-100B	台时	301.08	71.53	21536.25
	灌浆泵中低压砂浆	台时	24.73	38.31	947.41
	灰浆搅拌机	台时	24.73	24.86	614.79
	风水枪耗风量 2～6m³/min	台时	8.70	39.12	340.34
	载重汽车 5t	台时	5.71	140.45	801.97
	电焊机交流 50kVA	台时	94.49	28.48	2691.08
	其他机械使用费	元	420.00	1.00	420.00
2	其他直接费	％	6.75		4675.17
二	间接费	％	21.46		15866.87
三	利润	％	7.00		6286.27
四	价差	元			428.88
五	税金	％	9.00		8686.71
	合计				105205.70

178. 洞内锚杆 ϕ22 L＝3（风钻）

建 筑 工 程 单 价 表

项目：洞内锚杆 ϕ22 L＝3（风钻）

定额编号：50155×0.5，50159×0.5　　　定额单位：100 根

施工方法：风钻钻孔。

单价：144.56 元　　　　　　　　　　　　单位：根

编号	名称及规格	单位	数量	单价（元）	合价（元）
一	直接费				10194.52
1	基本直接费				9549.90
（1）	人工费				2008.89

编号	名称及规格	单位	数量	单价（元）	合价（元）
	高级熟练工	工时	8.50	10.26	87.21
	熟练工	工时	54.50	7.61	414.75
	半熟练工	工时	107.50	5.95	639.63
	普工	工时	177.00	4.90	867.30
（2）	材料费				5012.55
	合金钻头	个	9.89	50.00	494.50
	风钻钻杆	kg	5.40	7.00	37.77
	锚杆 ϕ22	kg	970.00	4.06	3938.20
	接缝砂浆 C30	m³	0.34	344.35	117.08
	其他材料费	元	425.00	1.00	425.00
（3）	机械使用费				2528.46
	风钻气腿式	台时	66.44	36.14	2400.96
	其他机械使用费	元	127.50	1.00	127.50
2	其他直接费	%	6.75		644.62
二	间接费	%	21.46		2187.74
三	利润	%	7.00		866.76
四	价差	元			13.13
五	税金	%	9.00		1193.59
	合计				14455.74

179. 露天锚杆 ϕ28 L＝6m（风钻）

建 筑 工 程 单 价 表

项目：露天锚杆 ϕ28 L＝6m（风钻）

定额编号：50010×1　　　　　　　　　　定额单位：100 根

施工方法：风钻钻孔。

单价：310.90 元

单位：根

编号	名称及规格	单位	数量	单价（元）	合价（元）
一	直接费				21927.13
1	基本直接费				20540.64
（1）	人工费				3352.00
	高级熟练工	工时	12.00	10.26	123.12
	熟练工	工时	88.00	7.61	669.68

编号	名称及规格	单位	数量	单价（元）	合价（元）
	半熟练工	工时	174.00	5.95	1035.30
	普工	工时	311.00	4.90	1523.90
（2）	材料费				13830.08
	合金钻头	个	15.30	50.00	765.00
	风钻钻杆	kg	7.04	7.00	49.28
	锚杆 ϕ28	kg	3094.00	4.06	12561.64
	接缝砂浆 C30	m³	0.68	344.35	234.16
	其他材料费	元	220.00	1.00	220.00
（3）	机械使用费				3358.56
	风钻手持式	台时	122.03	25.40	3099.56
	其他机械使用费	元	259.00	1.00	259.00
2	其他直接费	%	6.75		1386.49
二	间接费	%	21.46		4705.56
三	利润	%	7.00		1864.29
四	价差	元			25.50
五	税金	%	9.00		2567.02
	合计				31089.51

180. 露天中空注浆锚杆 ϕ22 L＝3.5m（风钻）

建 筑 工 程 单 价 表

项目：露天中空注浆锚杆 ϕ22 L＝3.5m（风钻）

定额编号：BC000215×1　　　　　　　　　定额单位：100 根

施工方法：风钻钻孔。

单价：266.67 元

单位：根

编号	名称及规格	单位	数量	单价（元）	合价（元）
一	直接费				18794.65
1	基本直接费				17606.23
（1）	人工费				2301.26
	熟练工	工时	302.40	7.61	2301.26
（2）	材料费				10003.10
	水泥 32.5	kg	654.50	0.44	287.98
	中空注浆锚杆 22	m	353.50	25.00	8837.50

编号	名称及规格	单位	数量	单价（元）	合价（元）
	空心钢	kg	17.85	5.50	98.18
	原木	m³	0.02	1540.43	30.81
	板枋材	m³	0.05	2098.85	104.94
	砂	m³	0.56	70.00	39.20
	合金钻头 ϕ32～38	个	10.50	50.00	525.00
	铁丝	kg	3.15	6.50	20.48
	铁钉	kg	0.35	4.60	1.61
	综合水价	m³	17.50	2.84	49.70
	其他材料费	元	7.70	1.00	7.70
(3)	机械使用费				5301.87
	风钻气腿式	台时	71.90	36.14	2598.47
	动力翻斗车 1t	台时	3.81	30.51	116.24
	空压机移动 12m³电动	台时	34.50	71.63	2471.24
	其他机械使用费	元	115.92	1.00	115.92
2	其他直接费	％	6.75		1188.42
二	间接费	％	21.46		4033.33
三	利润	％	7.00		1597.96
四	价差	元			39.27
五	税金	％	9.00		2201.87
	合计				26667.08

181. 露天锚杆 ϕ28 L＝5m（风钻）

建 筑 工 程 单 价 表

项目：露天锚杆 ϕ28 L＝5m（风钻）

定额编号：50006×0.5，50010×0.5　　　　　　定额单位：100 根

施工方法：风钻钻孔。

单价：255.67 元　　　　　　　　　　　　　　单位：根

编号	名称及规格	单位	数量	单价（元）	合价（元）
一	直接费				18031.63
1	基本直接费				16891.46
(1)	人工费				2713.26
	高级熟练工	工时	10.50	10.26	107.73

编号	名称及规格	单位	数量	单价（元）	合价（元）
	熟练工	工时	72.50	7.61	551.73
	半熟练工	工时	143.00	5.95	850.85
	普工	工时	245.50	4.90	1202.95
(2)	材料费				11581.07
	合金钻头	个	13.07	50.00	653.25
	风钻钻杆	kg	6.01	7.00	42.07
	锚杆 ϕ28	kg	2586.50	4.06	10501.19
	接缝砂浆 C30	m³	0.57	344.35	194.56
	其他材料费	元	190.00	1.00	190.00
(3)	机械使用费				2597.13
	风钻手持式	台时	94.40	25.40	2397.63
	其他机械使用费	元	199.50	1.00	199.50
2	其他直接费	％	6.75		1140.17
二	间接费	％	21.46		3869.59
三	利润	％	7.00		1533.09
四	价差	元			21.38
五	税金	％	9.00		2111.01
	合计				25566.70

182. 洞内锚杆 ϕ25 L＝4.5m（风钻）

建 筑 工 程 单 价 表

项目：洞内锚杆 ϕ25 L＝4.5m（风钻）

定额编号：50159×0.75，50163×0.25　　　　　定额单位：100 根

施工方法：风钻钻孔。

单价：247.40 元　　　　　　　　　　　　　　单位：根

编号	名称及规格	单位	数量	单价（元）	合价（元）
一	直接费				17449.44
1	基本直接费				16346.08
(1)	人工费				3040.19
	高级熟练工	工时	9.75	10.26	100.04
	熟练工	工时	79.25	7.61	603.09
	半熟练工	工时	157.25	5.95	935.64

编号	名称及规格	单位	数量	单价（元）	合价（元）
	普工	工时	286.00	4.90	1401.40
（2）	材料费				8998.94
	合金钻头	个	14.46	50.00	722.75
	风钻钻杆	kg	7.91	7.00	55.37
	锚杆 $\phi 25$	kg	1859.25	4.06	7548.56
	接缝砂浆 C30	m³	0.51	344.35	174.76
	其他材料费	元	497.50	1.00	497.50
（3）	机械使用费				4306.95
	风钻气腿式	台时	113.23	36.14	4091.95
	其他机械使用费	元	215.00	1.00	215.00
2	其他直接费	％	6.75		1103.36
二	间接费	％	21.46		3744.65
三	利润	％	7.00		1483.59
四	价差	元			19.13
五	税金	％	9.00		2042.71
	合计				24739.52

183. 露天锚杆 $\phi 28$ $L＝10m$（潜孔钻）

建 筑 工 程 单 价 表

项目：露天锚杆 $\phi 28$ $L＝10m$（潜孔钻）

定额编号：50046×1　　　　　　　　　定额单位：100 根

施工方法：潜孔钻钻孔。

单价：1115.85 元　　　　　　　　　　　　　　　单位：根

编号	名称及规格	单位	数量	单价（元）	合价（元）
一	直接费				78440.05
1	基本直接费				73480.14
（1）	人工费				12689.50
	高级熟练工	工时	181.00	10.26	1857.06
	熟练工	工时	584.00	7.61	4444.24
	半熟练工	工时	498.00	5.95	2963.10
	普工	工时	699.00	4.90	3425.10
（2）	材料费				33438.80

编号	名称及规格	单位	数量	单价（元）	合价（元）
	定位钢筋	kg	408.00	3.40	1387.20
	钻杆	kg	32.91	13.77	453.17
	锚杆 $\phi 28$	kg	5122.00	4.06	20795.32
	冲击器	套	1.84	1712.00	3150.08
	电焊条	kg	86.86	7.50	651.45
	接缝砂浆 C30	m³	4.80	344.35	1652.88
	钻头 80 型	个	14.69	230.00	3378.70
	其他材料费	元	1970.00	1.00	1970.00
（3）	机械使用费				27351.84
	潜孔钻低风压 QZJ-100B	台时	301.08	71.53	21536.25
	灌浆泵中低压砂浆	台时	24.73	38.31	947.41
	灰浆搅拌机	台时	24.73	24.86	614.79
	风水枪耗风量 2～6m³/min	台时	8.70	39.12	340.34
	载重汽车 5t	台时	5.71	140.45	801.97
	电焊机交流 50kVA	台时	94.49	28.48	2691.08
	其他机械使用费	元	420.00	1.00	420.00
2	其他直接费	％	6.75		4959.91
二	间接费	％	21.46		16833.23
三	利润	％	7.00		6669.13
四	价差	元			428.88
五	税金	％	9.00		9213.42
	合计				111584.71

184. 露天锚杆 $\phi 28$ $L＝8m$（潜孔钻）

建 筑 工 程 单 价 表

项目：露天锚杆 $\phi 28$ $L＝8m$（潜孔钻）

定额编号：50042×0.67，50046×0.33　　　　定额单位：100 根

施工方法：潜孔钻钻孔。

单价：850.65 元　　　　　　　　　　　　　　　单位：根

编号	名称及规格	单位	数量	单价（元）	合价（元）
一	直接费				59875.58
1	基本直接费				56089.54

编号	名称及规格	单位	数量	单价（元）	合价（元）
（1）	人工费				9599.03
	高级熟练工	工时	139.46	10.26	1430.86
	熟练工	工时	441.96	7.61	3363.32
	半熟练工	工时	362.66	5.95	2157.83
	普工	工时	540.21	4.90	2647.03
（2）	材料费				25739.36
	定位钢筋	kg	134.64	3.40	457.78
	钻杆	kg	26.29	13.77	362.02
	锚杆φ28	kg	4102.93	4.06	16657.90
	冲击器	套	1.47	1712.00	2519.21
	电焊条	kg	28.66	7.50	214.98
	接缝砂浆 C30	m³	3.84	344.35	1320.65
	钻头 80 型	个	11.74	230.00	2699.12
	其他材料费	元	1507.70	1.00	1507.70
（3）	机械使用费				20751.15
	潜孔钻低风压 QZJ-100B	台时	241.64	71.53	17284.34
	灌浆泵中低压砂浆	台时	21.30	38.31	815.99
	灰浆搅拌机	台时	21.30	24.86	529.51
	风水枪耗风量 2~6m³/min	台时	6.97	39.12	272.72
	载重汽车 5t	台时	4.56	140.45	641.06
	电焊机交流 50kVA	台时	31.18	28.48	888.05
	其他机械使用费	元	319.50	1.00	319.50
2	其他直接费	%	6.75		3786.04
二	间接费	%	21.46		12849.30
三	利润	%	7.00		5090.74
四	价差	元			225.76
五	税金	%	9.00		7023.72
	合计				85065.11

185. 露天锚索 1500kN L＝40m（地质钻机）

建 筑 工 程 单 价 表

项目：露天锚索 1500kN　L＝40m（地质钻机）

定额编号：50530×1　　　　　　　　　　　　　定额单位：束

施工方法：无黏结式岩石预应力锚索，地质钻钻孔。

单价：39787.58 元　　　　　　　　　　　　　　　　单位：束

编号	名称及规格	单位	数量	单价（元）	合价（元）
一	直接费				28033.12
1	基本直接费				26260.53
（1）	人工费				4290.64
	高级熟练工	工时	41.00	10.26	420.66
	熟练工	工时	128.00	7.61	974.08
	半熟练工	工时	266.00	5.95	1582.70
	普工	工时	268.00	4.90	1313.20
（2）	材料费				14436.62
	水泥浆 1：0.32	m³	1.03	608.00	626.24
	钢筋	kg	45.00	3.40	153.00
	预埋钢管 1.5″	m	1.10	40.00	44.00
	定向钢套管 φ168×5	m	1.10	175.00	192.50
	金刚石钻头 φ130	个	2.16	1045.00	2257.20
	岩芯管	m	3.25	70.00	227.50
	钻杆	m	2.66	60.00	159.60
	钻杆接头	个	2.56	70.00	179.20
	工作锚具	套	1.00	700.00	700.00
	扩孔器 φ130	个	0.76	545.00	414.20
	综合水价	m³	362.00	2.84	1028.08
	导向帽	个	1.00	30.00	30.00
	混凝土墩钢垫板	kg	12.00	8.50	102.00
	灌浆管聚氯乙烯 3/4″	m	88.00	8.00	704.00
	内外支架	个	58.00	15.00	870.00
	工具锚夹片摊销	付	1.00	60.00	60.00

编号	名称及规格	单位	数量	单价（元）	合价（元）
	无黏结钢绞线	kg	557.00	9.50	5291.50
	C30 SN42.5 级配 2	m³	2.00	220.80	441.60
	其他材料费	元	956.00	1.00	956.00
（3）	机械使用费				7533.27
	地质钻机 300 型	台时	81.65	49.01	4001.67
	灌浆泵中低压泥浆	台时	3.89	39.14	152.25
	灰浆搅拌机	台时	3.89	24.86	96.71
	载重汽车 5t	台时	8.22	140.45	1154.50
	汽车起重机柴油型 8t	台时	13.03	117.38	1529.46
	张拉千斤顶 YKD-18	台时	0.74	0.17	0.13

编号	名称及规格	单位	数量	单价（元）	合价（元）
	张拉千斤顶 YCW-250	台时	5.20	4.69	24.39
	电动油泵型号 ZB4-500	台时	5.93	34.10	202.21
	电焊机直流 30kVA	台时	0.54	25.83	13.95
	其他机械使用费	元	358.00	1.00	358.00
2	其他直接费	%	6.75		1772.59
二	间接费	%	21.46		6015.91
三	利润	%	7.00		2383.43
四	价差	元			69.91
五	税金	%	9.00		3285.21
	合计				39787.58